非常感谢您购买 Excel Home 编著的图书!

Excel Home 是全球知名的 Excel 技术与应用网站,诞生于 1999 年,拥有超过 400 万注册会员,是微软在线技术社区联盟成员以及微软全球最有价值专家(MVP)项目合作社区,Excel 领域中国区的 Microsoft MVP 多数产生自本社区。

Excel Home 致力于研究、推广以 Excel 为代表的 Microsoft Office 软件应用技术,并通过图书、图文教程、视频教程、论坛、微信公众号、新浪微博、今日头条等多形式多渠道帮助您解决 Office 技术问题,同时也帮助您提升个人技术实力。

- 您可以访问 Excel Home 技术论坛,这里有各行各业的 Office 高手免费为您答疑解惑,也有海量的应用案例。

- 您可以在 Excel Home 门户网站免费观看或下载 Office 专家精心录制的总时长数千分钟的各类视频教程,并且视频教程随技术发展在持续更新。

- 您可以关注新浪微博"ExcelHome",随时浏览精彩的 Excel 应用案例和动画教程等学习资料,数位小编和众多热心博友实时和您互动。

- 您可以关注 Excel Home 官方微信公众号"Excel 之家 ExcelHome",我们每天都会推送实用的 Office 技巧,微信小编随时准备解答大家的学习疑问。成功关注后发送关键字"大礼包",会有惊喜等着您!

- 您可以关注官方微信公众号"ExcelHome 云课堂",众多大咖精心准备的在线课程,让您以最快速度学好 Excel、Word 和 PPT。

积淀孕育创新

品质铸就卓越

Excel 2016

高效办公 财务管理

Excel Home 编著

人 民 邮 电 出 版 社

北 京

图书在版编目（CIP）数据

Excel 2016高效办公. 财务管理 / Excel Home编著
. -- 北京：人民邮电出版社，2019.9（2023.3重印）
ISBN 978-7-115-50078-6

Ⅰ. ①E… Ⅱ. ①E… Ⅲ. ①表处理软件－应用－财务
管理 Ⅳ. ①TP391.13②F275-39

中国版本图书馆CIP数据核字（2019）第157970号

内 容 提 要

本书以 Excel 2016 在财务管理中的具体应用为主线，按照财务人员的日常工作特点谋篇布局，通过介绍典型应用案例，在讲解具体工作方法的同时，介绍相关的 Excel 常用功能。

本书分为 15 章，分别介绍了简单数据分析、凭证记录查询、本量利分析、采购成本分析、成本分析、投资决策、销售利润分析、往来账分析、销售预测分析、资产负债表对比分析法、损益表对比分析法、现金流量表对比分析法、杜邦分析法、VBA 应用和预算管理等内容。在讲解这些案例的同时，将 Excel 各项常用功能（包括基本操作、函数、图表、数据分析和 VBA）的使用方法与职业技能无缝融合，让读者在掌握具体工作方法的同时也相应地提高 Excel 的应用水平。

本书案例实用，步骤清晰，主要面向需要提高 Excel 应用水平的财务人员。此外，书中的典型案例也非常适合初涉职场或即将进入职场的读者学习，以提升计算机办公应用技能。

♦ 编　　著　Excel Home
　责任编辑　马雪伶
　责任印制　马振武

♦ 人民邮电出版社出版发行　　北京市丰台区成寿寺路 11 号
　邮编 100164　电子邮件 315@ptpress.com.cn
　网址 http://www.ptpress.com.cn
　固安县铭成印刷有限公司印刷

♦ 开本：787×1092　1/16
　印张：28.75　　　　　　　　2019 年 9 月第 1 版
　字数：753 千字　　　　　　2023 年 3 月河北第 5 次印刷

定价：79.00 元

读者服务热线：(010)81055410　印装质量热线：(010)81055316
反盗版热线：(010)81055315
广告经营许可证：京东市监广登字 20170147 号

前　言

在 Excel Home 网站上，会员们经常讨论这样一个话题：**如果我精通 Excel，我能做什么？**

要回答这个问题，首先要明确为什么要学习 Excel。我们知道 Excel 是应用性很强的软件，多数人学习 Excel 的主要目的是高效地处理工作，及时地解决问题，也就是说，精通 Excel 不是目的，而是要通过应用 Excel 来解决问题。

我们应该清楚地认识到，Excel 只是我们在工作中能够利用的一个工具而已，从这一点上看，最好不要把自己的前途和 Excel 捆绑起来，行业知识和专业技能才是我们更需要关注的。但是，Excel 的功能强大是毋庸置疑的。因此，每当我们多掌握一些它的用法，专业水平也能随之提升，至少在做同样的工作时会比别人更有竞争力。

在 Excel Home 网站上，我们经常可以看到高手们在某个领域不断开发出 Excel 的新用法，这些受人尊敬的、可以被称为 Excel 专家的高手无一不是各自行业中的出类拔萃者。从某种意义上说，Excel 专家也必定是某个或多个行业的专家，他们拥有丰富的行业知识和经验。**高超的 Excel 技术配合行业经验来共同应用，才有可能把 Excel 的功能发挥到极致。**同样的 Excel 功能，不同的人去运用，效果可能完全不同。

基于上面的这些观点，也为了满足众多 Excel Home 会员与读者提出的结合自身行业来学习 Excel 2016 的需求，我们组织了来自 Excel Home 的多位资深 Excel 专家和"Excel 高效办公"丛书[1]的编写主要作者，精心编写了本书。

本书特色

■　由资深专家编写

本书的编写者都是相关行业的资深专家，他们同时也是 Excel Home 上万众瞩目的明星、倍受尊敬的大侠。他们往往能一针见血地指出你工作中最常见的疑难点，然后帮你分析面对这些困难应该使用何种思路来寻求答案，最后贡献出自己从业多年所总结的专业知识与经验，并且通过来源于实际工作中的案例向大家展示高效利用 Excel 进行办公的绝招。

■　与职业技能对接

本书完全按照财务工作内容进行谋篇布局，以 Excel 在财务工作中的具体应用为主线。通过

---

[1]　"Excel 高效办公"丛书，人民邮电出版社于 2008 年 7 月出版，主要针对 Excel 2003 版本用户。

介绍典型应用案例，细致地讲解工作要求和思路，并将 Excel 各项常用功能（包括基本操作、函数、图表、数据分析和 VBA）的使用方法与职业技能无缝融合。

本书力图让读者在掌握具体工作方法的同时也相应地提高 Excel 技术水平，并能够举一反三，将示例的用法进行"消化"和"吸收"后用于解决自己工作中的问题。

读者对象

本书主要面向财务会计人员，特别是职场新人和急需提升自身职业技能的进阶者；同时，本书也适合希望提高 Excel 现有实际操作能力的职场人士和大中专院校的学生阅读。

声明

本书案例所使用的数据均为虚拟数据，如有雷同，纯属巧合。

致谢

本书由 Excel Home 策划并组织编写，技术作者为郭辉，执笔作者为丁昌萍，审校为吴晓平。

Excel Home 论坛管理团队和 Excel Home 免费在线培训中心教管团队长期以来都是 Excel Home 图书的坚实后盾，他们是 Excel Home 最可爱的人，其中最为广大会员所熟知的代表人物有朱尔轩、刘晓月、杨彬、朱明、郗金甲、方骥、赵刚、黄成武、赵文妍、孙继红、王建民等，在此向这些最可爱的人表示由衷的感谢。

衷心感谢 Excel Home 的百万会员，是他们多年来不断的支持与分享，才营造出热火朝天的学习氛围，并成就了今天的 Excel Home 系列图书。

在本书的编写过程中，尽管作者团队始终竭尽全力，但仍无法避免存在不足之处。如果您在阅读过程中有任何意见或建议，请反馈给我们，我们将根据您的宝贵意见或建议进行改进，继续努力，争取做得更好。

如果您在学习过程中遇到困难或疑惑，可以通过以下任意一种方式与我们互动。

（1）访问 Excel Home 论坛，通过论坛与我们交流。

（2）访问 Excel Home 论坛，参加 Excel Home 的免费培训。

（3）如果您是微博控和微信控，可以关注我们的新浪微博、腾讯微博或微信公众号。微博和微信会长期更新很多优秀的学习资源，发布实用的 Office 技巧，并与大家进行交流。

您也可以发送电子邮件到 book@excelhome.net，我们将尽力为您服务。如果您有任何建议或者意见，还可以发邮件到 maxueling@ptpress.com.cn 与本书责任编辑联系。

目　录

第 **1** 章　简单数据分析

Excel 2016 高效办公

　　本章以费用结构分析、费用横向对比分析和量、价差分析为例，简要介绍 Excel 在财务工作中的使用方法，通过编制一些简单的公式，可以自动实现结构数据的计算和对比变化的结果。在量、价差分析中使用了统计学中的常用分析方法，对材料耗用的变动额分解为数量变化影响额和价格变化影响额，这是客观分析材料耗用变化必备的依据。在产销量分析中实现了柱形图和折线图的叠加。

1.1 费用结构饼图分析

案例背景

企业进行费用汇集时，会经常使用管理费用、财务费用和制造费用等总账科目。对其所属的二级科目的结构分析是财务管理工作中的重要内容，通过对二级科目份额的分析，可以清楚地了解总账科目的主要构成，从而为制订降低费用方案提供可靠的依据。以饼图的方式反映费用结构，可以清楚、直观地看出各个二级科目在总费用中所占的份额。

关键技术点

要实现本例中的功能，读者应当掌握以下的 Excel 技术点。

- 新建及保存工作簿
- 重命名工作表
- 设置单元格格式
- 函数的应用：SUM 函数
- 绘制饼图

最终效果展示

费用结构分析	
项目	收入
公司经费	81,776.08
差旅费	7,732.65
业务招待费	61,019.08
运输费用	7,675.49
办公费	6,226.84
工资	85,940.87
研制费	5,382.28
其他	3,062.07
养老保险	25,866.83
合计	¥284,682.19

费用结构分析

示例文件

\示例文件\第 1 章\费用结构饼图分析.xlsx

1.1.1 基本操作

本案例首先应创建一个工作簿，完成工作簿的保存、工作表重命名、工作表标签颜色设置等操作，然后再录入各个项目费用的数据，并且利用求和函数得到总费用。

Step 1 创建工作簿

启动 Excel 2016 后，默认打开开始屏幕，其左侧显示最近使用的文档，右侧显示"空白工作簿"和一些常用的模板，如"股票代号比较""日历见解"等。单击"空白工作簿"。

此时会自动创建一个新的工作簿文件"工作簿 1"。

技巧 直接新建空白工作簿

如果无须使用这些模板，希望启动 Excel 2016 时直接新建空白工作簿，可通过下面的设置来跳过开始屏幕。

单击 Excel 2016 的"文件"→"选项"，弹出"Excel 选项"对话框，单击"常规"选项卡，在"启动选项"区域下，取消勾选"此应用程序启动时显示开始屏幕"复选框，单击"确定"按钮。

这样，以后启动 Excel 2016 时即可直接新建一个空白工作簿。

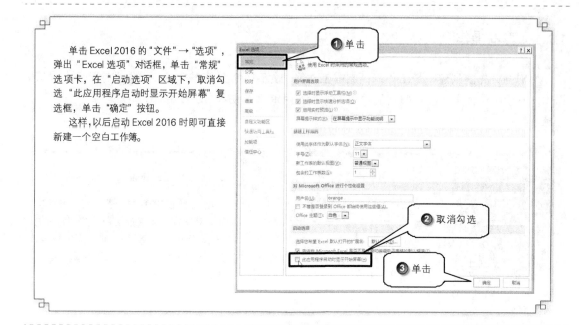

Step 2 保存并命名工作簿

① 在功能区中单击"文件"选项卡→"另存为"命令。在"另存为"区域中单击"这台电脑"选项，然后单击"浏览"按钮。

② 弹出"另存为"对话框，此时系统的默认保存位置为"文档库"。

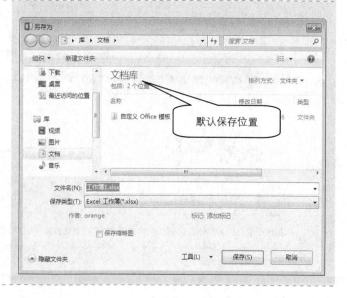

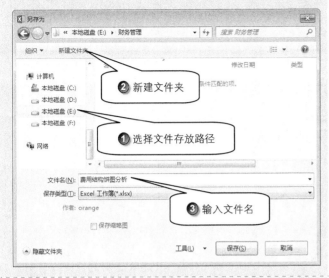

③ 在"另存为"对话框左侧的列表框中选择具体的文件存放路径，如"本地磁盘(E:)"。单击"新建文件夹"按钮，将"新建文件夹"重命名为"财务管理"，双击打开"财务管理"文件夹。

假定本书中所有工作簿和相关文件均存放在这个文件夹中。

④ 在"文件名"文本框中输入工作簿的名称"费用结构饼图分析"，其余选项保留默认设置，最后单击"保存"按钮。

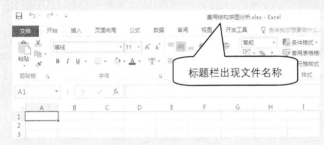

此时在Excel的标题栏中会出现保存后的名称。

自动保存功能

单击"快速访问工具栏"上的"保存"按钮 🖫，或者按<Ctrl+S>组合键也可以打开"另存为"对话框。如果工作簿此前已经被保存，再次执行保存操作时将不会出现"另存为"对话框，而是直接将工作簿保存在原来位置，并用修改后的内容覆盖旧文件中的内容。

由于自动断电、系统不稳定、Excel 程序本身问题、用户误操作等原因，Excel 程序可能会在用户保存文档之前就意外关闭，使用"自动保存"功能可以减少这些意外所造成的数据损失。

在 Excel 2016 中，自动保存功能不仅会自动生成备份文件，而且会根据设置的间隔时间定时生成多个文件版本。当 Excel 程序因意外崩溃而退出或者用户没有保存文档就关闭工作簿时，可以选择其中的一个版本进行恢复。

自动保存功能具体的设置方法如下。

①在功能区中依次单击"文件"→"选项"，弹出"Excel 选项"对话框，单击"保存"选项卡。

②勾选"保存工作簿"选项区中"保存自动恢复信息时间间隔"复选框（默认被勾选），即所谓的"自动保存"。在微调框中设置自动保存的时间间隔，默认为 10 分钟，用户可以设置为 1~120 分钟之间的整数。勾选"如果我没保存就关闭，请保留上次自动保留的版本"复选框。在"自动恢复文件位置"文本框中输入需要保存的位置，Windows 7 系统中的默认路径为"C:\Users\用户名\AppData\Roaming\Microsoft\Excel\"。

③单击"确定"按钮，即可应用保存设置并退出"Excel 选项"对话框。

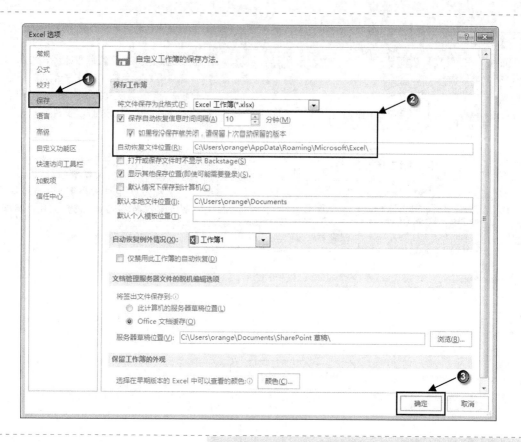

Step 3 重命名工作表

双击"Sheet1"的工作表标签进入标签重命名状态，输入"结构分析"，然后按<Enter>键确认。

也可以右键单击工作表标签，在弹出的快捷菜单中选择"重命名"进入重命名状态。

Step 4 设置工作表标签颜色

为工作表标签设置醒目的颜色，可以帮助用户迅速查找和定位所需的工作表，下面介绍设置工作表标签颜色的方法。

右键单击"结构分析"工作表标签，在打开的快捷菜单中选择"工作表标签颜色"→"标准色"→"红色"。

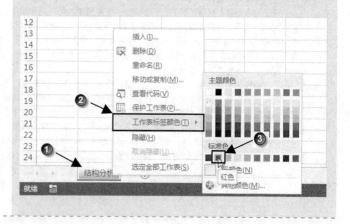

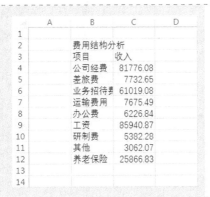

Step 5　输入表格标题

① 在 B2 单元格中输入表格标题。

② 在 B3:C3 单元格区域中输入表格各字段的标题名称。

Step 6　输入表格数据

依次在 B4:C12 单元格区域中输入各项具体项目名称和金额。

Step 7　输入求和函数

① 选中 B13 单元格，输入"合计"。

② 选中 C13 单元格，输入以下公式：

`=SUM(C4:C12)`

按<Enter>键或者单击编辑栏左侧的"输入"按钮 ✓，得到所有金额的总和。

技巧　插入 SUM 函数的快捷方式

方法 1：在需要求和的数据区下方或右侧，按住<Alt>键不放，再按<+>键，最后按<Enter>键。

方法 2：在需要求和的数据区下方或右侧，单击"开始"选项卡"编辑"命令组中的"自动求和"按钮 ∑。

方法 3：在需要求和的数据区下方或右侧，单击"公式"选项卡"函数库"命令组中的"自动求和"命令。

关键知识点讲解

函数应用：SUM 函数

▢ 函数用途

返回某一单元格区域中所有数字之和。

▢ 函数语法

SUM(number1,[number2],...)

▢ 参数说明

number1,number2,...表示对其求和的 1~255 个参数。

函数说明

● 直接键入到参数表中的数字、逻辑值及数字的文本表达式将被计算，请参阅下面的示例 1 和示例 2。

● 如果参数是一个数组或引用，则只计算其中的数字。数组或引用中的空白单元格、逻辑值或文本将被忽略。请参阅下面的示例 3。

● 如果参数为错误值或不能转换为数字的文本，将会导致错误。

函数简单示例

示例	公式	说明	结果
1	=SUM(3,2)	将 3 和 2 相加	5
2	=SUM("5",15,TRUE)	将文本型字符"5"和 15 以及 TRUE 相加，文本值被转换为数字，逻辑值 TRUE 被转换成数字 1	21
3	=SUM(A2:A4)	将 A2:A4 单元格区域中的数相加	54
4	=SUM(A2:A4,15)	将 A2:A4 单元格区域中的数之和与 15 相加	69
5	=SUM(A5,A6,2)	将 A5、A6 的值与 2 求和。因为引用中的非数字值没有转换为数字，所以 A5、A6 的值被忽略	2

本例公式说明

以下为本例中的公式。

```
=SUM(C4:C12)
```

其各参数值指定 SUM 函数对 C4:C12 单元格区域中所有数字求和。

1.1.2 设置单元格格式

在工作表中输入数据之后，接下来需要设置单元格的格式，以使表格更加规范、美观。

Step 1 设置合并后居中

选中 B2:C2 单元格区域，单击"开始"选项卡，在"对齐方式"命令组中单击"合并后居中"按钮 。

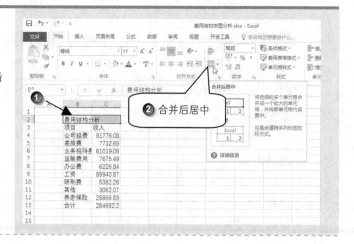

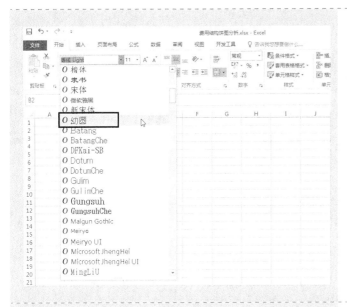

Step 2 设置字体和字号

① 选中需要设置字体和字号的 B2:C2 单元格区域，在"开始"选项卡的"字体"命令组中，单击"字体"列表框右侧的下箭头按钮，在弹出的字体列表中选择"幼圆"字体，然后在"字号"下拉列表框中选择"14"。

② 选中 B3:C13 单元格区域，设置字体为"微软雅黑"。

Step 3 设置加粗

选中 B2:C2 单元格区域，单击"字体"命令组中的"加粗"按钮 **B**。

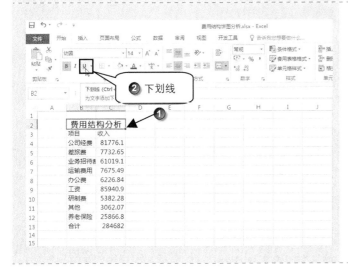

Step 4 设置下划线

选中 B2:C2 单元格区域，在"字体"命令组中单击"下划线"按钮 U。

Step 5 设置字体颜色

选中 B2:C2 单元格区域，单击"字体颜色"按钮 A 右侧的下箭头按钮 ，在打开的颜色面板中选择"蓝色,个性色 5,深色 25%"。

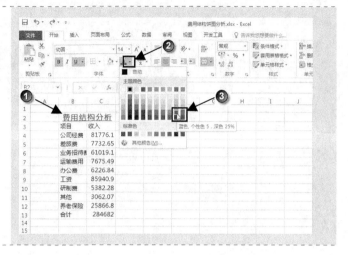

"字体颜色"按钮 A 下方的颜色显示了按钮当前预置的颜色，如果需要在文本中应用预置颜色，只需直接单击该按钮即可。

Step 6 设置单元格背景色

选中 B2:C2 单元格区域，单击"填充颜色"按钮 右侧的下箭头按钮 ，在打开的颜色面板中选择"橙色,个性色 2,淡色 80%"。

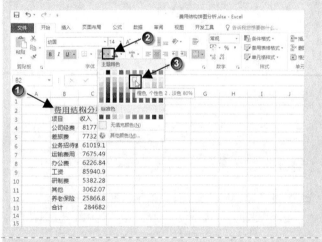

Step 7 设置单元格样式

① 选中 B3:C3 单元格区域，在"开始"选项卡的"样式"命令组中单击"单元格样式"按钮，打开下拉列表，在"主题单元格样式"区域中选择"着色 5"。

② 选中 B3:C3 单元格区域，然后按 <Ctrl+B> 组合键，设置为"加粗"。

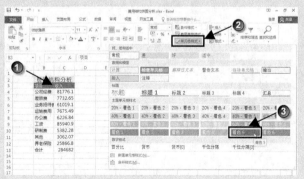

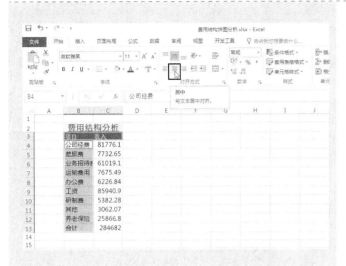

Step 8 设置居中

选中 B3:C3 单元格区域，按住<Ctrl>键，同时选中 B4:B13 单元格区域，在"对齐方式"命令组中单击"居中"按钮 ≡。

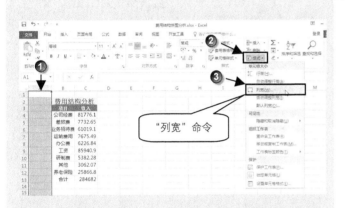

Step 9 调整表格列宽

① 单击 A 列的列标，在"开始"选项卡的"单元格"命令组中单击"格式"按钮 格式▾，在打开的下拉菜单中选择"列宽"命令，弹出"列宽"对话框。

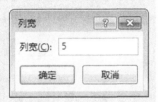

② 在"列宽"文本框中输入"5"，单击"确定"按钮，完成 A 列列宽的调整。

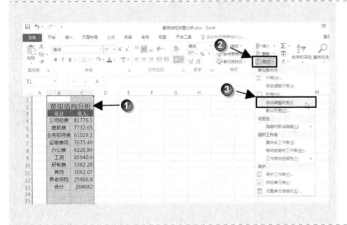

Step 10 自动调整列宽

拖动鼠标选中 B 列和 C 列，在"单元格"命令组中单击"格式"按钮 格式▾，在打开的下拉菜单中选择"自动调整列宽"命令。

Step 11 调整行高

① 单击第 2 行的行号，在"开始"选项卡的"单元格"命令组中单击"格式"按钮，在打开的下拉菜单中选择"行高"命令，弹出"行高"对话框。

② 在"行高"文本框中输入"30"，单击"确定"按钮。

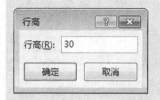

③ 拖动鼠标选中第 3 至第 12 行，将鼠标指针放置在第 12 行和第 13 行的交界处，待鼠标指针变成 ✚ 形状时，向下拖动鼠标，当鼠标指针右侧的注释变成"高度:24.00（32 像素）"时释放鼠标。

	A	B	C	D	E
1					
2		费用结构分析			
3		项目	收入		
4		公司经费	81776.08		
5		差旅费	7732.65		
6		业务招待费	61019.08		
7		运输费用	7675.49		
8		办公费	6226.84		
9		工资	85940.87		
10		研制费	5382.28		
11		其他	3062.07		
12		养老保险	25866.83		
13		合计	284682.19		
14					
15					

高度: 24.00 (32 像素)

④ 选中第 13 行，将鼠标指针放置在第 13 行和第 14 行的交界处，待鼠标指针变成 ✚ 形状时，向下拖动鼠标，当鼠标指针右侧的注释变成"高度:27.00（36 像素）"时释放鼠标。

	A	B	C	D	E
1					
2		费用结构分析			
3		项目	收入		
4		公司经费	81776.08		
5		差旅费	7732.65		
6		业务招待费	61019.08		
7		运输费用	7675.49		
8		办公费	6226.84		
9		工资	85940.87		
10		研制费	5382.28		
11		其他	3062.07		
12		养老保险	25866.83		
13		合计	284682.19		
14					
15					

高度: 27.00 (36 像素)

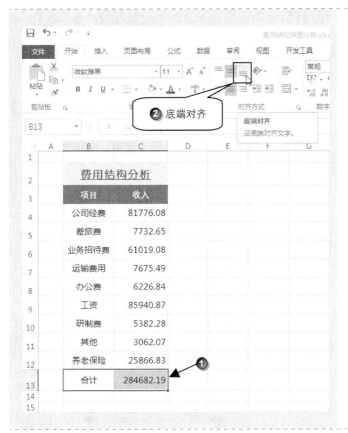

Step 12 设置单元格文本垂直对齐方式

选中 B13:C13 单元格区域，在"开始"选项卡的"对齐方式"命令组中单击"底端对齐"按钮 ≡。

文本垂直对齐选项一般只在用户调整了行高，且高出普通的行高之后才有明显效果。

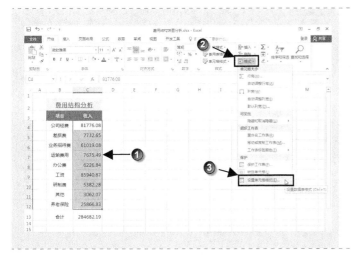

Step 13 设置单元格格式

① 选中 C4:C12 单元格区域，在"开始"选项卡的"单元格"命令组中单击"格式"按钮，在打开的下拉菜单中选择"设置单元格格式"命令。

② 弹出"设置单元格格式"对话框，单击"数字"选项卡，在"分类"列表框中选择"货币"；在"小数位数"文本框中输入"2"；在"货币符号（国家/地区）"下拉列表框中选择"无"；在"负数"列表框中选择第 4 项，即黑色字体的"−1,234.10"；单击"确定"按钮。

Step 14 添加币种符号

① 选中 C13 单元格，按<Ctrl+1>组合键，弹出"设置单元格格式"对话框。

② 单击"数字"选项卡，在"分类"列表框中选择"货币"；在"小数位数"文本框中选择"2"；在"货币符号（国家/地区）"下拉列表框中选择"¥"；在"负数"列表框中选择第 4 项，即黑色字体的"¥−1,234.10"；单击"确定"按钮。

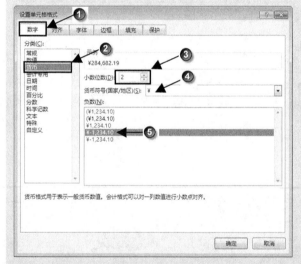

Step 15 设置单元格外边框颜色和样式

① 选中 B2:C13 单元格区域，在"开始"选项卡的"字体"命令组中单击"边框"按钮 右侧的下箭头按钮 ，在打开的下拉菜单中选择"其他边框"命令。

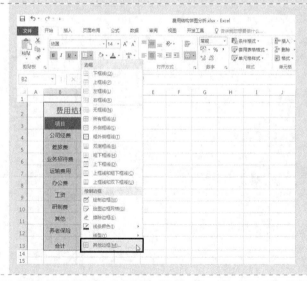

② 弹出"设置单元格格式"对话框,在"边框"选项卡中单击"颜色"右侧的下箭头按钮,在弹出的颜色面板中选择"蓝色"。

③ 在"样式"列表框中选择最后一种样式。

④ 单击"预置"区域中的"外边框"。

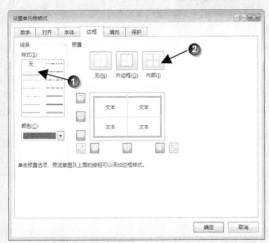

Step 16 设置单元格内边框样式

① 在"样式"列表框中选择第 2 种样式。

② 单击"预置"区域中的"内部"按钮。

单击"确定"按钮,完成单元格边框的设置。

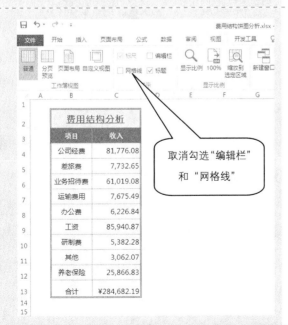

Step 17 取消编辑栏和网格线显示

切换到"视图"选项卡,在"显示/隐藏"命令组中取消勾选"编辑栏"和"网格线"复选框。

经过以上操作,就完成了单元格格式的基本设置。

1.1.3　绘制三维饼图

　　完成了"结构分析"的单元格设置后，接下来可以利用各项费用数据来绘制饼图，以形象地反映各项费用所占的比例大小。使用 Excel 2016 可以将数据迅速转变为饼图，还可以为该饼图设置漂亮而专业的外观。

视频：费用结构分析

Step 1　插入饼图

选中 B3:C12 单元格区域，单击"插入"选项卡，单击"图表"命令组中的"插入饼图或圆环图"右侧的下箭头按钮，在打开的下拉菜单中选择"三维饼图"下的"三维饼图"命令。

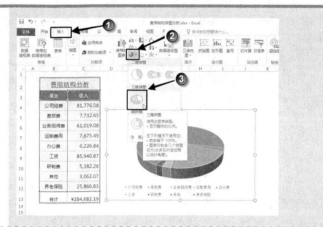

Step 2　调整图表位置

在图表空白位置按住鼠标左键，将其拖曳至表格合适位置。

Step 3　调整图表大小

将鼠标指针移至图表的右下角，待鼠标指针变成形状时，向外拖曳鼠标，当图表调整至合适大小时释放鼠标。

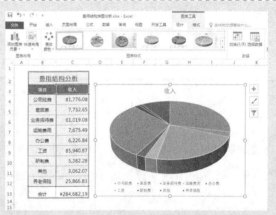

Step 4　设置饼图的图表布局

插入图表后，激活了"图表工具"功能区。单击"图表工具—设计"选项卡，在"图表布局"命令组中单击"快速布局"按钮，在打开的样式列表中选择"布局 1"。

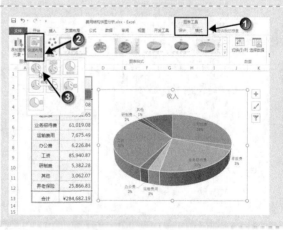

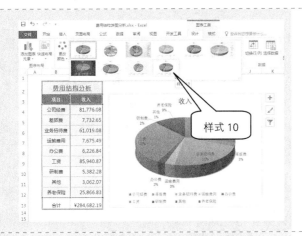

Step 5 设置饼图的图表样式

在"图表工具—设计"选项卡中单击"图表样式"命令组中列表框右下角的"其他"按钮 ，在打开的列表中选择"样式 10"命令。

Step 6 编辑图表标题

选中图表标题，将图表标题修改为"费用结构分析"。

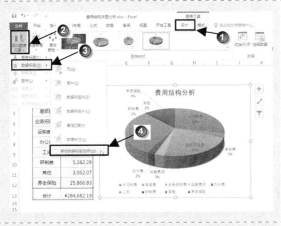

Step 7 设置数据标签格式

① 单击"图表工具—设计"选项卡，在"图表布局"命令组中单击"添加图表元素"按钮，在弹出的下拉菜单中选择"数据标签"→"其他数据标签选项"命令，打开"设置数据标签格式"窗格。

② "设置数据标签格式"窗格的"标签选项"选项用于设置图表中数据标签显示的内容，保留默认的选项。向下拖动右侧的滚动条，单击"数字"，打开"数字"栏，在"类别"下拉列表中选择"百分比"，在"小数位数"文本框中输入"2"，单击关闭按钮，关闭"设置数据标签格式"窗格。

Step 8 调整数据标签位置

如果数据标签挤在了一起，可以单击数据标签，此时每个数据标签的每个顶点会出现一个白色的小圆圈，再次单击需要调整的数据标签，待鼠标指针变成✛形状时，按住鼠标左键向外拖曳。

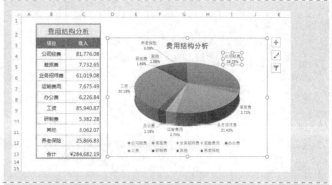

三维饼图绘制完毕，效果如图所示。

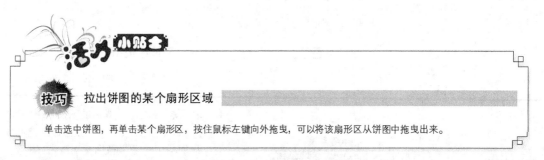

技巧 拉出饼图的某个扇形区域

单击选中饼图，再单击某个扇形区，按住鼠标左键向外拖曳，可以将该扇形区从饼图中拖曳出来。

1.2 费用结构三维柱形图分析

案例背景

利用三维簇状柱形图反映费用大小。

关键技术点

要实现本例中的功能，读者应当掌握以下的 Excel 技术点。

● 绘制簇状柱形图
● 设置打印方向
● 设置页眉

最终效果展示

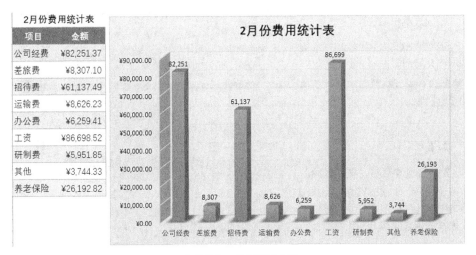

费用结构三维柱形图分析

示例文件

\示例文件\第 1 章\费用结构三维柱形图分析.xlsx

1.2.1　制作表格

Step 1　创建工作簿

新建名为"费用结构三维柱形图分析"
的工作簿，将"Sheet1"工作表重命名
为"结构分析"。

Step 2 输入表格标题和表格数据

① 选中 A1:B1 单元格区域，设置合并后居中，输入表格标题。

② 在 A2:B2 单元格区域中分别输入表格各字段的标题内容。

③ 在 A3:B11 单元格区域中输入各类项目和金额数据。

	A	B	C
1	2月份费用统计表		
2	项目	金额	
3	公司经费	82251.37	
4	差旅费	8307.1	
5	招待费	61137.49	
6	运输费	8626.23	
7	办公费	6259.41	
8	工资	86698.52	
9	研制费	5951.85	
10	其他	3744.33	
11	养老保险	26192.82	
12			
13			

Step 3 套用表格样式

选中 A2:B11 单元格区域，在"开始"选项卡的"样式"命令组中单击"套用表格格式"按钮，在打开的下拉菜单中选择"表样式中等深浅 6"命令。

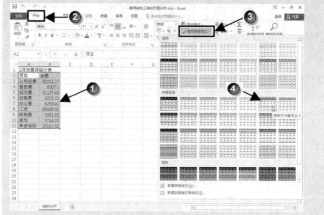

弹出"套用表格式"对话框，默认勾选"表包含标题"复选框，单击"确定"按钮。

Step 4 转换为区域

插入图表后，激活"表格工具"功能区。单击"表格工具—设计"选项卡，在"工具"命令组中单击"转换为区域"按钮。

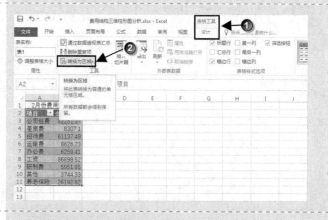

弹出"Microsoft Excel"对话框，单击"是"按钮。

效果如图所示。

Step 5 调整列宽

选中 A:B 列，在 B 列和 C 列的列标交界处双击，此时 A 列和 B 列自动调整为最适合的列宽。

列标交界处

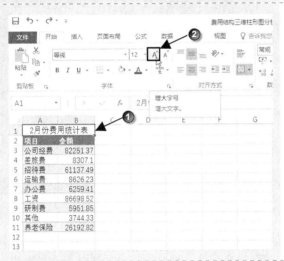

Step 6 设置字号和加粗

选中 A1:B1 单元格区域，在"开始"选项卡的"字体"命令组中单击"增大字号"按钮。再按<Ctrl+B>组合键设置加粗。

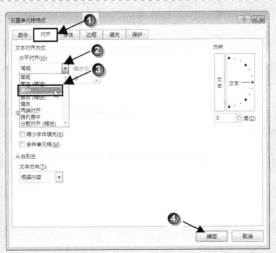

Step 7 设置居中

选中 A2:B2 单元格区域，按<Ctrl+1>组合键，弹出"设置单元格格式"对话框，切换到"对齐"选项卡，在"水平对齐"列表框中，单击右侧的下箭头按钮，在弹出的列表中选择"居中"，单击"确定"按钮。

Step 8 设置单元格格式

选中 B3:B11 单元格区域，在"开始"
选项卡的"数字"命令组中单击"数字
格式"按钮右侧的下箭头按钮▾，在打
开的下拉菜单中选择"货币"命令。

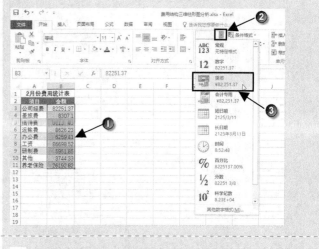

Step 9 调整行高

① 选中第 1 到第 11 行，在"开始"选
项卡的"单元格"命令组中单击"格式"
按钮，在打开的下拉菜单中选择"行高"
命令，弹出"行高"对话框。

② 在"行高"文本框中输入"21"，单
击"确定"按钮。

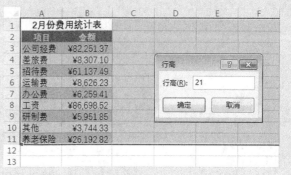

1.2.2 绘制三维簇状柱形图

在数据项目不是很多的情况下，"柱形图"常用来展示数据项之间的对比情况，描绘同一系列
的不同数据点或多个系列相应数据点之间的不同。

Step 1 插入簇状柱形图

选中 A3:B11 单元格区域，单击"插入"
选项卡，单击"图表"命令组中的"插
入柱形图"按钮，在打开的下拉菜单中
选择"三维柱形图"下的"三维簇状柱
形图"命令。

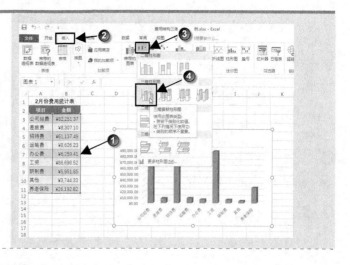

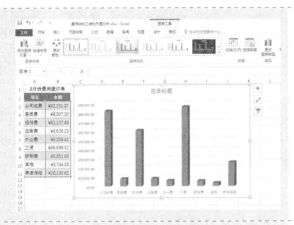

Step 2 调整图表位置

在图表空白位置按住鼠标左键，将其拖至工作表合适位置。

Step 3 调整图表大小

将鼠标指针移至图表的右下角，待鼠标指针变成时，向外拉动鼠标，当图表调整至合适大小时，释放鼠标。

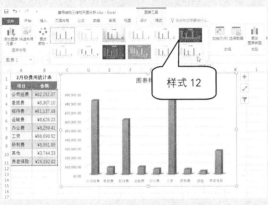

Step 4 设置柱形图的图表样式

在"图表工具—设计"选项卡中单击"图表样式"命令组中列表框右下角的"其他"按钮，打开下拉列表后，选择"样式 12"命令。

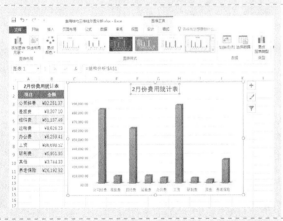

Step 5 编辑图表标题

单击图表标题，在编辑栏中输入"="，然后再单击 A1 单元格，按<Enter>键输入。此时图表标题将引用 A1 单元格的值"2 月份费用统计表"。

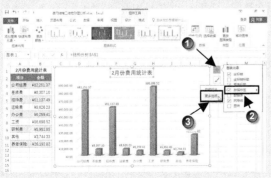

Step 6 设置数据标签格式

① 单击图表边框右侧的"图表元素"按钮，在打开的"图表元素"列表中勾选"数据标签"复选框，图表中将添加数据标签。单击"数据标签"右侧的三角按钮，在打开的下级列表中选择"更多选项"。

② 打开"设置数据标签格式"窗格，依次单击"标签选项"选项→"标签选项"按钮 ◪ →"数字"选项卡，在"类别"下拉列表中选择"数字"，在"小数位数"文本框中输入"0"。

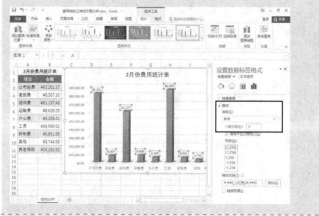

Step 7　设置主要网格线格式

① 单击"图表工具—格式"选项卡，在"当前所选内容"命令组的"图表元素"下拉列表框中选择"垂直(值)轴主要网格线"选项。此时"设置数据标签格式"窗格自动变为"设置主要网格线格式"窗格。

　　Excel 图表由多个元素组成，要对指定的元素进行编辑，可以通过"图表元素"下拉列表框进行选择，也可以直接单击该元素。但是一些比较小的元素（如网格线），使用鼠标较难选中。

② 在"主要网格线选项"区域下方，单击"填充与线条"选项→"线条"选项卡，单击"颜色"右侧的下箭头按钮，在弹出的颜色面板中选择"白色,背景1,深色 15%"。单击"关闭"按钮。

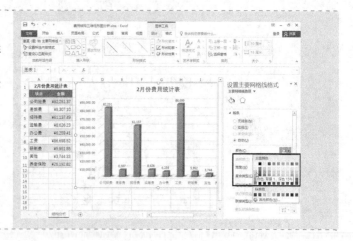

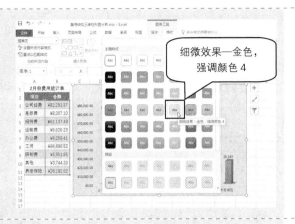

Step 8 设置图表区的形状样式

单击"图表工具—格式"选项卡,在"当前所选内容"命令组的"图表元素"下拉列表框中选择"图表区"选项,然后在"形状样式"选项卡中单击右侧的"其他"按钮,在弹出的样式列表中选择"细微效果—金色,强调颜色 4"。

Step 9 设置背景墙的样式

使用类似的操作方法,设置背景墙的样式为"细微效果—金色,强调颜色 4"。

设置完毕后,单击快速访问工具栏中的"保存"按钮 🔲,保存工作表。

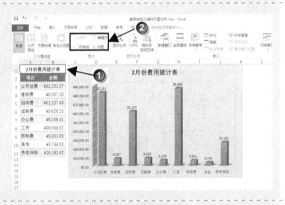

Step 10 取消编辑栏和网格线显示

切换到"视图"选项卡,选中 A1 单元格,在"显示"命令组中取消勾选"编辑栏"和"网格线"复选框。

经过以上的操作,就完成了图表的绘制和基本设置,其效果如图所示。

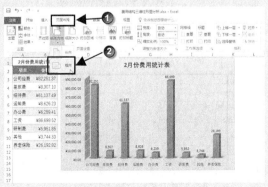

Step 11 设置纸张方向

单击"页面布局"选项卡,在"页面设置"命令组中单击"纸张方向"→"横向"命令。

Step 12 页面设置

① 在"页面布局"选项卡中，单击右下角的"对话框启动器"按钮 ⌐。

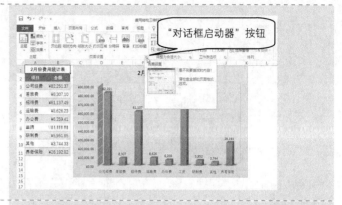

② 弹出"页面设置"对话框，单击"页边距"选项卡，在"居中方式"组合框中勾选"水平"复选框。

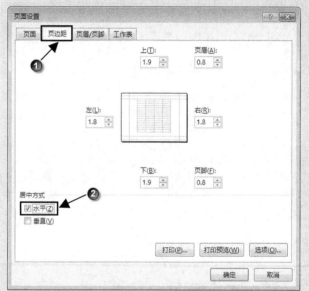

③ 切换到"页眉/页脚"选项卡，单击"自定义页眉"按钮。

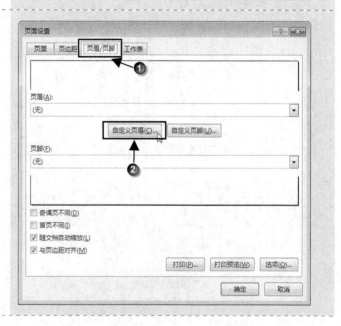

④ 弹出"页眉"对话框，在"右"文本框中输入"费用结构三维柱形图分析"，然后单击"确定"按钮。

⑤ 返回"页面设置"对话框。

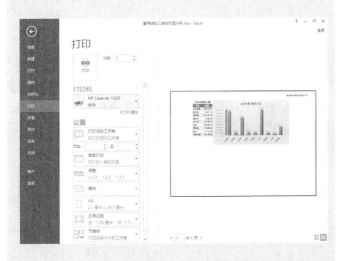

Step 13 打印预览

在"页面设置"对话框中，单击"打印预览"按钮。

设置的纸张方向和页眉的效果可以在打印预览中看到。

数字格式的种类

Excel 的数字格式有下面 12 种类型。

① "常规"格式：这是默认的数字格式，数字显示为整数、小数，当数字太大或者太小，单元格无法显示时用科学记数法。

② "数值"格式：在"数值"格式中可以设置小数位数，选择千位分隔符，以及选择用负号、红色、括号或者同时使用红色或括号显示负数。

③ "货币"格式：它的功能和"数值"格式非常相似，另外添加了设置货币符号的功能。

④ "会计"格式：在"会计"格式中可以设置小数位数和货币符号，但是没有显示负数的各种选项。

⑤ "日期"格式：以日期格式存储和显示数据，可以设置 24 种日期类型。在输入日期时必须以标准的类型输入，才可以进行类型的互换。

⑥ "时间"格式：以时间格式存储和显示数据，可以设置 11 种日期类型。在输入时间时必须以标准的类型输入，才可以进行类型的互换。

⑦ "百分比"格式：以百分比格式显示数据，可以设置 0~30 位小数点后的位数。

⑧ "分数"格式：以分数格式显示数据。

⑨ "科学记数"格式：以科学记数法显示数据。

⑩ "文本"格式：以文本方式存储和显示内容。

⑪ "特殊"格式：包含邮政编码、中文小写数字、中文大写数字 3 种类型，如果选择区域设置还能选择更多类型。

⑫ "自定义"格式：自定义格式可以根据需要手工设置上述所有类型，除此之外还可以设置更为灵活多样的类型。

1.3 横向费用对比分析

案例背景

横向费用对比分析表主要用于集团公司下属子公司费用的横向对比。作为集团公司的财务负责人，在做集团财务分析时经常需要对子公司的费用进行横向比较，把费用项目作为分析依据，列出各子公司的消耗量，从而为监督、检查子公司的费用消耗提供依据。通过柱形图的展示可以清楚地看出各种费用项目中各子公司的消耗大小。

关键技术点

要实现本例中的功能，读者应当掌握以下 Excel 技术点。

● 绘制簇状柱形图
● 打印预览的基本操作

最终效果展示

	A公司	B公司	C公司	D公司
办公费	¥ 65,100	¥ 18,200	¥ 52,700	¥ 159,900
差旅费	¥ 28,800	¥ 8,800	¥ 19,200	¥ 36,400
业务招待费	¥ 60,900	¥ 35,700	¥ 31,300	¥ 102,100
运输费用	¥ 32,300	¥ 16,800	¥ 10,300	¥ 35,100
工资	¥ 106,800	¥ 39,900	¥ 78,600	¥ 145,800
合计	¥ 293,900	¥ 119,400	¥ 192,100	¥ 479,300

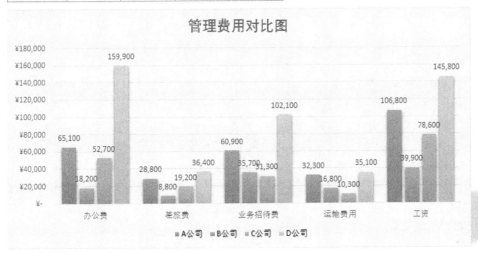

横向费用对比分析

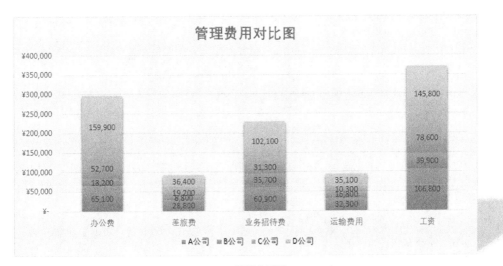

堆积柱形图

示例文件

\示例文件\第 1 章\横向费用对比分析.xlsx

1.3.1 制作表格

Step 1 输入表格数据

打开工作簿"横向费用对比分析",在 C3:F7 单元格区域中输入各公司办公费用的记录。

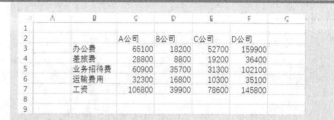

Step 2 输入求和函数

① 选中 B8 单元格,输入"合计"。

② 选中 C8:F8 单元格区域,在"开始"选项卡的"编辑"命令组中单击"求和"按钮 Σ。

此时,C8:F8 单元格区域分别显示"A公司"至"D公司"的合计费用。

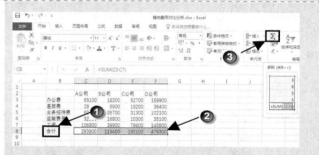

Step 3 设置会计专用格式

选中 C3:F8 单元格区域,单击"开始"选项卡,在"数字"命令组中单击"数字格式"按钮右侧的下箭头按钮▼,在打开的下拉菜单中选择"会计专用"命令。

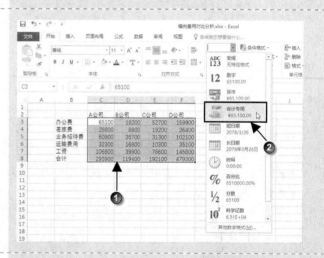

Step 4 减少小数位数

选中 C3:F8 单元格区域,在"开始"选项卡的"数字"命令组中单击两次"减少小数位数"按钮。

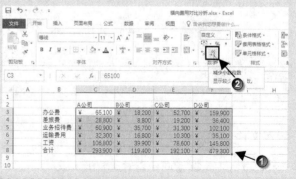

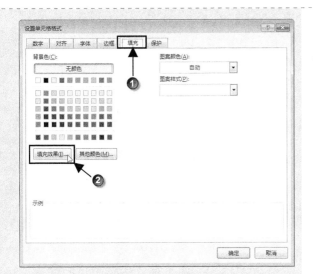

Step 5 填充背景色

① 按住<Ctrl>键，同时选中 B2:F2 和 B3:B8 单元格区域，按<Ctrl+1>组合键，弹出"设置单元格格式"对话框，单击"填充"选项卡，然后单击"填充效果"按钮。

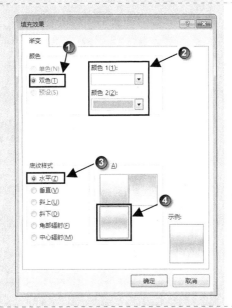

② 弹出"填充效果"对话框，在"颜色"区域中单击"双色"单选钮，在"颜色 1"下拉列表中选择"白色，背景 1"，在"颜色 2"下拉列表中选择"橙色"，在"底纹样式"区域中单击"水平"单选钮，在"变形"下选中第 3 种样式。在"示例"中可以预览效果。单击"确定"按钮。

③ 返回"设置单元格格式"对话框，单击"确定"按钮。

Step 6 调整行高和列宽

① 选中第 2 行到第 8 行,调整行高为 "27"。

② 调整 A 列的列宽为 "2"。

③ 选中 B:F 列,自动调整列宽。

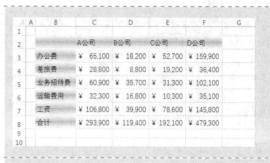

Step 7 设置居中、加粗和字号

选中 C2:F2 单元格区域,设置对齐方式为 "居中",设置 "加粗",在 "开始" 选项卡的 "字体" 命令组中单击 "增大字号" 按钮 A⁺,将字号调整为 "12"。

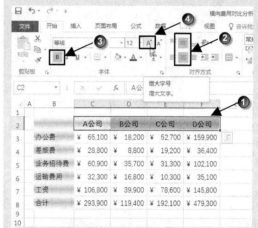

Step 8 设置边框

① 选中 B2:F8 单元格区域,右键单击,在弹出的快捷菜单中选择 "设置单元格格式",弹出 "设置单元格格式" 对话框。

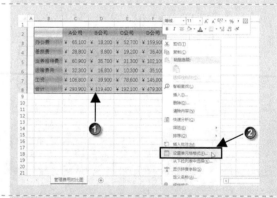

② 单击 "边框" 选项卡,单击 "颜色" 右侧的下箭头按钮,在弹出的颜色面板中选择 "蓝色,个性色 1"。在 "预置" 下方单击 "外边框" 和 "内部" 按钮,单击 "确定" 按钮。

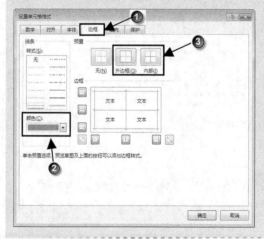

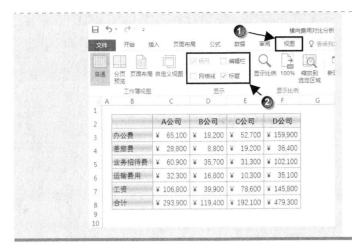

Step 9 取消编辑栏和网格线显示

单击"视图"选项卡,在"显示"命令组中取消勾选"编辑栏"和"网格线"复选框。

1.3.2 绘制簇状柱形图

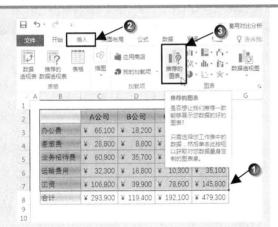

Step 1 插入推荐的图表

选中 B2:F7 单元格区域,单击"插入"选项卡,单击"图表"命令组中的"推荐的图表"按钮。

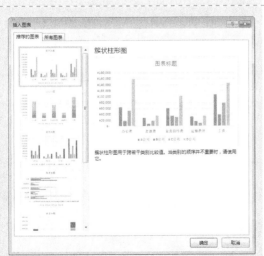

弹出"插入图表"对话框,在"推荐的图表"选项卡中选择第 1 个。在右侧可以预览"簇状柱形图"的效果。单击"确定"按钮。

Step 2 调整图表位置

在图表空白位置按住鼠标左键，将其拖曳至工作表合适位置。

Step 3 调整图表大小

将鼠标指针移至图表的右下角，待鼠标指针变成形状时，向外拖动鼠标，当图表调整至合适大小时，释放鼠标。

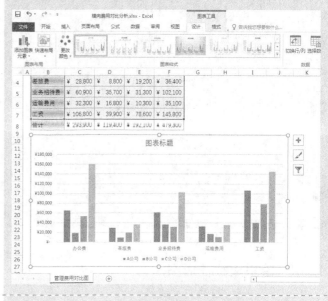

Step 4 设置图表样式

在"图表工具—设计"选项卡中，单击"图表样式"命令组中列表框右下角的"其他"按钮，打开下拉列表后，选择"样式14"命令。

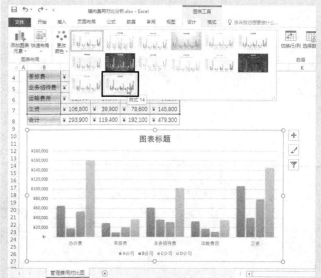

Step 5 编辑图表标题

选中图表标题，修改为"管理费用对比图"。

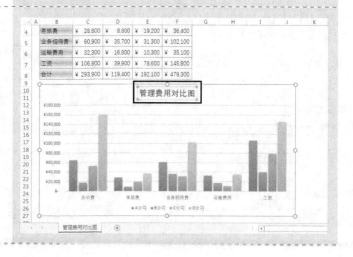

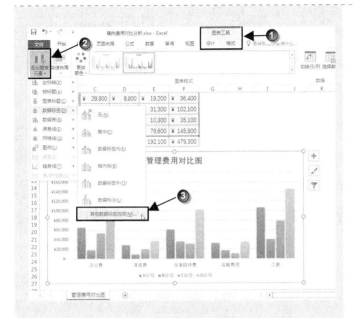

Step 6 添加数据标签

单击"图表工具—设计"选项卡，在"图表布局"命令组中单击"添加图表元素"命令，在弹出的下拉列表中选择"数据标签"→"其他数据标签选项"命令，打开"设置数据标签格式"窗格。此时簇状柱形图已经添加了数据标签。

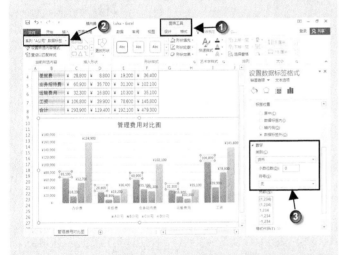

Step 7 设置系列"A 公司"数据标签格式

① 单击"图表工具—格式"选项卡，在"当前所选内容"命令组的"图表元素"下拉列表框中选择"系列'A 公司'数据标签"选项。

② 在"设置数据标签格式"窗格中，依次单击"标签选项"选项→"标签选项"按钮→"数字"选项卡，在"类别"下拉列表中选择"货币"，在"小数位数"文本框中输入"0"，单击"符号"右侧的下箭头按钮，在弹出的列表中选择"无"。

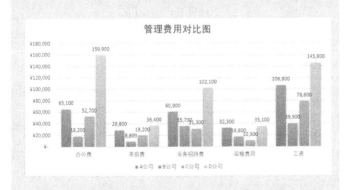

Step 8 对其他系列设置数据标签格式

参照 Step 7 的操作方法，对系列"B公司"、系列"C 公司"、系列"D 公司"设置数据标签格式。

设置完"数据标签格式"的效果如图所示。

Step 9 设置图表区的形状样式

① 选中"图表区",单击"图表工具—格式"选项卡,在"形状样式"命令组中单击"形状填充",在弹出的样式列表中选择"金色,个性色4,淡色80%"。

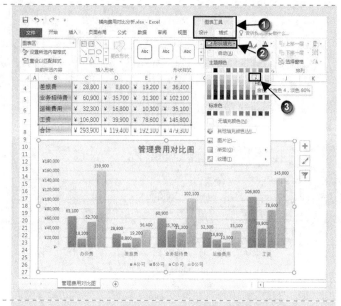

② 在"形状样式"命令组中单击"形状效果"按钮,在弹出的列表中选择"阴影"→"透视"→"右上对角透视"命令。

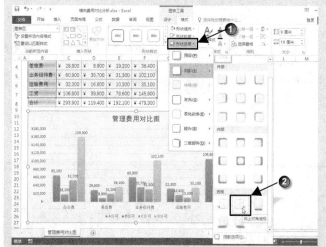

Step 10 设置图例的艺术字样式

单击"图表工具—格式"选项卡,在"当前所选内容"命令组的"图表元素"下拉列表框中选择"图例"选项,在"艺术字样式"列表框中单击"快速样式"按钮,在弹出的样式列表中选择"填充—黑色,文本1,阴影"。

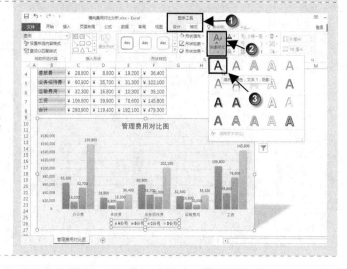

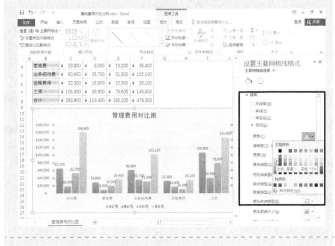

Step 11 设置网格线格式

在绘图区中双击网格线，打开"设置主要网格线格式"窗格。在"主要网格线选项"区域下方，依次单击"填充与线条"按钮→"线条"选项卡，单击"颜色"右侧的下箭头按钮，在弹出的颜色面板中选择"白色,背景1,深色15%"。单击"关闭"按钮。

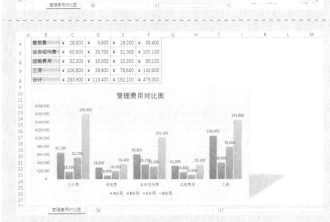

经过以上的操作，就完成了图表的绘制和基本设置。设置完毕后，保存工作表。

1.3.3 打印预览的基本操作

本案例主要实现打印预览的基本功能。

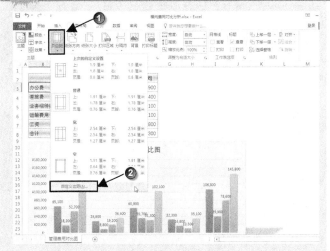

Step 1 设置页边距

① 在工作表中单击任意单元格，如 B3 单元格，切换到"页面布局"选项卡，在"页面设置"命令组中单击"页边距"按钮，在打开的下拉菜单中选择"自定义边距"命令。

② 弹出"页面设置"对话框，在"页边距"选项卡中，将上下左右四个方向的页边距均设置为 2.5 个单位。在"居中方式"组合框中勾选"水平"复选框。

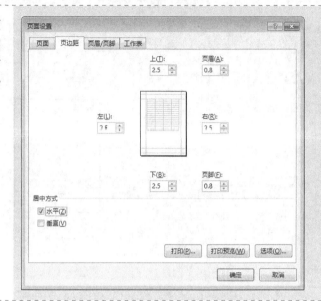

Step 2 设置页面方向、缩放比例、纸张大小

① 切换到"页面"选项卡，在"方向"区域里单击"横向"单选钮。

② 单击"缩放比例"右侧的数值调节钮，将缩放比例调整为"80%"，打印时的缩放比例就会发生变化。

③ 单击"纸张大小"右侧的下箭头按钮 ▼ ，在弹出的列表中选择"16K"。

Step 3 打印预览

在"页面设置"对话框中，单击"打印预览"按钮，可以看到预览的效果。

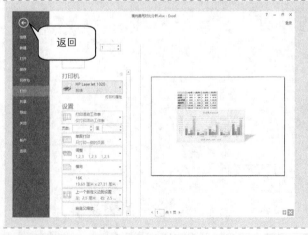

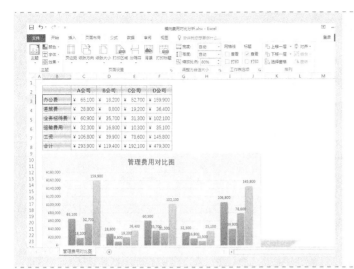

Step 4 返回工作表编辑页面

单击"返回"按钮，或者按<Esc>键，返回工作表编辑页面。

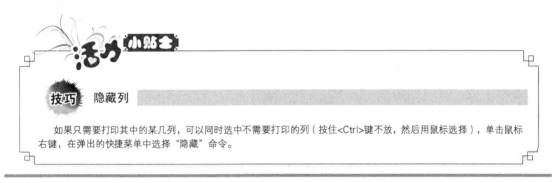

技巧 隐藏列

如果只需要打印其中的某几列，可以同时选中不需要打印的列（按住<Ctrl>键不放，然后用鼠标选择），单击鼠标右键，在弹出的快捷菜单中选择"隐藏"命令。

关键知识点讲解

Excel 的打印预览功能是一个非常便利的功能，在正式打印之前，用户能够查看设置的结果。

1. 查看打印预览

可以通过下面几种方法实现打印预览。

● 依次单击"页面布局"选项卡→"页面设置"右下角的"对话框启动器"按钮，弹出"页面设置"对话框，单击"页面"选项卡，单击"打印预览"按钮。

● 依次单击"文件"选项卡→"打印"命令。

2. 预览时改变打印位置

如果发现打印预览窗口显示出来的报表存在问题，用户可以直接在预览窗口中进行改动，如调整页边距，设置纸张方向、缩放比例，选择纸张大小等。

如果预览时发现一个工作表的最后一列或者最后一行打印在了第 2 页上，用户可以在预览窗口中单击"自定义缩放"按钮，在弹出的列表中选择缩放的方式，进而实现强制所有的列或者所有的行打印在同一页纸上。

1.3.4 更改图表类型

将"簇状柱形图"更改为"堆积柱型图",可将并列显示的柱型图转换为堆积型,用以显示各费用科目的总量对比。

Step 1 更改图表类型

① 选中图表,在"图表工具—设计"选项卡中,单击"类型"命令组的"更改图表类型"按钮。

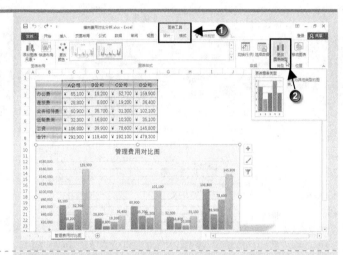

② 弹出"更改图表类型"对话框,在"所有图表"选项卡中,选择"柱形图"下的"堆积柱形图",单击"确定"按钮。

Step 2 文件另存为

① 单击"文件"选项卡,在下拉菜单中单击"另存为"命令。在右侧单击"当前文件夹"下的路径。

② 弹出"另存为"对话框,在"文件名"右侧的文本框中输入"堆积柱形图",单击"保存"按钮。

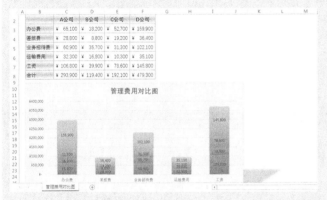

效果如图所示。

1.4 量、价差分析

案例背景

分析材料成本的变化是成本分析中的重要组成部分。材料成本的变化由两个方面构成,一是单位消耗量,二是购进价格。通过创建"量、价差分析"表,可以将材料成本的绝对变化额分解成单位消耗量变化对材料成本的影响和价格变化对成本的影响。单位消耗量属主观因素,责任单位是生产车间;价格属客观因素,责任单位是采购部门。通过制作此表可以为企业制订降低成本方案和建立成本考核制度提供依据。

关键技术点

要实现本例中的功能,读者应当掌握以下的 Excel 技术点。

- 自动换行
- 公式的复制
- 格式刷的使用

最终效果展示

材料名称	单位	本期单价	上年同期单价	单位差价	本期累计耗量	同期累计耗量	价格影响	数量影响
原材料：								
钢棒	KG	49	42	7	4,600.00	2,350.00	16,450.00	110,250.00
钢板	KG	45	44	1	2,500.00	2,850.00	2,850.00	-15,750.00
铜棒	KG	65	67	-2	1,290.00	2,030.00	-4,060.00	-48,100.00
铜板	KG	66	67	-1	5,740.00	6,170.00	-6,170.00	-20,000.00
煤	吨	368	349	19	710.00	550.00	10,450.00	58,880.00
水	吨	3.1	2.8	0.3	19,540.00	16,890.00	5,067.00	8,215.00
电	度	0.75	0.69	0.06	90,000.00	100,000.00	6,000.00	-7,500.00

量、价差分析

示例文件

\示例文件\第 1 章\量、价差分析.xlsx

1.4.1　设置单元格格式

Step 1　打开工作簿

打开工作簿"量、价差分析"，可以看到表格中已经包含各种材料的"单位""本期单价""上年同期单价"，"本期累计耗量"和"同期累计耗量"等数据。

Step 2　设置货币格式

① 选中 G4:H10 单元格区域，然后按 <Ctrl+1>组合键，弹出"设置单元格格式"对话框。

② 单击"数字"选项卡，在"分类"列表框中选择"货币"，在右侧的"小数位数"文本框中输入"2"，在"货币符号（国家/地区）"下拉列表框中选择"无"，在"负数"列表框中选择第 4 项，即黑色字体的"-1,234.10"。单击"确定"按钮。

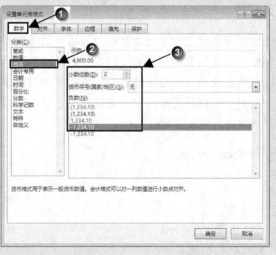

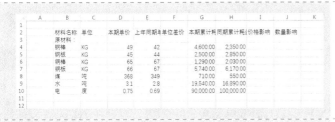

此时，G4:H10 单元格区域的数字就会
添加千位分隔符。

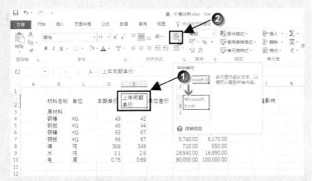

Step 3 设置换行方法一

在表格中，E2、G2 和 H2 这三个字
段较长，可以使用自动换行的方法减
小列宽。

选中 E2 单元格，切换到"开始"选项
卡，在"对齐方式"命令组中单击"自
动换行"按钮 。

Step 4 设置换行方法二

① 选中 G2 单元格，按<Ctrl+1>组合
键，弹出"设置单元格格式"对话框。

② 单击"对齐"选项卡，勾选"自动
换行"复选框，单击"确定"按钮。

Step 5 设置换行方法三

选中 H2 单元格，将鼠标指针放在需要
换行的位置，即"同期"和"累计耗
量"之间，按<Alt+Enter>组合键，实
现手动换行。

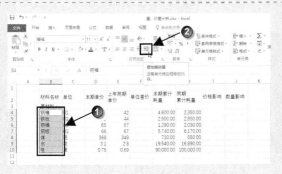

Step 6 设置单元格的左缩进量

① 选中需要设置左缩进的 B4:B10 单
元格区域，在"开始"选项卡的"对
齐方式"命令组中单击一次"增加缩
进量"按钮 。

② 选中 B4:B10 单元格区域，然后按 <Ctrl+1>组合键，弹出"设置单元格格式"对话框，切换到"对齐"选项卡，可以看到此时该单元格区域设置的"水平对齐"方式为"靠左(缩进)"，缩进量为 1。

1.4.2 设置"价格影响"公式和"数量影响"公式

本案例使用到下面两个公式。

价格影响公式：(本期单价 − 上年同期单价) / 上年同期耗量。

数量影响公式：(本期耗量 − 上年同期耗量) × 本期单价。

Step 1 计算单位差价

选中 F4 单元格，输入以下公式，按 <Enter>键确认。

`=D4-E4`

Step 2 向下自动填充公式

① 选中 F4 单元格，将鼠标指针移动到 F4 单元格的右下角。

② 当鼠标指针变成 ✚ 形状（称作"填充柄"）时，按住鼠标左键不放并向下方进行拖曳，到达 F10 单元格后再松开左键释放填充柄，这样就完成了公式的复制。

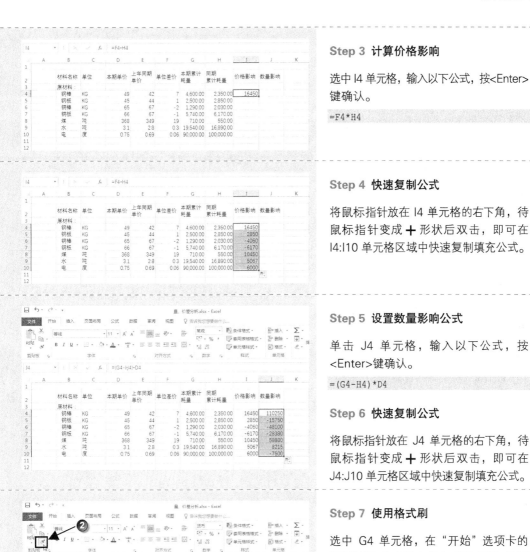

Step 3 计算价格影响

选中 I4 单元格，输入以下公式，按<Enter>键确认。

`=F4*H4`

Step 4 快速复制公式

将鼠标指针放在 I4 单元格的右下角，待鼠标指针变成 **+** 形状后双击，即可在 I4:I10 单元格区域中快速复制填充公式。

Step 5 设置数量影响公式

单击 J4 单元格，输入以下公式，按<Enter>键确认。

`=(G4-H4)*D4`

Step 6 快速复制公式

将鼠标指针放在 J4 单元格的右下角，待鼠标指针变成 **+** 形状后双击，即可在 J4:J10 单元格区域中快速复制填充公式。

Step 7 使用格式刷

选中 G4 单元格，在"开始"选项卡的"剪贴板"命令组中单击"格式刷"按钮 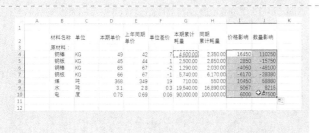，准备将此单元格的格式复制给表格中的其他行。

Step 8 复制格式

当鼠标指针变成 ⊕⊿ 形状时，表示处于格式刷状态，此时选中的目标区域将应用源区域的格式。

拖动鼠标选中 I4:J10 单元格区域，格式就复制到了 I4:J10 单元格区域，松开鼠标，指针恢复为常态。

Step 9 调整表格列宽

当单元格宽度不足时，其中的数值会显示为一系列的"#"号，增加列宽即可正常显示数值。

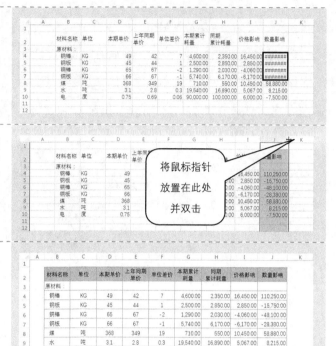

选中 J 列，将鼠标指针放置在 J 列和 K 列的列标之间并双击，此时 J 列自动设置为最合适的列宽。

> 将鼠标指针放置在此处并双击

Step 10 美化工作表

① 设置字体、字号、居中对齐和填充颜色。
② 调整行高和列宽。
③ 设置所有框线。
④ 取消编辑栏和网格线显示。

材料名称	单位	本期单价	上年同期单价	单位差价	本期累计耗量	同期累计耗量	价格影响	数量影响
原材料								
钢棒	KG	49	42	7	4,600.00	2,350.00	16,450.00	110,250.00
钢板	KG	45	44	1	2,500.00	2,850.00	2,850.00	-15,750.00
钢棒	KG	65	67	-2	1,290.00	2,030.00	-4,060.00	-48,100.00
钢板	KG	66	67	-1	5,740.00	6,170.00	-6,170.00	-28,380.00
煤	吨	368	349	19	710.00	550.00	10,450.00	58,880.00
水	吨	3.1	2.8	0.3	19,540.00	16,890.00	5,067.00	8,215.00
电	度	0.75	0.69	0.06	90,000.00	100,000.00	6,000.00	-7,500.00

关键知识点讲解

公式的复制

复制公式一般有两种方法。

方法1：直接复制公式。

（1）选中包含公式的单元格。

（2）切换到"开始"选项卡，在"剪贴板"命令组中单击"复制"按钮，或按<Ctrl+C>组合键。

（3）选择要复制到的目标单元格。若要复制公式和格式，在"剪贴板"命令组中单击"粘贴"按钮的上半部分；或按<Ctrl+V>组合键。若仅复制公式，在"单元格"命令组中单击"粘贴"按钮的下半部分，在弹出的下拉菜单中选择"粘贴"下的"公式"按钮；或者在弹出的下拉菜单中单击"选择性粘贴"，打开"选择性粘贴"对话框，单击"粘贴"区域里的"公式"单选钮。

方法 2：通过填充柄复制公式。

将鼠标指针放到包含公式的单元格的右下角，待鼠标指针变成 ✚ 形状时拖动，可以将公式复制到相邻的单元格或单元格区域中。

1.5　产销量分析

案例背景

利用三维簇状柱形图反映费用大小。

关键技术点

要实现本例中的功能，读者应当掌握以下的 Excel 技术点。

● 柱形图与折线图叠加

最终效果展示

报送日期	本日入库	本日出库	期末库存
1月2日	8	6	2
1月4日	10	6	6
1月6日	12	8	10
1月8日	11	9	12
1月10日	12	6	18
1月12日	10	7	21
1月14日	11	8	24
1月16日	12	15	21
1月18日	13	20	14
1月20日	12	16	10
1月22日	12	6	16
1月24日	13	7	22
1月26日	15	20	17

产品月表

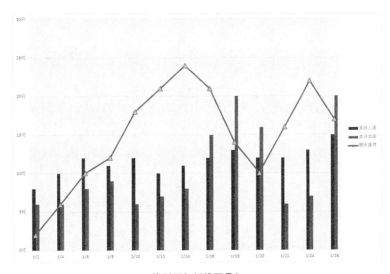

柱形图与折线图叠加

示例文件

\示例文件\第 1 章\产销量分析.xlsx

1.5.1 制作表格

Step 1 打开工作簿

打开工作簿"产销量分析"。

Step 2 套用表格样式

① 选中 A1 单元格,在"开始"选项卡的"样式"命令组中单击"套用表格格式"按钮,并在打开的下拉列表中选择"表样式中等深浅 6"。

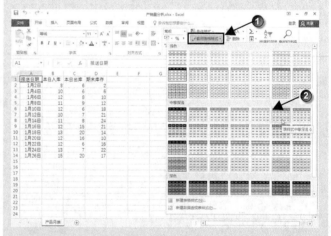

② 弹出"套用表格式"对话框,单击"确定"按钮。

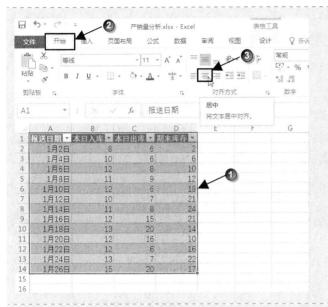

Step 3 设置居中

选中 A1:D14 单元格区域，单击"开始"选项卡，在"对齐方式"命令组中单击"居中"按钮。

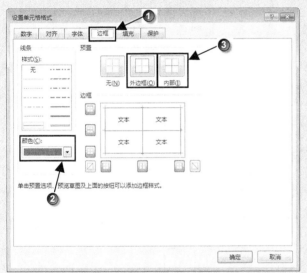

Step 4 设置边框

选中 A1:D14 单元格区域，按<Ctrl+1>组合键，弹出"设置单元格格式"对话框。单击"边框"选项卡，单击"颜色"右侧的下箭头按钮，在弹出的颜色面板中选择"蓝色,个性色 5"，在"预置"下方单击"外边框"和"内部"按钮，单击"确定"按钮。

	A	B	C	D	E
1	报送日期	本日入库	本日出库	期末库存	
2	1月2日	8	6	2	
3	1月4日	10	6	6	
4	1月6日	12	8	10	
5	1月8日	11	9	12	
6	1月10日	12	6	18	
7	1月12日	10	7	21	
8	1月14日	11	8	24	
9	1月16日	12	15	21	
10	1月18日	13	20	14	
11	1月20日	12	16	10	
12	1月22日	12	6	16	
13	1月24日	13	7	22	
14	1月26日	15	20	17	
15					
16					

Step 5 美化工作表

① 选择 A1:D14 单元格区域，调整行高和列宽。

② 取消编辑栏和网格线显示。

1.5.2 簇状柱形图与折线图组合

Step

Step 1 插入簇状柱形图

① 选中 A1 单元格，按住<Shift>键不放，单击 D14 单元格，即可选中 A1:D14 单元格区域。单击右下角的"快速分析"按钮，弹出五种辅助快速分析的工具，分别为"格式""图表""汇总""表"和"迷你图"。

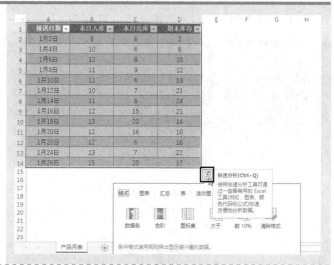

② 单击"图表"→"簇状"命令。

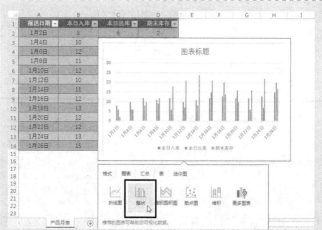

Step 2 移动图表

① 插入图表后，单击"图表工具—设计"选项卡，然后单击"位置"命令组中的"移动图表"按钮。

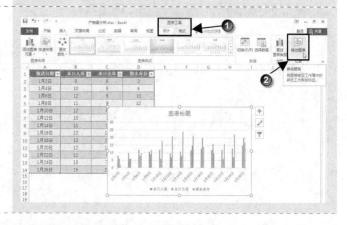

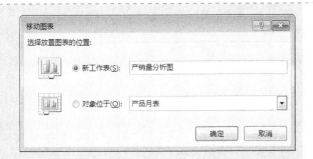

② 弹出"移动图表"对话框，在"新工作表"文本框中输入工作表名"产销量分析图"，单击"确定"按钮。

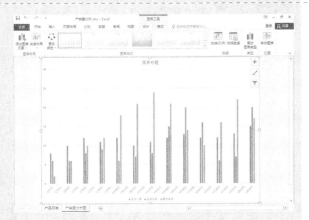

Step 3 移动工作表

单击"产销量分析图"工作表标签，按住鼠标左键，鼠标指针变成 形状时，拖动鼠标指针至"产品月表"工作表标签的右边，释放鼠标。此时"产销量分析图"工作表置于"产品月表"之后。

Step 4 设置柱形图的图表布局

单击"图表工具—设计"选项卡，在"图表布局"命令组中单击"快速布局"按钮，在打开的样式列表中选择"布局 11"样式。

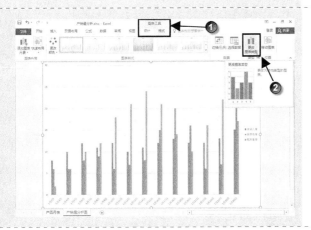

Step 5 更改系列图表类型

① 单击"图表工具—设计"选项卡，在"类型"选项卡中单击"更改图表类型"命令。

② 弹出"更改图表类型"对话框,在"所有图表"选项卡的左侧选中"组合",在右侧的区域中保留默认选项,单击"确定"按钮。

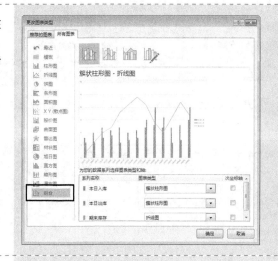

此时柱形图与折线图叠加,效果如图所示。

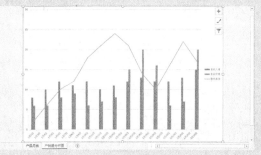

Step 6 设置绘图区格式

① 双击"绘图区",打开"设置绘图区格式"窗格。

② 依次单击"绘图区选项"选项→"填充与线条"按钮→"填充"选项卡→"图片或纹理填充"单选钮,然后单击"纹理"右侧的下箭头按钮 ,在弹出的纹理列表中选择"羊皮纸"。

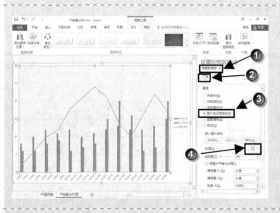

Step 7 设置水平(类别)轴格式

① 单击"水平(类别)轴",此时"设置绘图区格式"窗格变为"设置坐标轴格式"窗格。

② 依次单击"坐标轴选项"选项→"填充与线条"按钮→"线条"选项卡→"无线条"单选钮。

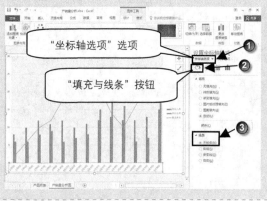

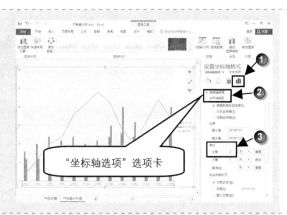

③ 单击"坐标轴选项"按钮→"坐标轴选项"选项卡，在"单位"下方"主要"右侧的文本框中输入"2"。

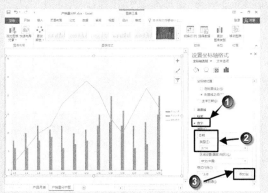

④ 向下拖动滚动条，单击"数字"选项卡，单击"类别"下方右侧的下箭头按钮，在弹出的列表中选择"日期"，单击"类型"下方右侧的下箭头按钮，在弹出的列表中选择"3/14"，单击"添加"按钮。

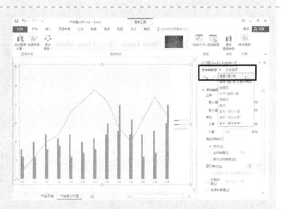

Step 8 设置垂直(值)轴格式

① 单击"坐标轴选项"选项右侧的下箭头按钮，在弹出的列表中选择"垂直(值)轴"。

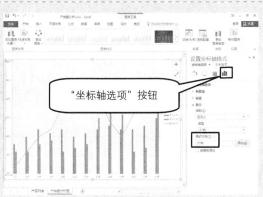

② 单击"坐标轴选项"按钮→"数字"选项卡，删除"格式代码"下方的文本框中的原有内容，输入"0 吨"，单击"添加"按钮。此时"类别"下方的类别变为"自定义"，"类型"下方的文本框内容变为"0'吨'"。

Step 9 设置系列"期末库存"的数据系列格式

① 单击"坐标轴选项"选项右侧的下箭头按钮，在弹出的列表中选择"系列'期末库存'"。此时"设置坐标轴格式"窗格变为"设置数据系列格式"窗格。

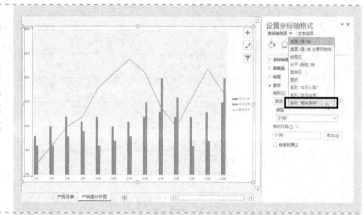

② 依次单击"系列选项"→"填充与线条"按钮→"线条"选项→"线条"选项卡→"实线"单选钮，单击"颜色"右侧的下箭头按钮，在弹出的颜色面板中选择"蓝色"，单击"宽度"右侧的数值调调节旋钮3次，使得文本框中显示的数值为"3磅"。

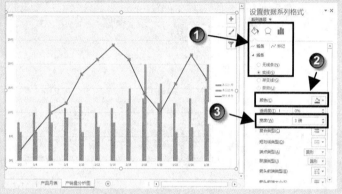

③ 依次单击"标记"选项→"数据标记选项"选项卡→"内置"单选钮，单击"类型"右侧的下箭头按钮，在弹出的列表中选择"▲"，在"大小"文本框中输入"9"。

④ 依次单击"填充"选项卡→"纯色填充"单选钮，单击"颜色"右侧的下箭头按钮，在弹出的颜色面板中选择"橙色"。

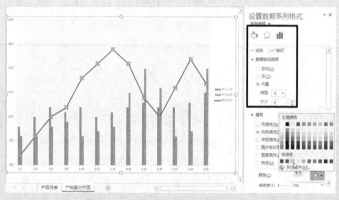

⑤ 向下拖动滚动条，依次单击"边框"选项卡→"实线"单选钮，单击"颜色"右侧的下箭头按钮，在弹出的颜色面板中选择"红色"。

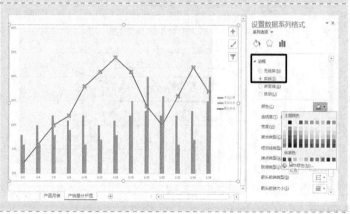

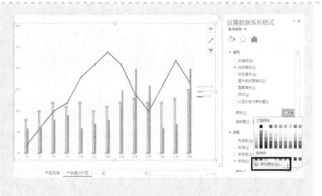

Step 10 设置系列"期末库存"的数据系列格式

① 单击"系列选项"选项右侧的下箭头按钮，在弹出的列表中选择"系列'本日入库'"。

② 依次单击"填充与线条"按钮→"填充"选项卡→"纯色填充"单选钮，单击"颜色"右侧的下箭头按钮，在弹出的颜色面板中选择"其他颜色"命令。

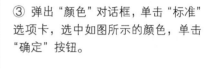

③ 弹出"颜色"对话框，单击"标准"选项卡，选中如图所示的颜色，单击"确定"按钮。

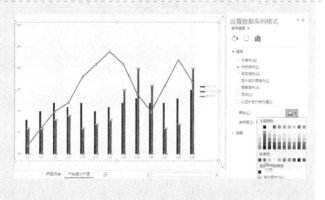

Step 11 设置系列"本日出库"的数据系列格式

① 单击"系列选项"选项右侧的下箭头按钮，在弹出的列表中选择"系列'本日出库'"。

② 依次单击"填充与线条"按钮→"填充"选项卡→"纯色填充"单选钮，单击"颜色"右侧的下箭头按钮，在弹出的颜色面板中选择"标准色"下的"红色"命令。单击"关闭"按钮，关闭"设置数据系列格式"窗格。

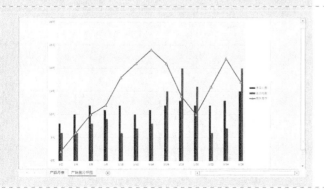

此时系列"本日入库"和系列"本日出库"的数据系列格式设置完毕，效果如图所示。

Step 12 修改系列名称

① 单击"图表工具—设计"选项卡，在"数据"命令组中单击"选择数据"按钮。

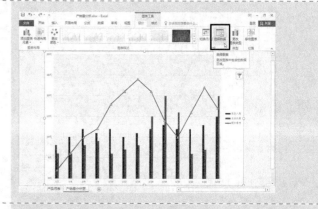

② 弹出"选择数据源"对话框，在"图例项(系列)"中单击"本日入库"，然后单击"编辑"按钮。

③ 弹出"编辑数据系列"对话框，在"系列名称"文本框中输入"入库量"，单击"确定"按钮。

④ 返回"选择数据源"对话框，用同样的方法修改图例中的"本日出库"系列名称为"出库量"，修改图例中的"期末库存"系列名称为"库存量"。

⑤ 在"选择数据源"对话框中，单击"确定"按钮。

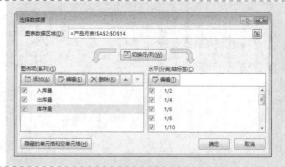

修改完图例项名称的效果如图所示。

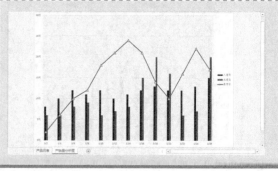

第 **2** 章　凭证记录查询

Excel 2016 高效办公

　　本章案例为凭证记录查询。运用 Excel 的基础操作中的筛选功能，可以对已有的凭证记录进行筛选查询。通过对一级科目（总账科目）的选择，可以筛选出某个一级科目的所有记录。在此基础上选择二级科目，可以筛选出某个二级科目下的所有记录。通过设置筛选求和公式，还可以实现不同筛选记录下的自动求和。本章最后的案例是利用资金习性法测算资金占用量。

2.1 凭证明细查询表

案例背景

凭证是财务部门的重要信息载体，所有财务数据的保存和查询都离不开凭证。在财务工作中经常会进行查账、对账的工作，而查询历史数据则是一件非常繁琐的事情。制作"凭证明细查询表"可以方便财务人员以多种方式进行查询，还可以打印出符合条件的所有记录。凭证明细查询表是凭证汇总表的基础数据表，无论是进行简单查询还是制作对账单都需要制作凭证明细查询表。

关键技术点

要实现本例中的功能，读者必须掌握以下的 Excel 技术点。

● 函数的应用：COUNTIF 函数、VLOOKUP 函数、LEFT 函数、ROW 函数、COLUMN 函数、IFNA 函数

● 绝对引用和相对引用的应用

● 页面设置的应用

最终效果展示

科目代码	科目名称	明细科目
1001	现金	
1002	银行存款(农行)	
1003	银行存款(工行)	
1141	坏账准备	
1211	原材料	
1301	待摊费用	
1501	固定资产	
1502	累计折旧	
1801	无形资产	
2151	应付工资	
2153	应付福利费	
2176	其他应交款	
3101	实收资本	
3121	盈余公积	
3131	本年利润	
3141	利润分配	
5102	其他业务收入	
5301	营业外收入	
5402	主营业务税金及附加	
5405	其他业务支出	
5601	营业外支出	
5701	所得税	
113101	应收账款	供货商1
113102	应收账款	供货商2

科目代码

序号	所属月份	科目代码	一级科目	二级科目	借方金额	贷方金额
1	12	1001	现金		¥-15,000.00	
1	12	1002	银行存款(农行)			¥-15,000.00
2	12	160301	在建工程	车间	¥325.80	
2	12	1001	现金			¥325.80
3	12	212127	应付账款	材料商27	¥187,500.00	
3	12	113104	应收账款	供货商4		¥133,292.00
3	12	1002	银行存款(农行)			¥54,208.00
4	12	1002	银行存款(农行)			¥20,552.94
4	12	160301	在建工程	车间	¥20,552.94	
5	12	1001	现金			¥1,082.00
5	12	1211	原材料		¥1,082.00	
6	12	550211	管理费用	电话费	¥50.00	
6	12	550203	管理费用	差旅费	¥60.00	
6	12	1001	现金			¥110.00
7	12	550201	管理费用	办公费	¥47.00	
7	12	1001	现金			¥47.00
8	12	550221	管理费用	其他	¥2,000.00	
8	12	1002	银行存款(农行)			¥2,000.00
9	12	217102	应交税金	增值税-进项	¥458.22	
9	12	410502	制造费用	物料消耗	¥2,695.38	
9	12	1002	银行存款(农行)			¥3,153.60
10	12	550106	营业费用	汽车费用	¥2,444.44	
10	12	217102	应交税金	增值税-进项	¥415.56	
10	12	1002	银行存款(农行)			¥2,860.00

凭证明细

输入科目代码		5503				
序号	所属月份	科目代码	一级科目	二级科目	借方金额	贷方金额
20	12	550301	财务费用	利息	¥0.00	¥17.20
21	12	550302	财务费用	手续费	¥45.50	¥0.00
56	12	550302	财务费用	手续费	¥5.74	¥0.00
60	12	550302	财务费用	手续费	¥21.48	¥0.00
110	12	550302	财务费用	手续费	¥20.00	¥0.00
120	12	550302	财务费用	手续费	¥16.12	¥0.00

1001
1002
1003
1131
1133
1141
1151
1211
1243

查询

财务费用的图片

序号	所属月份	科目代码	一级科目	二级科目	借方金额	贷方金额
20	12	550301	财务费用	利息	¥0.00	¥17.20
21	12	550302	财务费用	手续费	¥45.50	¥0.00
56	12	550302	财务费用	手续费	¥5.74	¥0.00
60	12	550302	财务费用	手续费	¥21.48	¥0.00
110	12	550302	财务费用	手续费	¥20.00	¥0.00
120	12	550302	财务费用	手续费	¥16.12	¥0.00

与原区域保持数据链接的图片

序号	所属月份	科目代码	一级科目	二级科目	借方金额	贷方金额
58	12	115101	预付账款	预付客户1	¥825.00	¥0.00
112	12	115101	预付账款	预付客户1	¥50,000.00	¥0.00
113	12	115101	预付账款	预付客户1	¥-50,000.00	¥0.00
128	12	115102	预付账款	预付客户2	¥15,000.00	¥0.00
131	12	115106	预付账款	预付客户6	¥11,028.00	¥0.00
135	12	115102	预付账款	预付客户2	¥0.00	¥15,000.00

照相功能

示例文件

\示例文件\第 2 章\凭证明细查询.xlsx

2.1.1　创建科目代码表

本案例先创建"科目代码"表和"凭证明细"工作表，再利用公式在"科目代码"表中查找科目代码对应的一级科目和二级科目名称。

Step 1 创建工作簿

新建一个工作簿，保存并命名为"凭证明细查询"。

Step 2 插入工作表

单击工作表标签右侧的"新工作表"按钮⊕，在标签列的最后插入一个新的工作表"Sheet2"，用同样的方法插入"Sheet3"和"Sheet4"工作表。

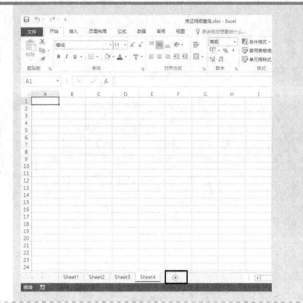

Step 3 重命名工作表

双击"Sheet1"的工作表标签以进入标签重命名状态，输入"科目代码"后按<Enter>键确定。

用同样的方法将"Sheet2""Sheet3"和"Sheet4"工作表分别重命名为"凭证明细""查询"和"照相功能"。

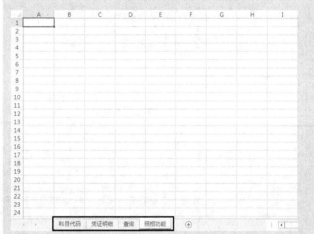

Step 4 修改工作表标签颜色

① 右键单击"科目代码"工作表标签，在打开的快捷菜单中选择"工作表标签颜色"→"标准色"→"红色"命令。

② 用同样的方法，依次将"凭证明细""查询"和"照相功能"这三个工作表的标签颜色设置为"黄色""蓝色"和"紫色"。

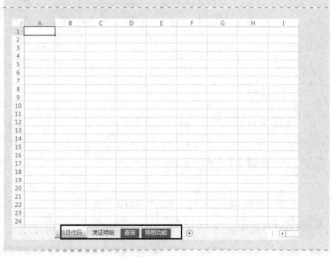

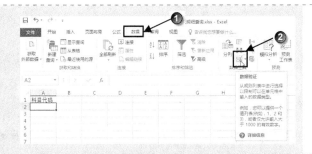

Step 5 设置数据验证

① 在"科目代码"工作表中选择 A1 单元格，输入"科目代码"。选择 A2 单元格，单击"数据"选项卡，然后单击"数据工具"命令组中的"数据验证"按钮。

② 弹出"数据验证"对话框，单击"设置"选项卡，在"允许"下拉列表中选择"自定义"，在"公式"文本框中输入"=COUNTIF(A:A,A2)=1"。单击"确定"按钮。

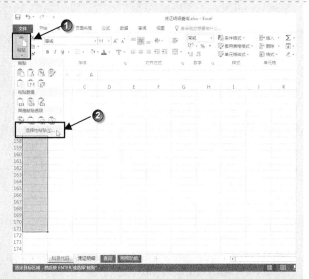

Step 6 复制数据验证设置

① 选中 A2 单元格，按<Ctrl+C>组合键复制，再选中 A3:A171 单元格区域，单击"开始"选项卡的"剪贴板"命令组中的"粘贴"按钮，在弹出的下拉菜单中选择"选择性粘贴"命令。

② 弹出"选择性粘贴"对话框，单击"粘贴"区域里的"验证"单选钮，单击"确定"按钮。

此时，A3:A171 单元格区域复制了 A2 单元格的数据验证。

技巧 注意全角和半角

设置数据验证，在输入"来源"的引用内容时，必须选择半角也就是英文方式下的"＝"，而不要选择全角也就是中文方式下的"＝"。

● 全角：指一个字符占用两个标准字符位置。

汉字字符和规定了全角的英文字符及国标GB2312-80中的图形符号和特殊字符都是全角字符。一般的系统命令是不用全角字符的，只是在作文字处理时才会使用全角字符。

● 半角：指一个字符占用一个标准的字符位置。

通常的英文字母、数字键、符号键都是半角的，半角的显示内码都是一个字节。在系统内部，以上3种字符是作为基本代码处理的，所以以用户输入命令和参数时一般都使用半角字符。

一般使用<Shift+空格>组合键切换全角和半角。

Step 7 输入科目代码表

在"科目代码"工作表的A1:C171单元格区域中输入科目代码、科目名称和明细科目的内容。调整B:C列的列宽。

Step 8 利用数据验证限制重复值的输入

假设重复输入了科目代码，如在A3单元格重复输入了"1001"，将弹出"Microsoft Excel"报错的提示框，显示输入值非法，需要重新输入。

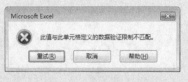

Step 9 美化工作表

① 选中A1:C1单元格区域，设置"居中""加粗"和"填充颜色"。选中A列，单击两次"居中"按钮。

② 设置表格边框。

③ 取消网格线显示。

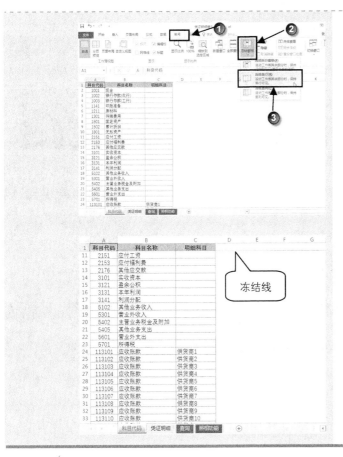

Step 10 冻结窗格

选中 A1 单元格，切换到"视图"选项卡，在"窗口"命令组中单击"冻结窗格"按钮，并在打开的下拉菜单中选择"冻结首行"命令。

如图所示，会出现窗格冻结线，从而完成窗格的冻结。这样在进行下拉表格操作时，A1:C1 单元格区域的表格标题是固定不动的，便于查看表格内容。

插入工作表的技巧

如果依次单击"开始"选项卡→"插入"下拉按钮→"插入工作表"命令，进行了插入工作表的操作，还需要插入更多的工作表时，可以连续多次按<F4>键来实现。

快速输入

在一个单元格中输入上方已经输入过的文本内容时，可以使用<Alt+↓>组合键，弹出下拉列表后用鼠标选择即可。

快速重复输入

在一个单元格中输入同一行左侧的单元格内容时，可以按<Ctrl+R>组合键复制上一个单元格内容到该单元格。如果在同一行连续输入相同的内容，可以先输入一个，然后选择在它之后需要输入的空白单元格，按<Ctrl+R>组合键即可。

<Ctrl+D>组合键的功能和<Ctrl+R>组合键的功能类似，不同之处在于前者适用于列操作，后者适用于行操作。

关键知识点讲解

函数应用：COUNTIF 函数

视频：COUNTIF
函数应用

■ **函数用途**

统计某个区域内符合指定的单个条件的单元格数量。

■ **函数语法**

COUNTIF(range,criteria)

■ **参数说明**

range 为要计数的单元格区域。

criteria 为定义要进行计数的条件。可以是存放于单元格中的数字、表达式，也可以是单元格引用或文本字符串。例如，条件可以表示为 32、">32"、B4、"apples"或"32"。

■ **函数说明**

● 可以在条件中使用通配符，即问号（?）和星号（*）。问号匹配任意单个字符，星号匹配任意一串字符。如果要查找实际的问号或星号，请在字符前键入波形符(~)。

● 条件不区分大小写。例如，字符串"apples"和字符串"APPLES"将匹配相同的单元格。

■ **函数简单示例**

示例一：通用 COUNTIF 公式

	A	B
1	数据	数据
2	apples	38
3	oranges	54
4	peaches	75
5	apples	86

示例	公式	说明	结果
1	=COUNTIF(A2:A5,"apples")	计算 A2:A5 单元格区域中 apples 所在单元格的个数	2
2	=COUNTIF(A2:A5,A4)	计算 A2:A5 单元格区域中与 A4 内容相同的单元格个数	1
3	=COUNTIF(B2:B5,">56")	计算 B2:B5 单元格区域中值大于 56 的单元格个数	2
4	=COUNTIF(B2:B5,"<>"&B4)	计算 B2:B5 单元格区域中值不等于 B4 内容的单元格个数	3

示例二：在 COUNTIF 公式中使用通配符和处理空值

	A	B
1	数据	数据
2	apples	Yes
3		no
4	oranges	NO
5	peaches	No
6		
7	apples	Yes

示例	公式	说明	结果
1	=COUNTIF(A2:A7,"*es")	计算 A2:A7 单元格区域中以字母"es"结尾的单元格个数	4
2	=COUNTIF(A2:A7,"?????es")	计算 A2:A7 单元格区域中以"es"结尾且恰好有 7 位字符的单元格个数	2
3	=COUNTIF(A2:A7,"*")	计算 A2:A7 单元格区域中包含文本的单元格个数	4
4	=COUNTIF(A2:A7,"<>*")	计算 A2:A7 单元格区域中不包含文本的单元格个数	2

☐ 本例公式说明

以下为本例中的公式。

```
=COUNTIF(A:A,A2)=1
```

"=COUNTIF(A:A,A2)" 是指在 A 列中查找和 A2 单元格中内容相同的单元格。在数据验证中要求其个数为 1，即在 A 列其他单元格中，不能输入与 A2 单元格重复的内容。在数据验证中使用自定义公式时，如果公式的结果为 TRUE 或是不等于 0 的数值，则允许用户输入，否则拒绝用户输入内容。

扩展知识点讲解

1. 函数应用：COUNTA 函数

☐ 函数用途
计算区域中不为空的单元格的个数。

☐ 函数语法
COUNTA(value1,[value2]，...)

☐ 参数说明
value1 是必需参数。表示要计数的值的第一个参数。

value2,...是可选参数（ [ ]表示可选 ）。表示要计数的值的其他参数，最多可包含 255 个参数。

☐ 函数说明
● 计算包含任何类型的信息（包括错误值和空文本("")）的单元格。例如，如果区域中包含的公式返回空字符串，COUNTA 函数计算该值。COUNTA 函数不会对空单元格进行计数。

● 如果不需要对逻辑值、文本或错误值进行计数（换句话说，只希望对包含数字的单元格进行计数），请使用 COUNT 函数。

☐ 函数简单示例

示例	公式	说明	结果
1	=COUNTA(A2:A8)	计算 A2:A8 单元格区域中非空单元格的个数	6
2	=COUNTA(A2:A8,2)	计算 A2:A8 单元格区域中非空单元格个数，再加上参数 "2" 的计数值 1	7
3	=COUNTA(A2:A8,"Two")	计算 A2:A8 单元格区域中非空单元格个数，再加上参数 "Two" 的计数值 1	7

2. 函数应用：COUNT 函数

☐ 函数用途
计算包含数字的单元格以及参数列表中数字的个数。使用 COUNT 函数获取数字区域或数组中的数字个数。

☐ 函数语法
COUNT(value1,value2,...)

■ 函数简单示例

示例	公式	说明	结果
1	=COUNT(A2:A8)	计算 A2:A8 单元格区域中包含数字的单元格的个数	3
2	=COUNT(A2:A8,2)	计算 A2:A8 单元格区域中包含数字的单元格个数，再加上参数 "2" 的计数值 1	4

2.1.2 创建凭证明细表

视频：使用 VLOOKUP
函数查找科目名称

Step 1 输入凭证记录

单击 "凭证明细" 工作表标签切换到该工作表。

① 在 A1:G1 单元格区域输入各个字段名称。

② 选中 A1 单元格，切换到 "视图" 选项卡，在 "窗口" 命令组中单击 "冻结窗格" → "冻结首行" 命令。

③ 在 A2:C487 单元格区域输入 "序号" "所属月份" 和 "科目代码" 的具体记录。

④ 在 F2:G487 单元格区域输入 "借方金额" 和 "贷方金额" 的具体数据。

Step 2 应用 VLOOKUP 函数查找一级科目名称

选中 D2 单元格，输入以下公式，按 <Enter> 键确认。

`=VLOOKUP(C2,科目代码!$A:$C,2,FALSE)&""`

此时，D2 单元格显示 "科目代码" 为 "1001" 对应的一级科目 "现金"。

Step 3 编制查找二级科目名称公式

选中 E2 单元格，输入以下公式，按 <Enter>键确认。

`=VLOOKUP(C2,科目代码!$A:$C,3,FALSE)&""`

此时，E2 单元格显示"科目代码"为 "1002"的项目对应的二级科目，由于对应单元格为空单元格，所以公式结果显示为空。

Step 4 复制公式

选中 D2:E2 单元格区域，将鼠标指针放在 E2 单元格的右下角，待鼠标指针变成 **+** 形状后双击，即可在 D2:E487 单元格区域中快速复制填充公式。

公式跨表引用时表格名称的录入

公式中如果有跨表引用，在公式中输入工作表名称时，可用鼠标单击工作表标签，然后拖动鼠标选择对应的单元格地址，这样在公式中就会自动地输入工作表的名称。

如本例中的公式：

`=VLOOKUP(C2,科目代码!$A:$C,2,FALSE)&""`

先输入：

`=VLOOKUP(C2,`

再用鼠标单击"科目代码"工作表的标签，此时编辑栏中的公式变为：

`=VLOOKUP(C2,科目代码!`

接着在编辑栏中输入公式后面的部分。

也可以用鼠标在被引用工作表内直接选取数据区域。

Step 5 设置货币格式

选中 F2 单元格，按<Shift>键拖动滚动条，选中 G487 单元格，即可选中 F2:G487 单元格区域。按<Ctrl+1>组合键，弹出"设置单元格格式"对话框。单击"数字"选项卡，在"分类"列表框中选择"货币"；在右侧的"小数位数"微调框中选择"2"；在"货币符号（国家/地区）"下拉列表框中选择"¥"；在"负数"列表框中选择第 4 项，即黑色字体的"¥-1,234.10"，单击"确定"按钮。

Step 6 美化工作表

① 在工作表中选择任意非空单元格，如 C5 单元格，按<Ctrl+A>组合键，即可选中 A1:G487 单元格区域，设置所有框线。

② 选中 A1:G1 单元格区域，设置居中、加粗和填充颜色。

③ 选中 A:B 列，设置居中。

④ 调整第 1 行的行高，调整列宽。

⑤ 取消网格线显示。

关键知识点讲解

函数应用：VLOOKUP 函数

■ 函数用途

可以使用 VLOOKUP 函数搜索某个单元格区域的第一列，然后返回该区域相同行中任何单元格中的值。VLOOKUP 函数中的 V 参数表示垂直方向。

■ 函数语法

VLOOKUP(lookup_value,table_array,col_index_num,[range_lookup])

■ 参数说明

第一参数表示要查找的值。

第二参数表示要查找的单元格区域。该区域第一列中的值要包含搜索的内容，可以是文本、数字或逻辑值。文本不区分大小写。

第三参数指定要从查找单元格区域中返回第几列的内容。参数为 2 时，返回查找单元格区域中第 2 列中的值；参数为 3 时，返回查找单元格区域中第 3 列中的值，依此类推。

第四参数是一个逻辑值，指定希望 VLOOKUP 函数查找精确匹配值还是近似匹配值。

- 如果第四参数为 TRUE 或被省略，则返回精确匹配值或近似匹配值。如果找不到精确匹配值，则返回小于查找值的最大值。

注意：如果第四参数为 TRUE 或被省略，则查找区域中第一列的值必须以升序排序；否则，VLOOKUP 可能无法返回正确的值。

- 如果为 FALSE，VLOOKUP 将只寻找精确匹配值。在此情况下，查找区域中第一列的值不需要排序。如果查找区域中的第一列有多个值与查找值匹配，则默认返回第一个找到的值。如果找不到精确匹配值，则返回错误值#N/A。

函数说明

- 确保查找区域第一列中的数据没有前导空格、尾部空格、直引号（'或"）与弯引号（'或"）不一致或非打印字符。否则，VLOOKUP 可能返回不正确或意外的值。

- 如果第四参数为 FALSE，并且要查找的值为文本，则可以在第一参数中使用通配符问号（？）和星号（＊）。问号匹配任意单个字符；星号匹配任意一串字符。如果要查找实际的问号或星号，请在该字符前键入波形符（～）。

函数简单示例

示例一：本示例搜索大气特征表的"密度"列以查找"粘度"和"温度"列中对应的值（该值是在海平面 0 摄氏度或 1 个大气压下对空气的测定）。

	A	B	C
1	密度	粘度	温度
2	1.128	1.91	40
3	1.165	1.86	30
4	1.205	1.81	20
5	1.247	1.77	10
6	1.293	1.72	0
7	1.342	1.67	-10
8	1.395	1.62	-20
9	1.453	1.57	-30
10	1.515	1.52	-40

示例	公式	说明	结果
1	=VLOOKUP(1.2,A2:C10,2)	使用近似匹配搜索 A 列中的值 1.2，在 A 列中找到小于等于 1.2 的最大值 1.165，然后返回同一行中 B 列的值	1.86
2	=VLOOKUP(1.2,A2:C10,3,TRUE)	使用近似匹配搜索 A 列中的值 1.2，在 A 列中找到小于等于 1.2 的最大值 1.165，然后返回同一行中 C 列的值	30
3	=VLOOKUP(0.7,A2:C10,3,FALSE)	使用精确匹配在 A 列中搜索值 0.7。因为 A 列中没有精确匹配的值，所以返回一个错误值	#N/A
4	=VLOOKUP(2,A2:C10,2,TRUE)	使用近似匹配搜索 A 列中的值 2，在 A 列中找到小于等于 2 的最大值 1.515，然后返回同一行中 B 列的值	1.52

示例二：本示例搜索婴幼儿用品表中"货品 ID"列并在"成本"和"涨幅"列中查找与之匹配的值，以计算价格并测试条件。

	A	B	C	D
1	货品 ID	货品	成本	涨幅
2	ST-340	童车	￥234.56	20%
3	BI-567	奶嘴	￥8.53	30%
4	DI-328	奶瓶	￥42.80	15%
5	WI-989	摇铃	￥5.50	30%
6	AS-469	湿纸巾	￥3.80	25%

示例	公式	说明	结果
1	=VLOOKUP("DI-328",A2:D6,3,FALSE)* (1+VLOOKUP("DI-328",A2:D6,4,FALSE))	涨幅加上成本，计算奶瓶的零售价	49.22
2	=(VLOOKUP("WI-989",A2:D6,3,FALSE)* (1+VLOOKUP("WI-989",A2:D6,4,FALSE)))*(1-20%)	零售价减去指定折扣，计算摇铃的销售价格	5.72

示例三：本示例搜索员工表的 ID 列并查找其他列中的匹配值，以计算年龄并测试错误条件。

	A	B	C	D	E
1	ID	姓	名	职务	出生日期
2	1	茅	颖杰	销售代表	1988/10/18
3	2	胡	亮中	销售总监	1964/2/28
4	3	赵	晶晶	销售代表	1973/8/8
5	4	徐	红岩	销售副总监	1967/3/19
6	5	郭	婷	销售经理	1970/11/4
7	6	钱	昱希	销售代表	1983/7/22

示例	公式	说明	结果
1	=IFERROR(VLOOKUP(5,A2:E7,2,FALSE),"未发现员工")	如果有 ID 为 5 的员工，则显示该员工的姓氏；否则，显示消息"未发现员工"。 当 VLOOKUP 函数结果为错误值#NA 时，IFERROR 函数返回"未发现员工"	郭
2	=IFERROR(VLOOKUP(15,A2:E7,2,FALSE),"未发现员工")	如果有 ID 为 15 的员工，则显示该员工的姓氏；否则，显示消息"未发现员工"。 当 VLOOKUP 函数结果为错误值#NA 时，IFERROR 函数返回"未发现员工"	未发现员工

本例公式说明

以下为本例查找一级科目代码的公式。

```
=VLOOKUP(C2,科目代码!$A:$C,2,FALSE) &""
```

VLOOKUP 函数在"科目代码"工作表的 A 列中查找与"凭证明细"工作表中 C2 单元格中内容相同的单元格，并且指定要在科目代码!$A:$C 这个区域中返回第 2 列的内容，所以公式最终返回了"科目代码"工作表 B 列中的"科目名称"，也就是一级科目。

&符号连接空文本""，目的是屏蔽 VLOOKUP 函数返回的无意义 0 值。如果查找区域对应位置是空白，VLOOKUP 函数会返回无意义的"0"，而不是空白值。加上这个&""可以屏蔽掉 0 值。

以下为本例查找二级科目代码的公式。

```
=VLOOKUP(C2,科目代码!$A:$C,3,FALSE) &""
```

公式的前两个参数和 D2 单元格完全一样，而第三个参数"3"表明要返回查询区域第 3 列的内容，公式最终返回"科目代码"工作表 C 列对应的"明细科目"，也就是二级科目。

扩展知识点讲解

1. 函数应用：HLOOKUP 函数

函数用途

在查找区域的首行查找指定的数值并返回当前列中指定行处的内容，并返回查找区域中其他行的内容。HLOOKUP 中的 H 代表"行"。

☐ **函数语法**

HLOOKUP(lookup_value,table_array,col_index_num,[range_lookup])

☐ **参数说明**

HLOOKUP 函数的使用方法以及注意事项和 VLOOKUP 函数类似，区别在于 HLOOKUP 函数是从上向下查找，查找值要位于查找区域的第一行，而 VLOOKUP 函数是从左向右查找，查找值要位于查找区域的第一列。

☐ **函数简单示例**

	A	B	C
1	Axles	Bearings	Bolts
2	13	11	18
3	25	26	27
4	15	16	21

示例	公式	说明	结果
1	=HLOOKUP("Axles",A1:C4,2, FALSE)	在首行查找 Axles，并返回同列中第 2 行的值	13
2	=HLOOKUP("Bearings",A1:C4,3,FALSE)	在首行查找 Bearings，并返回同列中第 3 行的值	26

2. 逻辑值 TRUE 和 FALSE 的运算

逻辑判断是指一个有具体意义、并能判定真或假的陈述语句，是函数公式的基础。它不仅关系到公式的正确与否，也关系到解题思路的简繁。只有逻辑条理清晰，才能写出简洁有效的公式。常用的逻辑关系有三种，即"与""或""非"。

在 Excel 中，逻辑值只有两个，分别是 TRUE 和 FALSE，它们代表"真"或"假"，用数字表示的话可以分别看作是 1（或非零数字）和 0。

Excel 中用于逻辑运算的函数主要有 AND 函数、OR 函数和 NOT 函数。

AND 函数是逻辑值之间的"与"运算。

多个逻辑值在进行"与"运算时，具体结果为：

```
TRUE*TRUE=1*1=1
TRUE*FALSE=1*0=0
```

即真真得真，真假得假。

3. 相对引用和绝对引用

● 相对引用

当把公式复制到其他单元格或者单元格区域中，行或列的引用发生改变，引用的即为当前行或列的实际偏移量。

● 绝对引用

当把公式复制到其他单元格或者单元格区域中，行或列的引用不会发生改变，引用的即为单元格的实际地址。

视频：相对引用和
绝对引用

E2 单元格的 VLOOKUP 公式中，查找值 D2 是相对引用，即单元格的引用随着公式的复制而变化；查找范围$A$2:$C$171 是绝对引用，即查找范围固定不变，始终是"科目代码"工作表的 A2:C171 单元格区域。

● 改变单元格引用类型

在单元格中输入单元格引用后，反复按<F4>键可以在相对引用、绝对引用和两种混合引用类型中循环选择。比如某个单元格的引用为"=B2",按一次<F4>键后,单元格引用变为绝对引用"=$B$2"。再按一次<F4>键后,单元格引用变为列相对引用,行绝对引用"=B$2"。再按一次<F4>键后,单元格引用变为列绝对引用,行相对引用"=$B2"。最后一次按<F4>键,返回开始的相对引用"=B2"。

2.1.3 查询一级科目代码的对应记录

在查找到一、二级科目代码名称以后,接下来创建公式在"查询"工作表中查询一级科目代码的对应记录。

Step 1 输入查询代码字段

① 切换到"查询"工作表,选中 B1 单元格,输入"输入科目代码"。

② 选中 B1:D1 单元格区域,在"开始"选项卡的"对齐方式"命令组中单击"合并后居中"按钮。

Step 2 设置代码辅助区

在 K1:K38 单元格区域输入科目代码。

Step 3 改变科目代码的单元格格式

在其后进行查询时需要使用文本格式的数据,因此需要改变科目代码的单元格格式。

① 选中 K1:K38 单元格区域,在"数据"选项卡的"数据工具"命令组中单击"分列"按钮,弹出"文本分列向导—第 1步,共 3 步"对话框,然后单击"下一步"按钮。

② 弹出"文本分列向导—第 2 步，共 3 步"对话框，在"分隔符号"区域里取消勾选所有的复选框，然后单击"下一步"按钮。

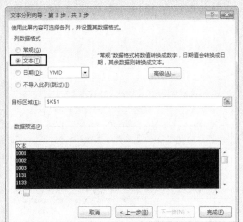

③ 弹出"文本分列向导—第 3 步，共 3 步"对话框，在"列数据格式"区域中单击"文本"单选钮。

④ 单击"完成"按钮，即可将数字格式更改为文本格式。

此时，K 列中单元格的左上角出现绿色的小三角，当鼠标指针悬停在此标识上，会显示提示问题，表明此单元格内的数据是以文本形式存储的数据。

说明：查询函数只有使用通过文本分列方式转换的数据才能达到预期目的。

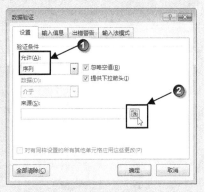

Step 4 设置代码输入单元格

① 选中 E1 单元格，单击"数据"选项卡，然后单击"数据工具"命令组中的"数据验证"按钮 ，弹出"数据验证"对话框。

② 单击"设置"选项卡，在"允许"下拉列表中选择"序列"，单击"来源"右侧的按钮 ，弹出"数据验证"对话框。

③ 在工作表中，拖动鼠标选中 K1:K38 单元格区域，单击"关闭"按钮 。

④ 返回"数据验证"对话框，再次单击"确定"按钮，即可完成输入科目代码单元格的设置。

此时，E1 单元格右下角出现一个下拉箭头 ▼，单击此下箭头，在弹出的列表中，可以方便地选择需要输入的科目代码，如"1002"。

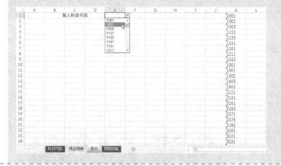

Step 5 插入辅助列

切换到"凭证明细"工作表，右键单击 A 列的列标，在弹出的快捷菜单中选择"插入"，在 A 列的左侧插入一整列。

Step 6 编制索引序号公式

① 在"凭证明细"工作表中，选中 A2 单元格，输入以下公式，按<Enter>键确认。

`=IF(LEFT(D2,4)=查询!$E$1,A1+1,A1)`

② 将鼠标指针放在 A2 单元格的右下角，待鼠标指针变成 ✚ 形状后双击，即可在 A2:A487 单元格区域中快速复制填充公式。

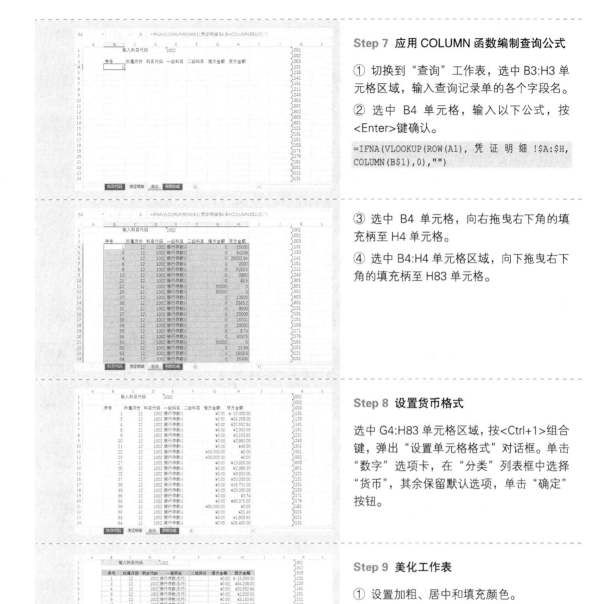

Step 7 应用 COLUMN 函数编制查询公式

① 切换到"查询"工作表，选中 B3:H3 单元格区域，输入查询记录单的各个字段名。

② 选中 B4 单元格，输入以下公式，按 <Enter> 键确认。

`=IFNA(VLOOKUP(ROW(A1)，凭证明细!$A:$H,COLUMN(B$1),0),"")`

③ 选中 B4 单元格，向右拖曳右下角的填充柄至 H4 单元格。

④ 选中 B4:H4 单元格区域，向下拖曳右下角的填充柄至 H83 单元格。

Step 8 设置货币格式

选中 G4:H83 单元格区域，按 <Ctrl+1> 组合键，弹出"设置单元格格式"对话框。单击"数字"选项卡，在"分类"列表框中选择"货币"，其余保留默认选项，单击"确定"按钮。

Step 9 美化工作表

① 设置加粗、居中和填充颜色。

② 调整列宽。

③ 设置所有框线。

④ 取消网格线显示。

关键知识点讲解

1. 函数应用：LEFT 函数

函数用途

从文本字符串的第一个字符开始返回指定个数的字符。

□ 函数语法

LEFT(text,[num_chars])

□ 参数说明

第一参数是包含要提取的字符的文本字符串。

第二参数用于指定要由 LEFT 提取的字符的数量。

● 第二参数必须大于或等于零。

● 如果第二参数大于文本长度，则 LEFT 返回全部文本。

● 如果省略第二参数，则假定其值为 1。

□ 函数说明

根据所指定的字符数，LEFT 返回文本字符串中第一个字符或前几个字符。

□ 函数简单示例

示例	公式	说明	结果
1	=LEFT(A2,4)	A2 单元格字符串中的前 4 个字符	Infl
2	=LEFT(A3)	A3 单元格字符串中的第 1 个字符	中

□ 本例公式说明

以下为本例中的公式。

```
=LEFT(D2,4)
```

LEFT(D2,4)是指定 LEFT 函数返回 D2 字符串中的前 4 个字符。

2. 函数应用：ROW 函数

□ 函数用途

返回引用的行号。

□ 函数语法

ROW(reference)

□ 参数说明

reference 为需要得到其行号的单元格或单元格区域。

□ 函数说明

● 如果省略 reference，则假定是对 ROW 函数所在单元格的引用。

● reference 不能引用多个区域。

□ 函数简单示例

示例	公式	说明	结果
1	=ROW()	公式所在行的行号，结果随公式所在行发生变化	2
2	=ROW(C10)	返回 C10 单元格的行号，结果随参数所在行发生变化	10

3. 函数应用：COLUMN 函数

□ 函数用途

返回指定单元格引用的列号。

□ 函数语法

COLUMN(reference)

□ 参数说明

reference 为需要得到其列标的单元格或单元格区域。

□ 函数说明

- 如果省略 reference，则假定为是对 COLUMN 函数所在单元格的引用。
- reference 不能引用多个区域。

□ 函数简单示例

示例	公式	说明	结果
1	=COLUMN()	公式所在列的列号，结果随公式所在列发生变化	1
2	=COLUMN(A10)	返回 A10 单元格的列，结果随参数所在列发生变化	1

4. 函数应用：IFNA 函数

□ 函数用途

如果公式返回错误值#N/A，则结果返回指定的值，否则返回公式的结果。该函数是 Excel 2013 版本中的新增函数，如果需要在 Excel 2007 或 2010 版本中使用，可使用 IFERROR 函数。IFERROR 函数的语法与 IFNA 函数类似，但是可以判断公式返回的更多错误类型。

□ 函数语法

IFNA(value,value_if_na)

□ 参数说明

value 是必需参数。表示用于检查错误值#N/A 的参数。

value_if_na 是必需参数。表示公式计算结果为错误值#N/A 时要返回的值。

□ 函数简单示例

	A	B
1	水果	数量
2	红富士苹果	90
3	火龙果	96
4	巨峰葡萄	25
5	李子	10
6	荔枝	26
7	榴莲	18

示例	公式	说明	结果
1	=IFNA(VLOOKUP("菠萝",$A$2:$B$7,2,0),"未找到")	IFNA 检验 VLOOKUP 函数的结果。因为在查找区域中找不到"菠萝"，VLOOKUP 将返回错误值#N/A。IFNA 在单元格中返回字符串"未找到"，而不是#N/A 错误值	未找到

□ 本例公式说明

以下为本例中 B4 单元格的查询公式。

```
=IFNA(VLOOKUP(ROW(A1),凭证明细!$A:$H,COLUMN(B$1),0),"")
```

公式中，ROW 函数返回 A1 单元格的行号 1，以此作为 VLOOKUP 函数的第一个参数。

公式中，COLUMN 函数返回 B1 单元格的列标 2，以此作为 VLOOKUP 函数的第三个参数。

因此，上述查询公式可以简化为：

```
=IFNA(VLOOKUP(1,凭证明细!$A:$H,2,0),"")
```

公式中的 VLOOKUP 函数，其各参数值指定 VLOOKUP 函数从"凭证明细"工作表的 A 列查找"1"。如果查到精确匹配值，VLOOKUP 函数返回 A:H 单元格区域第 2 列，也就是 B 列的对应值，即"序号"。

IFNA 函数检验 VLOOKUP 函数的结果。如果在查找区域中找不到"1"，VLOOKUP 函数将返回错误值#N/A，则 IFNA 在单元格中返回为空（""）。否则，如果在查找区域中找到"1"，IFNA 函数返回 VLOOKUP 公式的结果。

C4:H4 单元格区域中的查询公式也是按照同样的方式返回空值或者具体的匹配值。

2.1.4　Excel 的照相机功能

如果用户希望在 Excel 中实现把某一区域的数据同步显示在另外一个地方，可以使用 Excel 的照相机功能。该功能可将多个工作表的全部或部分内容组合到一个工作表内，便于打印排版使用。

Step 1　新建自定义命令组

① 单击"文件"选项卡，打开下拉菜单后，单击"选项"命令，弹出"Excel 选项"对话框，单击"自定义功能区"选项卡。

② 在最右侧"自定义功能区"下方保留"主选项卡"选项，在下列列表框中勾选"开发工具"选项，单击"新建组"按钮，即可在"开发工具"中建立一个新的组。

③ 单击"重命名"按钮。

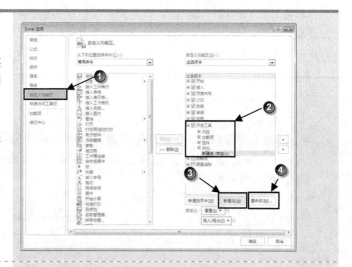

④ 弹出"重命名"对话框，在"显示名称"文本框中输入"照相机"，单击"确定"按钮，返回"Excel 选项"对话框。

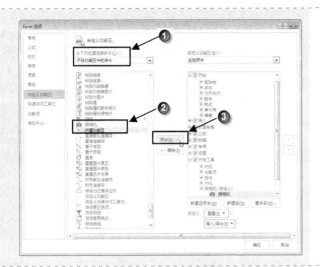

Step 2 显示"开发工具"选项卡

在"Excel 选项"对话框的"自定义功能区"命令组中，单击"从下列位置选择命令"下方右侧的下箭头按钮，在弹出的列表中选择"不在功能区中的命令"，然后再拖动下方列表框右侧的滚动条至下部位置，选中"照相机"，单击"添加"按钮，即可将"照相机"添加到"开发工具"选项卡中。单击"确定"按钮。

Step 3 添加"照相机"按钮至"快速访问工具栏"

单击"开发工具"选项卡，右键单击"照相机"命令组中的"照相机"按钮，在弹出的快捷菜单中选择"添加到快速访问工具栏"命令。

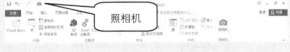

此时在"快速访问工具栏"中添加了"照相机"按钮。

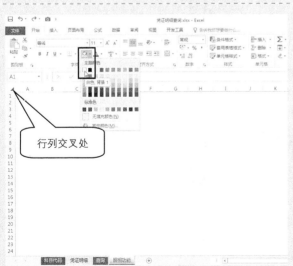

Step 4 设置单元格格式

① 在"照相功能"工作表中，单击第 1 行和第 1 列的行列交叉处，选中所有单元格。

② 在"开始"选项卡的"字体"命令组中，单击"填充颜色"按钮 右侧的下箭头按钮 ，在打开的颜色面板中选择"主题颜色"下的"白色,背景 1"。

③ 选中 A1:H1 单元格区域，设置"合并后居中"，输入"财务费用的图片"，设置字号为"12"。

Step 5 生成带有数据链接的图片

① 切换到"查询"工作表，选中 E1 单元格，单击右侧的下箭头按钮，输入"5503"。

② 选中 B3:H9 单元格区域，单击"快速访问工具栏"中的"照相机"按钮。

③ 切换到"照相功能"工作表，在任意位置单击鼠标，完成照相功能，生成带有数据链接的图片。

④ 单击该图片，将图片拖动到合适的位置。

⑤ 双击生成带有数据链接的图片，即链接到"查询"工作表中 B3:H9 单元格区域中的所有记录。

Step 6 取消图片的数据链接

① 带有数据链接的图片和原始区域是同步的，在"照相功能"工作表中，将鼠标指针移动到编辑栏中，删除编辑栏中的公式，即可取消数据链接。

② 再次双击该图片，不会链接到"查询"工作表中 B3:H9 单元格区域。

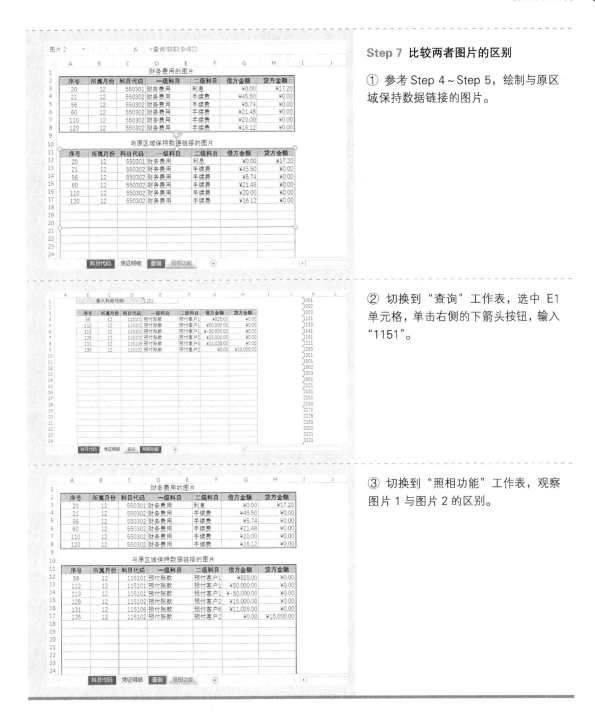

Step 7 比较两者图片的区别

① 参考 Step 4 ~ Step 5，绘制与原区域保持数据链接的图片。

② 切换到"查询"工作表，选中 E1 单元格，单击右侧的下箭头按钮，输入"1151"。

③ 切换到"照相功能"工作表，观察图片 1 与图片 2 的区别。

2.2　科目汇总查询

案例背景

　　在"凭证明细"查询表的基础上，如果对某个总账科目下的明细（二级）科目进行汇总，可以通过此表来完成。在实际工作中需要使用明细（二级）科目汇总的工作有很多，例如制作某会计期间所有供货单位借、贷方发生额汇总表，制作某会计期间费用项目的发生额汇总表、计算某期进项税和销项税以及已交税金的统计表等。此表可方便财务人员对任何一个总账科目下的二级科目汇总进行列表查询。

关键技术点

要实现本例中的功能，读者应当掌握以下的 Excel 技术点。

- 函数的应用：IF 函数、AND 函数、SUMIFS 函数
- 函数的应用：VLOOPUP 函数、COLUMN 函数、LEFT 函数、COUNTIF 函数、IFNA 函数、ROW 函数
- 自动筛选功能的应用
- 通配符在公式中的应用

最终效果展示

输入科目代码：	2121	
应付账款	**借方金额**	**贷方金额**
材料商1	¥634,111.50	¥767,281.00
材料商2		¥11,977.50
材料商3	¥35,500.00	¥43,090.00
材料商4	¥13,090.00	¥-1,100.00
材料商5	¥3,120.00	
材料商6	¥15,000.00	
材料商7	¥33,600.00	
材料商8		
材料商9	¥5,000.00	
材料商10		
材料商11	¥50,000.00	¥55,000.00
材料商12		¥33,150.00
材料商13		
材料商14		
材料商15		
材料商16		
材料商17		
材料商18		
材料商19		
材料商20		
合计	¥789,421.50	¥909,398.50

二级科目汇总查询

示例文件

\示例文件\第 2 章\二级科目汇总查询.xlsx

2.2.1 设置双条件索引序号公式

Step 1 创建工作簿

新建工作簿"二级科目汇总查询",两次单击工作表标签右侧的"新工作表"按钮⊕,在标签列的最后插入两个新的工作表,并将工作表分别重命名为"科目代码""凭证明细"和"二级科目汇总查询"。

Step 2 修改工作表标签颜色

依次设置"科目代码""凭证明细"和"二级科目汇总查询"三个工作表的标签颜色为"红色""绿色"和"蓝色"。

Step 3 输入科目代码表

① 在"科目代码"工作表的 A1:C144 单元格区域中输入科目代码、科目名称和明细科目的内容。

② 美化工作表。

Step 4 改变科目代码表的数字格式

将 A 列的数字格式设置为"文本"格式,操作方法可参阅 2.1.3 小节的 Step 3。

也可先将 A 列单元格设置为文本格式,再输入科目代码。

Step 5 输入凭证记录

① 切换到"凭证明细"工作表，在 B1:H1 单元格区域中输入各个字段名称，并冻结首行。

② 在 B2:D487 单元格区域中输入"序号""所属月份"和"科目代码"等具体内容。

③ 在 G2:H487 单元格区域中输入"借方金额"和"贷方金额"的具体数值。

④ 设置 D 列"科目代码"中的代码为"文本"格式。

Step 6 美化工作表

① 选中 G2:H487 单元格区域，设置单元格格式为"货币"。

② 美化工作表。

Step 7 设置一级科目查询公式

在"凭证明细"工作表中选中 E2 单元格，输入以下公式，按<Enter>键确认。

```
=VLOOKUP($D2,科目代码!$A:$C,COLUMN(B1),)
&""
```

Step 8 设置二级科目查询公式

选中 E2 单元格，拖曳右下角的填充柄至 F2 单元格，此时 F2 单元格的公式如下：

`=VLOOKUP($D2,科目代码!$A:$C,COLUMN(C1),)&""`

Step 9 复制公式

① 选中 E2:F2 单元格区域，将鼠标指针放在 F2 单元格的右下角，待鼠标指针变成 + 形状后双击，即可在 E2:F487 单元格区域中快速复制填充公式。

② 适当调整 E:F 列的列宽。

Step 10 设置代码辅助区

① 切换到"二级科目汇总查询"工作表，选中 B1 单元格，输入"输入科目代码:"，调整 B 列的列宽。

② 单击 G 列列标，设置为文本格式。

③ 在 G1:G15 单元格区域输入科目代码

Step 11 设置数据验证

① 选中 C1 单元格，在"数据"选项卡的"数据工具"命令组中单击"数据验证"，弹出"数据验证"对话框，单击"设置"选项卡，在"允许"下拉框中选择"序列"。

② 在"来源"下方的文本框中输入"=$G$1:$G$15"，单击"确定"按钮。

Step 12 输入科目代码

单击 C1 单元格右下角的下箭头按钮，在弹出的列表中选择需要输入的科目代码，如 "2121"。

Step 13 输入双条件索引序号公式

① 切换到"凭证明细"工作表，选中 A2 单元格，输入以下公式，按<Enter>键确认。

=IF(AND(LEFT(D2,4)=二级科目汇总查询!$C$1,COUNTIF($D$2:D2,D2)=1),A1+1,A1)

② 将鼠标指针放在 A2 单元格的右下角，待鼠标指针变成＋形状后双击，即可在 A2:A487 单元格区域中快速复制填充公式。

关键知识点讲解

1. 函数应用：IF 函数

■ **函数用途**

对指定的条件进行判断，并返回不同的结果。

■ **函数语法**

IF(logical_test,[value_if_true],[value_if_false])

■ **参数说明**

第一参数表示计算结果为 TRUE 或 FALSE 的任意值或表达式。例如，A10=100 就是一个逻辑表达式；如果单元格 A10 中的值等于 100，表达式的计算结果为 TRUE，否则为 FALSE。此参数可使用任意比较运算符。

第二参数用于指定第一参数为 TRUE 时要返回的值。

第三参数用于指定第一参数为 FALSE 时要返回的值。

视频：IF 函数的应用

■ **函数简单示例**

示例一：

示例数据如下。

	A
1	50

IF 函数应用示例如下。

示例	公式	说明	结果
1	=IF(A1<=100,"预算内","超出预算")	如果 A1 小于等于 100，则公式将显示"预算内"；否则，公式显示"超出预算"	预算内
2	=IF(A1=100,SUM(C6:C8),"")	如果 A1 为 100，则计算 C6:C8 单元格区域的和，否则返回空文本""	

示例二：

示例数据如下。

	A	B
1	实际费用	预期费用
2	1500	900
3	500	900

IF 函数应用示例如下。

示例	公式	说明	结果
1	=IF(A2>B2,"超出预算","预算内")	检查第 2 行是否超出预算	超出预算
2	=IF(A3>B3,"超出预算","预算内")	检查第 3 行是否超出预算	预算内

2. 函数应用：AND 函数

□ 函数用途

分别对多个条件进行判断，当所有参数的逻辑值为真时，返回 TRUE；只要有一个参数的逻辑值为假，即返回 FALSE。

□ 函数语法

AND(logical1,[logical2],...)

□ 参数说明

logical1,logical2,...是指 1 到 255 个待检测的条件，它们可以为 TRUE 或 FALSE。

□ 函数说明

● 参数必须是逻辑值 TRUE 或 FALSE，或者包含逻辑值的数组或引用。

□ 函数简单示例

示例一：

示例	公式	说明	结果
1	=AND(TRUE,TRUE)	所有参数的逻辑值为真	TRUE
2	=AND(TRUE,FALSE)	一个参数的逻辑值为假	FALSE
3	=AND(2+2=4,2+3=5)	所有参数的计算结果为真	TRUE

示例二：

	A
1	39
2	120

示例	公式	说明	结果
1	=AND(1<A1,A1<100)	39 大于 1，并且小于 100	TRUE
2	=IF(AND(1<A2,A2<100),A2,"数值超出范围")	如果 A2 介于 1 到 100 之间，则显示该数字，否则显示指定的文本信息	数值超出范围
3	=IF(AND(1<A1,A1<100),A1,"数值超出范围")	如果 A1 介于 1 和 100 之间，则显示该数字，否则显示指定的文本信息	39

本例公式说明

AND 函数一般不单独使用，而是作为嵌套函数与 IF 函数一起使用。

以下为 A2 单元格的双条件索引序号公式。

```
=IF(AND(LEFT(D2,4)=二级科目汇总查询!$C$1,COUNTIF($D$2:D2,D2)=1),A1+1,A1)
```

首先分析"COUNTIF($D$2:D2,D2)=1"，它是指在$D$2:D2 单元格区域中查找和 D2 单元格中数字相同的单元格，要求其个数为 1，即在$D$2:D2 单元格区域中没有与 D2 单元格中的数字重复的单元格。

"COUNTIF($D$2:D2,D2)=1"公式实现了条件计数的功能。在上面的条件判断中，第 1 个 D2 是绝对引用，后面两个单元格引用是相对引用，因此向下复制公式，COUNTIF 函数也可以统计出 $D$2:D3 单元格区域中数值与 D3 相同的次数，依此类推。

AND 函数中的第 1 个公式"LEFT(D2,4)=二级科目汇总查询!$C$1"判断 D2 单元格前 4 个字符是否和"二级科目汇总查询"工作表的 C1 单元格相同，如果相同返回 TRUE；第 2 个公式 "COUNTIF($D$2:D2,D2)=1"判断$D$2:D2 这个单元格区域中数值与 D2 相等的次数是否为 1，如果为 1 返回 TRUE。使用这个逻辑判断保证查询出来的二级科目代码不会出现重复值。只有当这两个参数都返回 TRUE 时，AND 函数才会返回 TRUE。

最后 IF 函数利用 AND 函数返回的值作为条件判断依据返回不同的结果。如果 AND 函数返回 TRUE，索引序号为 A1+1，否则索引序号仍为 A1。

扩展知识点讲解

操作技巧：录入数据时自动换行

● 选中需要输入内容的区域，如 A2:D12，开始输入数据，按<Tab>键输入下一列内容，当输入到最后一列时按<Tab>键自动转到下一行。

● 如果是先列后行输入，那么首先也应该选中需要输入内容的区域，比如 A2:D12，输入一个单元格内容后按<Enter>键，当输入记录至最后一行时，按<Enter>键自动转到下一列的第一行。

2.2.2 编制一级科目和二级科目调用公式

Step 1 插入辅助列

切换到"科目代码"工作表，右键单击 A 列的列标，在弹出的快捷菜单中选择"插入"，在 A 列的左侧插入一整列。

Step 2 编制索引序号公式

① 在"科目代码"工作表中，选中 A2 单元格，输入以下公式，按<Enter>键确认。

```
=IF(LEFT(B2,4)=二级科目汇总查询!$C$1,A1+1,A1)
```

② 将鼠标指针放在 A2 单元格的右下角，待鼠标指针变成＋形状后双击，即可在 A2:A144 单元格区域中快速复制填充公式。

Step 3 编制一级科目调用公式

① 切换到"二级科目汇总查询"工作表，在 C3 和 D3 单元格中分别输入"借方金额"和"贷方金额"。

② 选中 B3 单元格，输入以下公式，按<Enter>键确认。

`=VLOOKUP(C1&"*",科目代码!B:C,2,0)`

  通配符在公式中的作用

Excel 中的 *（星号）可用作为通配符，用于查找、统计等计算的比较条件中。在 B3 单元格的公式中，C1&"*"表示连接 C1 单元格文本和通配符，显示以 C1 单元格文本为开头的文本符。

Step 4 编制二级科目调用公式

① 选中 B4 单元格，输入以下公式，按<Enter>键确认。

`=IFNA(VLOOKUP(ROW(1:1),科目代码!A:D,4,0),"")`

② 选中 B4 单元格，拖曳右下角的填充柄至 B24 单元格。

■ **本例公式说明**

以下为 B3 单元格查找一级科目名称的公式。

`=VLOOKUP(C1&"*",科目代码!A:B,2,0)`

其各个参数值指定 VLOOKUP 函数从"科目代码"工作表的 A 列中查找以 C1 单元格文本开头的文本符，要返回匹配值的列序号是 2，公式返回"科目代码"工作表 A:B 列中第 2 列的对应值，也就是一级科目名称。

以下为 B4 单元格的二级科目查询公式。

`=IFNA(VLOOKUP(ROW(1:1),科目代码!A:D,4,0),"")`

在 B4 单元格的公式中，"ROW(1:1)"公式返回第 1 行所有单元格的行号，也就是 1。因而后面的 VLOOKUP 函数就利用 ROW 函数返回的行号来确定查找值。

IFNA 嵌套函数中的 VLOOKUP 函数在"科目代码"工作表的 A:D 单元格区域中查找 1，如果 VLOOKUP 找到准确匹配值，函数返回"科目代码"工作表 A:D 单元格区域中第 4 列的对应值，即"二级科目"，此时 IFNA 函数返回结果为 VLOOKUP 函数查找到的具体结果，也就是二级科目。如果没有找到准确匹配值，VLOOKUP 函数则返回错误值#N/A，此时 IFNA 函数的返回指定值，显示为空（""）。

2.2.3 编制借贷方金额合计公式

编制完一级科目和二级科目调用公式后，就可以利用公式计算某一科目代码的借贷方金额。

Step 1 编制借方金额合计公式

① 在"二级科目汇总查询"工作表中，选中 C4 单元格，输入以下公式，按<Enter>键确认。

`=SUMIFS(凭证明细!G:G,凭证明细!$E:$E,$B$3,凭证明细!$F:$F,B4)`

② 将鼠标指针放在 C4 单元格的右下角，待鼠标指针变成 ✚ 形状后双击，即可在 C4:C24 单元格区域中快速复制填充公式。

Step 2 编制贷方金额合计公式

① 选中 D4 单元格，输入以下公式，按<Enter>键确认。

`=SUMIFS(凭证明细!H:H,凭证明细!$E:$E,$B$3,凭证明细!$F:$F,B4)`

② 将鼠标指针放在 D4 单元格的右下角，待鼠标指针变成 ✚ 形状后双击，即可在 D4:D24 单元格区域中快速复制填充公式。

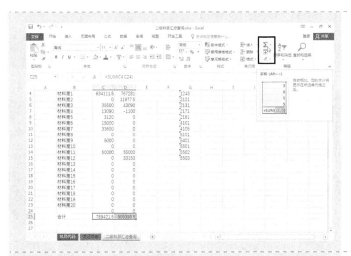

Step 3 计数合计

① 选中 B25 单元格，输入"合计"。

② 选择 C25:D25 单元格区域，在"开始"选项卡的"编辑"命令组中单击"求和"按钮 Σ。

Step 4 设置单元格的数字格式

① 在"二级科目汇总查询"工作表中选择 C4:D25 单元格区域，按<Ctrl+1>组合键，弹出"设置单元格格式"对话框。

② 单击"数字"选项卡，在"分类"列表框中选择"货币"；在右侧的"小数位数"文本框中输入"2"；在"货币符号（国家/地区）"下拉列表框中选择"¥"；在"负数"列表框中选择第 4 项，即黑色字体的"¥-1,234.10"；单击"确定"按钮。

Step 5 设置零值不显示

① 依次单击"文件"选项卡→"选项"命令，弹出"Excel 选项"对话框，单击"高级"选项卡。

② 拖动右侧的垂直滚动条，在"此工作表的显示选项"下，取消勾选"在具有零值的单元格中显示零"复选框，即将零值显示为空白单元格，单击"确定"按钮。

技巧 **取消零值显示的选项作用范围**

　　利用"Excel选项"来设置零值不显示的方法将作用于整张工作表，即当前工作表中的所有零值，无论是计算得到的还是手工输入的都不再显示。工作簿的其他工作表不受此设置的影响。

Step 6 隐藏 G 列

在"二级科目汇总查询"工作表中，单击 G 列列标，在"开始"选项卡的"单元格"命令组中单击"格式"按钮，在弹出的下拉菜单中单击"隐藏和取消隐藏"→"隐藏列"命令。

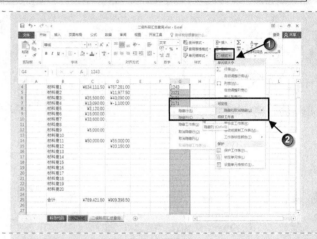

Step 7 美化工作表

美化工作表，效果如图所示。

关键知识点讲解

函数应用：SUMIFS 函数

函数用途
对区域中满足多个条件的单元格求和。

函数语法
SUMIFS(sum_range,criteria_range1,criteria1,[criteria_range2,criteria2],...)

参数说明

第一参数是表示求和的单元格区域，其中的空值和文本值将被忽略。

第二参数是计算关联条件的第一个区域。

第三参数是要进行计算的条件。条件的形式为数字、表达式、单元格引用或文本，用来定义将对第二参数中的哪些单元格求和。例如，条件可以表示为 32、">32"、B4、"苹果"或"32"。

从第四参数部分开始是可选参数，每两个参数为成组的区域/条件对，最多允许 127 个区域/条件对。

函数说明

● 可以在条件中使用通配符，即问号（？）和星号（＊）。问号匹配任意单个字符；星号匹配任意一串字符。如果要查找实际的问号或星号，需在字符前键入波形符（～）。

函数简单示例

	A	B	C
1	销售数量	产品	销售人员
2	20	西瓜	A
3	16	木瓜	B
4	60	南瓜	B
5	12	火龙果	A
6	88	香蕉	A
7	48	香瓜	B
8	40	哈密瓜	A
9	132	火龙果	B

示例	公式	说明	结果
1	=SUMIFS(A2:A9,B2:B9,"*瓜",C2:C9,"A")	计算含有"瓜"并由销售人员"A"售出的产品的总量。	60
2	=SUMIFS(A2:A9,B2:B9,"<>火龙果",C2:C9,"A")	计算由销售人员"A"售出的产品（不包括火龙果）的总量。	148

本例公式说明

以下为 C4 单元格中的借方金额合计公式。

```
=SUMIFS(凭证明细!G:G,凭证明细!$E:$E,$B$3,凭证明细!$F:$F,$B4)
```

首先判断"凭证明细"工作表的 E 列的值和"二级科目汇总查询"工作表的 B3 单元格的值是否相等，即一级科目代码是否相同。其次判断"凭证明细"工作表的 F2:F487 单元格区域的值和"二级科目汇总查询"工作表的 B4 单元格的值是否相等，即二级科目代码是否相同。

如果这两个代码都相同，那么 SUMIFS 函数将对"凭证明细"工作表的 G 列中所有的相应数值求和，C4 单元格将显示这个求和结果。

以下为 D4 单元格中的贷方金额合计公式。

```
=SUMIFS(凭证明细!H:H,凭证明细!$E:$E,$B$3,凭证明细!$F:$F,$B4)
```

公式中的后两个参数和 C4 单元格公式中的完全相同，如果这两个条件都成立，那么 SUMIFS 函数将对"凭证明细"工作表的 H 列中的相应数值求和，D4 单元格会显示这个求和结果。

扩展知识点讲解

临时查看求和等结果

如果需要临时查看某区域内的数据求和结果，可以用鼠标选中该区域，在屏幕右下角的状态栏内将显示求和、平均值、计数等计算结果。

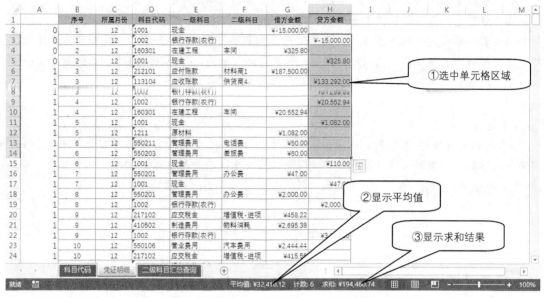

右键单击状态栏,弹出"自定义状态栏",在其中可以勾选需要在状态栏显示的选项。

扩展知识点讲解

函数应用:四舍五入函数

INT 函数、ROUND 函数、ROUNDUP 函数和 ROUNDDOWN 函数都是数学函数中常用的四舍五入的函数。

1. INT 函数

📖 **函数用途**

将数字向下舍入到最接近的整数。

📖 **函数语法**

INT(number)

📖 **参数说明**

number 为需要进行向下舍入取整的实数。

📖 **函数简单示例**

示例	公式	说明	结果
1	=INT(8.9)	将 8.9 向下舍入到最接近的整数	8
2	=INT(-8.9)	将-8.9 向下舍入到最接近的整数	-9
3	=A2-INT(A2)	返回单元格 A2 中正实数的小数部分	0.8

2. ROUND 函数

□ **函数用途**

返回某个数字按指定位数取整后的数字。

□ **函数语法**

ROUND(number,num_digits)

□ **参数说明**

number 为需要进行四舍五入的数字。

num_digits 为指定的位数，按此位数进行四舍五入。

□ **函数说明**

● 如果 num_digits 大于 0，则四舍五入到指定的小数位。

● 如果 num_digits 等于 0，则四舍五入到最接近的整数。

● 如果 num_digits 小于 0，则在小数点左侧进行四舍五入。

□ **函数简单示例**

示例	公式	说明	结果
1	=ROUND(2.15,1)	将 2.15 四舍五入到一个小数位	2.2
2	=ROUND(2.149,1)	将 2.149 四舍五入到一个小数位	2.1
3	=ROUND(−1.475,2)	将−1.475 四舍五入到两小数位	−1.48
4	=ROUND(21.5,−1)	将 21.5 四舍五入到小数点左侧一位	20

3. ROUNDUP 函数

□ **函数用途**

远离零值，向上舍入数字。

□ **函数语法**

ROUNDUP(number,num_digits)

□ **参数说明**

number 为需要向上舍入的任意实数。

num_digits 为四舍五入后的数字小数位的位数。

□ **函数说明**

● ROUNDUP 函数和 ROUND 函数功能相似，不同之处在于 ROUNDUP 函数总是向上舍入数字。

● 如果 num_digits 大于 0，则向上舍入到指定的小数位。

● 如果 num_digits 等于 0，则向上舍入到最接近的整数。

● 如果 num_digits 小于 0，则在小数点左侧向上进行舍入。

□ **函数简单示例**

示例	公式	说明	结果
1	=ROUNDUP(3.2,0)	将 3.2 向上舍入，小数位为 0	4

续表

示例	公式	说明	结果
2	=ROUNDUP(76.9,0)	将 76.9 向上舍入，小数位为 0	77
3	=ROUNDUP(3.14159,3)	将 3.14159 向上舍入，保留三位小数	3.142
4	=ROUNDUP(−3.14159,1)	将−3.14159 向上舍入，保留一位小数	−3.2
5	=ROUNDUP(31415.92654, 2)	将 31415.92654 向上舍入到小数点左侧两位	31500

4. ROUNDDOWN 函数

☐ **函数用途**

靠近零值，向下（绝对值减小的方向）舍入数字。

☐ **函数语法**

ROUNDUP(number,num_digits)

☐ **参数说明**

number 为需要向下舍入的任意实数。

num_digits 为四舍五入后的数字小数位的位数。

☐ **函数说明**

● ROUNDDOWN 函数和 ROUND 函数功能相似，不同之处在于 ROUNDDOWN 函数总是向下舍入数字。

● 如果 num_digits 大于 0，则向下舍入到指定的小数位。

● 如果 num_digits 等于 0，则向下舍入到最接近的整数。

● 如果 num_digits 小于 0，则在小数点左侧向下进行舍入。

☐ **函数简单示例**

示例	公式	说明	结果
1	=ROUNDDOWN(3.2,0)	将 3.2 向下舍入，小数位为 0	3
2	=ROUNDDOWN(76.9,0)	将 76.9 向下舍入，小数位为 0	76
3	=ROUNDDOWN(3.14159,3)	将 3.14159 向下舍入，保留三位小数	3.141
4	=ROUNDDOWN(−3.14159,1)	将−3.14159 向下舍入，保留一位小数	−3.1
5	=ROUNDDOWN(31415.92654,−2)	将 31415.92654 向下舍入到小数点左侧两位	31400

2.3 资金习性法

案例背景

资金习性预测法是指根据资金习性预测未来资金需要量的方法。

所谓资金习性，是指资金的变动与产销量变动之间的依存关系。按照依存关系，资金可以分为不变资金、变动资金和半变动资金。不变资金是指在一定的产销量范围内，不受产销量变化的影响，保持固定不变的资金部分，包括为维持营业而占用的最低数额的现金，原材料的保险储备，必要的成品储备，以及厂房、机器设备等固定资产占用的资金。变动资金是指随产销量的变动而同比例变动的资金部分，包括直接构成产品实体的原材料、外购件等占用的资金，以及最低储备以外的现金、存货、应收账款等。半变动资金值虽然受产销量变化影响，但不成同比例变动的资金，如一些辅助材料所占用的资金。

资金习性预测法有两种形式：一种是根据资金占用总额同产销量的关系来预测资金需要量；另一种是采用先分项后汇总的方式预测资金需要量。

设产销量为自变量 x，资金占用量为因变量 y，它们之间的关系可用下式表示：$y=a+bx$（a 为不变资金，b 为单位产销量所需变动资金）。

b 值可以用高低点法或回归直线法求得。

（1）高低点法

根据企业一定期间资金占用的历史资料，选用最高收入期和最低收入期的资金占用量之差，同这两个收入期的销售额之差进行对比，先求 b 的值，然后代入原直线方程求出 a 的值，从而估计推测资金发展趋势。计算公式为：

b=(最高收入期资金占用量−最低收入期资金占用量)/(最高销售收入−最低销售收入)

a=最高收入期资金占用量−b×最高销售收入

高低点法在企业的资金变动趋势比较稳定的情况下较适宜。

（2）回归直线法

根据若干期业务量和资金占用的历史资料，运用最小平方法原理计算不变资金。

$$a=(n\Sigma xy-\Sigma x\Sigma y)/(n\Sigma x^2-(\Sigma x)^2)$$

$$b=\frac{n\sum x_i y_i-\sum x_i \sum y_i}{n\sum x_i^2-(\sum x_i)^2}$$

或

$$b=\frac{\sum y_i-na}{\sum x_i}$$

从理论上来说，回归直线法是一种计算结果最为精确的方法。

关键技术点

要实现本例中的功能，读者应当掌握以下的 Excel 技术点。

● 插入特殊符号

● 上标

最终效果展示

年度	X（产销量）万件	Y（资金占用）万元	XY	X^2	N（数据记录个数）
2014	3,000	2,100	6,300,000	9,000,000	
2015	3,200	2,120	6,784,000	10,240,000	
2016	4,000	2,500	10,000,000	16,000,000	
2017	4,500	2,700	12,150,000	20,250,000	
2018	5,200	2,900	15,080,000	27,040,000	
Σ	19,900	12,320	50,314,000	82,530,000	5

基础数据表

根据已知数据计算各参数值

N	$\sum x$	$\sum y$	$\sum xy$	$\sum x^2$
5	19,900	12,320	50,314,000	82,530,000

公式

$$\sum y = na + b\sum x$$
$$\sum xy = a\sum x + b\sum x^2$$

推导公式

$$a = \frac{\sum y - b\sum x}{n}$$

$$b = \frac{N\sum xy - \sum y * \sum x}{N\sum x^2 - \sum x * \sum x}$$

系数计算结果

$$b = 0.38$$
$$a = 932.75$$

过渡表

利用资金习性法测算资金占用量

序号	预计产销量 万件	测算资金占用 万元
1	5000	2,856.43
2	5300	2,971.85
3	6000	3,241.17
4	6400	3,395.06

结果表

示例文件

\示例文件\第 2 章\资金习性法.xlsx

2.3.1 创建基础数据表

Step 1 创建工作簿

新建工作簿"资金习性法",插入两个新的工作表,并将工作表分别重命名为"基础数据表""过渡表"和"结果表"。

Step 2 修改工作表标签颜色

依次设置"基础数据表""过渡表"和"结果表"3 个工作表的标签颜色为"红色""黄色"和"蓝色"。

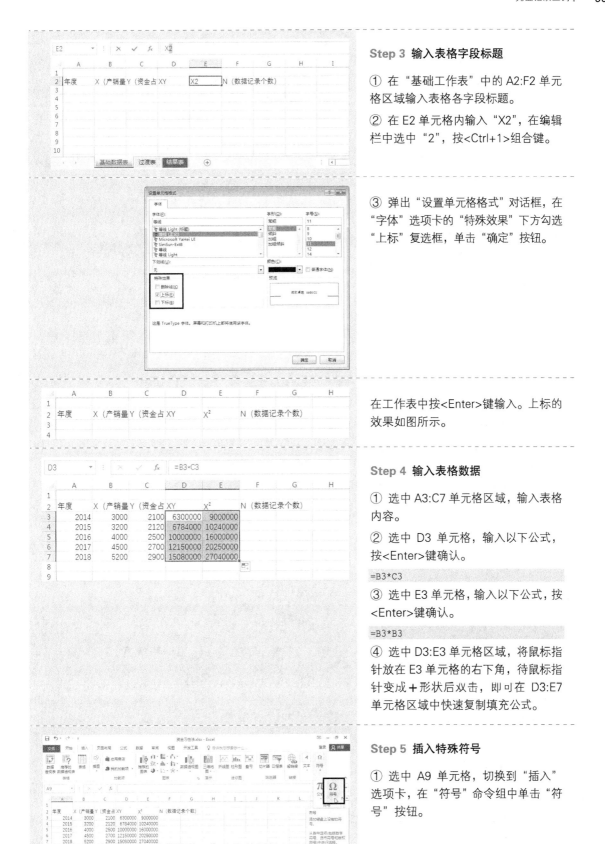

Step 3 输入表格字段标题

① 在"基础工作表"中的 A2:F2 单元格区域输入表格各字段标题。

② 在 E2 单元格内输入"X2",在编辑栏中选中"2",按<Ctrl+1>组合键。

③ 弹出"设置单元格格式"对话框,在"字体"选项卡的"特殊效果"下方勾选"上标"复选框,单击"确定"按钮。

在工作表中按<Enter>键输入。上标的效果如图所示。

Step 4 输入表格数据

① 选中 A3:C7 单元格区域,输入表格内容。

② 选中 D3 单元格,输入以下公式,按<Enter>键确认。

=B3*C3

③ 选中 E3 单元格,输入以下公式,按<Enter>键确认。

=B3*B3

④ 选中 D3:E3 单元格区域,将鼠标指针放在 E3 单元格的右下角,待鼠标指针变成＋形状后双击,即可在 D3:E7 单元格区域中快速复制填充公式。

Step 5 插入特殊符号

① 选中 A9 单元格,切换到"插入"选项卡,在"符号"命令组中单击"符号"按钮。

② 弹出"符号"对话框，在"符号"选项卡中，单击"子集"右侧的下箭头按钮，在弹出的列表中选择"数学运算符"，然后选中"Σ"，单击"插入"按钮。

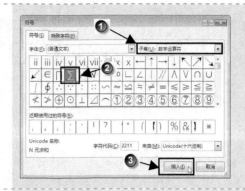

此时，工作表中插入了"Σ"符号，刚刚"符号"对话框中的"取消"按钮变成了"关闭"按钮，单击"关闭"按钮，在A9单元格中，按<Enter>键输入符号。

Step 6 设置特殊符号格式

选中 A9 单元格，在"开始"选项卡的"字体"命令组中的"字号"下拉列表框中选择"18"，并设置"加粗"和"居中"。

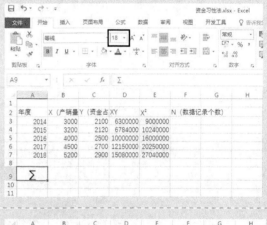

Step 7 计算合计

① 选中 B9:E9 单元格区域，在"开始"选项卡的"编辑"命令组中单击"求和"按钮 Σ。

② 选中 F9 单元格，输入"5"。

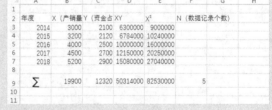

Step 8 设置自动换行

① 选中 B2 单元格，在编辑栏中的"X（产销量）"之后单击鼠标，按<Alt+Enter>组合键设置自动换行。

② 采用相同的方法，选中 C2 单元格，在编辑栏中的"Y（资金占用）"之后单击鼠标，按<Alt+Enter>组合键设置自动换行。

③ 调整 B 列和 C 列的列宽，使得单元格内的内容全部显示出来。调整 F 列的列宽。

④ 选中 A2:F2 单元格区域，设置"居中"。

Step 9　设置数值格式

选中 B3:E9 单元格区域，在"开始"选项卡的"数字"方式命令组中单击右下角的"对话框启动器"按钮，弹出"设置单元格格式"对话框。单击"数字"选项卡，在"分类"列表框中选择"数值"，在右侧的"小数位数"文本框中输入"0"，勾选"使用千位分隔符"复选框，在"负数"列表框中选择第 4 项，即黑色字体的"−1,234"。单击"确定"按钮。

Step 10　美化工作表

美化工作表，效果如图所示。

2.3.2　创建过渡表

Step 1　输入表格标题

切换到"过渡表"，选中 B1:F1 单元格区域，设置"合并后居中"，输入"根据已知数据计算各参数值"，设置字号为"12"。

Step 2 插入特殊符号

① 选中 B2:F2 单元格区域，设置字号为"18"。

② 选中 B2 单元格，输入"N"。

③ 选中 C2 单元格，在"插入"选项卡的"符号"命令组中单击"符号"按钮，弹出"符号"对话框。单击"符号"选项卡，选中"Σ"，单击"插入"按钮，然后再单击"关闭"按钮。

④ 在编辑栏中，在"Σ"符号后输入"x"。

Step 3 复制单元格

选中 C2 单元格，按<Ctrl+C>组合键复制，选中 D2:F2 单元格区域，按<Ctrl+V>组合键粘贴。

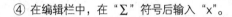

Step 4 修改单元格中数据

① 选中 D2 单元格，在编辑栏中选中"x"，输入"y"，即可将"x"修改为"y"。

② 选中 E2 单元格，在编辑栏中的"x"之后输入"y"。

Step 5 绘制上标

① 选中 F2 单元格，在编辑栏中的"x"之后输入"2"，然后选中"2"，右键单击，在弹出的快捷菜单中选择"设置单元格格式"命令。

② 弹出"设置单元格格式"对话框，在"字体"选项卡的"特殊效果"区域中勾选"上标"复选框。单击"确定"按钮。

③ 在 F2 单元格中按<Enter>键确认。

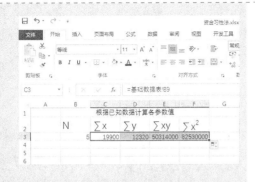

Step 6 输入数据

① 选中 B3 单元格，输入以下公式，按<Enter>键确认。

`=基础数据表!F9`

② 选中 C3 单元格，输入以下公式，按<Enter>键确认。

`=基础数据表!B9`

③ 选中 C3 单元格，拖曳右下角的填充柄至 F3 单元格。

Step 7 输入"公式"

① 选中 H1:J1 单元格区域，设置"合并后居中"，输入"公式"。选中 H1:J3 单元格区域，设置字号为"18"。

② 选中 D2 单元格，按<Ctrl+C>组合键复制，再选中 H2 单元格，按<Ctrl+V>组合键粘贴。

③ 选中 I2 单元格，输入"="。

④ 选中 C2 单元格，在编辑栏中选中"∑x"，按<Ctrl+C>组合键复制。选中 J2 单元格，在编辑栏中输入"na+b"之后，按<Ctrl+V>组合键粘贴，即可在 J2 单元格中输入"na+b∑x"。

⑤ 采用相同的方法，在 H3 单元格中输入"∑xy"，在 I3 单元格中输入"="，在 J3 单元格中输入"a∑x+b∑x²"。

⑥ 调整 J 列的列宽。

Step 8 输入"推导公式"

① 选中 H5:J5 单元格区域，设置"合并后居中"，输入"推导公式"。选中 H5:J9 单元格区域，设置字号为"18"，设置"居中"。

② 参考 Step 7，在 H6:J9 单元格区域内输入数据。

③ 分别选中 H6:H7、I6:I7、H8:H9、I8:I9 单元格区域，设置"合并后居中"。

④ 按<Ctrl>键同时选中 J6 和 J8 单元格区域，设置"粗下框线"。

Step 9 输入"系数计算结果"

① 选中 H11:J11 单元格区域，设置"合并后居中"，输入"系数计算结果"，选中 H11:J13 单元格区域，设置字号为"18"，设置"居中"。

② 选中 H12 单元格，输入"b"。选中 I12 单元格，输入"="。

③ 选中 J12 单元格，输入以下公式，按<Enter>键确认。

`=(B3*E3-D3*C3)/(B3*F3-C3*C3)`

④ 选中 H13 单元格，输入"a"。选中 I13 单元格，输入"="。

⑤ 选中 J13 单元格，输入以下公式，按<Enter>键确认。

`=(D3-J12*C3)/B3`

⑥ 选中 J12:J13 单元格区域，设置单元格格式为"数值"，"小数位数"为"2"。

Step 10 美化工作表

① 选中 B3:F3 单元格区域，设置字号为"14"。选中 C3:F3 单元格区域，设置单元格格式为"数值"，"小数位数"为"0"，勾选"使用千位分隔符"复选框。

② 美化工作表。

2.3.3 创建结果表

Step 1 输入表格标题和字段标题

① 切换到"结果表"，选中 A1:C1 单元格区域，设置"合并后居中"，输入"利用资金习性法测算资金占用量"。

② 选中 A2:C2 单元格区域，分别输入"序号""预计产销量万件"和"测算资金占用万元"。

Step 2 输入"序号"

① 选中 A3 单元格，输入"1"。

② 选中 A3 单元格，按住<Ctrl>键，同时拖曳右下角的填充柄至 A6 单元格。

Step 3 输入"预计产销量"

在 B3:B6 单元格区域中，分别输入"5000""5300""6000"和"6400"。

Step 4 计算"测算资金占用"

① 选中 C3 单元格，输入以下公式，按<Enter>键确认。

`=过渡表!$J$13+过渡表!$J$12*B3`

② 将鼠标指针放在C3 单元格的右下角，待鼠标指针变成**+**形状后双击，即可在 C3:C6 单元格区域中快速复制填充公式。

③ 选中 C3:C6 单元格区域，设置单元格格式为"数值"，"小数位数"为"2"，勾选"使用千位分隔符"复选框。

Step 5 设置自动换行

① 选中 B2 单元格，在编辑栏中，在"预计产销量"和"万件"之间单击鼠标，按<Alt+Enter>组合键，设置自动换行。

② 选中 C2 单元格，在编辑栏中，在"测算资金占用"和"万元"之间单击鼠标，按<Alt+Enter>组合键设置自动换行。

③ 调整 B 列和 C 列的列宽。

Step 6 输入注释

① 在 D1 单元格输入"当 n 等于 1 时"。

② 选中 D2 单元格，输入"根据公式 $\sum y=na+b\sum x$ 和预计产量数可预测出资金占用"。

Step 7 美化工作表

美化工作表，效果如图所示。

第 **3** 章　本量利分析

Excel 2016 高效办公

　　本量利分析在财务分析中举足轻重,通过设定的销量、变动成本、固定成本和售价可以推算出盈亏平衡销量及收入。本章以数据表和分析图的形式展示企业在某一项数据发生变化时盈亏线的变化情况。本章最后案例是将一维表转成二维表,二维表相对一维表而言能够给企业管理者提供更多和更直观的信息。

3.1 本量利分析表

案例背景

本量利分析，顾名思义就是对成本、销量、利润的分析。如果企业对成本、销量和利润都十分关心，那么对三者之间的变化关系就会更加重视，三者之间的变化关系是决定企业是否盈利的关键。企业不仅要进行定性分析，而且要做定量分析，本量利分析正是定量地分析出企业这 3 个指标之间的变化关系。本量利分析引出的盈亏平衡点指标也非常重要，它是企业的盈、亏分界线，是企业的保本点。因此本量利分析在企业的经营决策中至关重要。

关键技术点

要实现本例中的功能，读者应当掌握以下的 Excel 技术点。

- 函数的应用：ROUND 函数
- 滚动条窗体控件的应用
- 矩形框的应用

最终效果展示

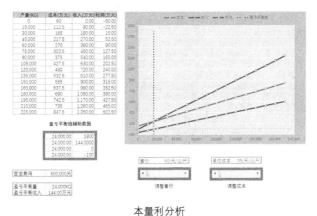

本量利分析

示例文件

\示例文件\第 3 章\本量利图表分析.xlsx

3.1.1 创建产量、收入、成本和数据利润表

本案例中成本和收入的计算公式分别为：

成本=单位成本×产量+固定费用

收入=售价×产量

在达到盈亏平衡点时"成本=收入"，即"单位成本×产量+固定费用=售价×产量"。

此时的"盈亏平衡量=固定费用/(售价−单位成本)"。固定费用保持不变，而售价和单位成本可以变动，因此盈亏平衡量是变动的。

根据盈亏平衡量，可以进一步求得"盈亏平衡收入=盈亏平衡量×售价"。

本案例首先创建产量、收入、成本和数据利润表，然后编制盈亏平衡线数据表，添加包括数据链接的窗体，绘制散点图，通过窗体控件来控制售价和单位成本，从而在散点图上得到变动的盈亏平衡线。

Step 1　打开工作簿

打开工作簿"本量利图表分析"，可以看到 B3:B18 单元格区域的数据格式已被设置为"数值"，小数位数为"0"，并使用千位分隔符显示。

Step 2　设置单元格自定义格式

① 选中 B2 单元格，按<Ctrl+1>组合键，弹出"设置单元格格式"对话框，单击"数字"选项卡。

② 在"分类"列表框中选择"自定义"，在右侧的"类型"文本框中输入"@"(KG)""。单击"确定"按钮。

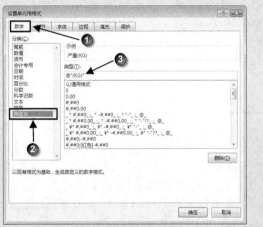

采用相同的方法，将 C2:E2 单元格区域的自定义格式设置为"@"(万元)""。

Step 3 设置单元格自定义格式

① 选中 C28 单元格，按<Ctrl+1>组合键，弹出"设置单元格格式"对话框，切换到"数字"选项卡。

② 在"分类"列表框中选择"自定义"，在右侧的"类型"文本框中输入"#,##0"元""。单击"确定"按钮。

采用相同方法，按住<Ctrl>键，同时选中 H26 和 K26 单元格，设置自定义格式为 "0"(元/公斤)""。

设置了自定义格式的单元格效果如图所示。

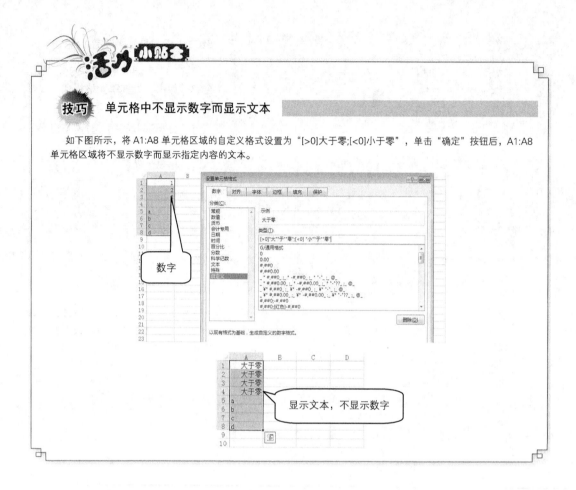

技巧 单元格中不显示数字而显示文本

如下图所示，将 A1:A8 单元格区域的自定义格式设置为 "[>0]大于零;[<0]小于零"，单击 "确定" 按钮后，A1:A8 单元格区域将不显示数字而显示指定内容的文本。

3.1.2 创建盈亏平衡线数据表

Step 1 创建成本、收入和利润公式

① 选中 C3 单元格，输入以下公式，按 <Enter>键确认。

`=($K$26*B3+$C$28)/10000`

② 选中 D3 单元格，输入以下公式，按 <Enter>键确认。

`=$H$26*B3/10000`

③ 选中 E3 单元格，输入以下公式，按 <Enter>键确认。

`=D3-C3`

④ 选中 C3:E3 单元格区域，将鼠标指针放在 E3 单元格右下角，待鼠标指针变成 ✚ 形状后双击,在 C3:E18 单元格区域中快速复制填充公式。

C3   fx =($K$26*B3+$C$28)/10000

	A	B	C	D	E	F	G
1							
2		产量(KG)	成本(万元)	收入(万元)	利润(万元)		
3		0	60	0	-60		
4		15,000	112.5	90	-22.5		
5		30,000	165	180	15		
6		45,000	217.5	270	52.5		
7		60,000	270	360	90		
8		75,000	322.5	450	127.5		
9		90,000	375	540	165		
10		105,000	427.5	630	202.5		
11		120,000	480	720	240		
12		135,000	532.5	810	277.5		
13		150,000	585	900	315		
14		165,000	637.5	990	352.5		
15		180,000	690	1080	390		
16		195,000	742.5	1170	427.5		
17		210,000	795	1260	465		
18		225,000	847.5	1350	502.5		
19							
20							

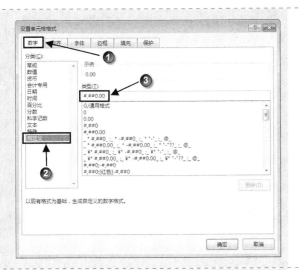

Step 2 设置单元格自定义格式

① 选中 D3:E18 单元格区域，按<Ctrl+1>组合键，弹出"设置单元格格式"对话框，切换到"数字"选项卡。

② 在"分类"列表框中选择"自定义"，在右侧的"类型"文本框中输入"#,##0.00"。单击"确定"按钮。

Step 3 设置盈亏平衡线横坐标数据

① 选中 C20:D20 单元格区域，设置"合并后居中"，输入标题"盈亏平衡线辅助数据"。

② 选中 C22 单元格，输入以下公式，按<Enter>键确认。

`=ROUND(C28/(H26-K26),2)`

③ 在 H26 和 K26 单元格中分别输入售价"70"和单位成本"50"。

④ 选中C23:C25 单元格区域,输入以下公式。

`=C22`

按<Ctrl+Enter>组合键同时输入。

Step 4 设置盈亏平衡线纵坐标数据

① 在 D22 单元格中输入"1800"。

② 选中 D23 单元格，输入以下公式，按<Enter>键确认。

`=(C23*H26)/10000`

③ 选中 D23 单元格，设置单元格格式为"货币"，小数位数为"4",货币符号为"无"。

④ 在 D24 单元格中输入"0"。

⑤ 在 D25 单元格中输入"-100"。

Step 5 设置盈亏平衡量和盈亏平衡收入

① 选中 B30 单元格，输入"盈亏平衡量"。

② 选中 C30 单元格，输入以下公式，按 <Enter>键确认。

`=C23`

③ 选中 B31 单元格，输入"盈亏平衡收入"。调整 A:B 列的列宽。

④ 选中 C31 单元格，输入以下公式，按 <Enter>键确认。

`=D23`

Step 6 设置单元格格式

① 选中 E3 单元格，按<Ctrl+C>组合键复制，再选中 C22:C25 单元格区域，右键单击，在弹出的快捷菜单中选择"粘贴选项"下方的 "格式" 按钮 。

此时，C22:C25 单元格区域就复制了 E3 单元格的格式。

② 选中 C30 单元格，设置其自定义格式为 "#,##0"KG""。

③ 选中 C31 单元格，设置其自定义格式为 "#,##0.00"万元""。

3.1.3 添加滚动条窗体

Step 1 插入滚动条

① 参阅 2.1.4 小节 Step 2 显示"开发工具"选项卡，单击"开发工具"选项卡，在 "控件" 命令组中单击"插入"按钮，在打开的下拉菜单中选择"表单控件" → "滚动条（窗体控件）"命令，此时鼠标指针变成＋形状。

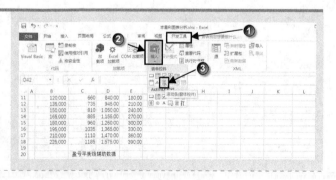

② 在工作表的 G28 单元格下方拖动，绘制第 1 个滚动条。

③ 重复操作，在 J28 单元格下方拖动，绘制第 2 个滚动条。

Step 2 设置第 1 个滚动条格式

① 选中第 1 个滚动条，在"开发工具"选项卡的"控件"命令组中单击"属性"按钮，弹出"设置控件格式"对话框。

② 单击"控制"选项卡，在"最小值"和"最大值"文本框中分别输入"60"和"80"。

③ 单击"单元格链接"右侧的按钮，在弹出的区域选择框中选中 H26 单元格。单击"关闭"按钮，返回"设置对象格式"对话框。

④ 单击"确定"按钮，完成第 1 个滚动条格式的设定。

Step 3 设置第 2 个滚动条格式

① 右键单击第 2 个滚动条，在弹出的快捷菜单中选择"设置控件格式"。

② 在弹出的"设置控件格式"对话框中，单击"控制"选项卡，在"最小值"和"最大值"文本框中分别输入"35"和"60"。

③ 单击"单元格链接"右侧的按钮，在弹出的区域选择框中选中 K26 单元格。单击"关闭"按钮，返回"设置对象格式"对话框。

④ 单击"确定"按钮，完成第 2 个滚动条格式的设定。

3.1.4 绘制散点图

Step

Step 1 插入散点图

选中 B2:E18 中的任意单元格，如 C5 单元格，单击"插入"选项卡，单击"图表"命令组中的"插入散点图（X、Y）或气泡图"按钮，在打开的下拉菜单中选择"散点图"下的"带平滑线和数据标记的散点图"。

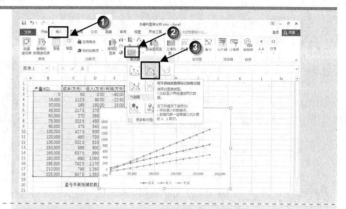

Step 2 调整图表位置和大小

① 在图表空白位置按住鼠标左键，将其拖曳至工作表合适位置。

② 将鼠标指针移至图表的右下角，待鼠标指针变成形状时，向外拖曳鼠标，当图表调整至合适大小时，释放鼠标。

Step 3 添加数据系列

① 单击"图表工具—设计"选项卡，在"数据"命令组中单击"选择数据"按钮。

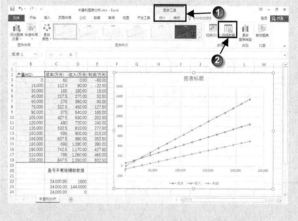

② 在弹出的"选择数据源"对话框中，在"图例项(系列)"下单击"添加"按钮。

③ 弹出"编辑数据系列"对话框，在"系列名称"文本框中输入"盈亏平衡线"。

④ 单击"X 轴系列值"右侧的按钮。

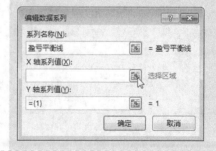

⑤ 弹出"编辑数据系列"对话框，在工作表中选中 C22:C25 单元格区域。单击"关闭"按钮，返回"编辑数据系列"对话框。

⑥ 单击"Y 值"右侧的按钮，在工作表中选中 D22:D25 单元格区域。单击"关闭"按钮，返回"编辑数据系列"对话框。单击"确定"按钮。

⑦ 返回"选择数据源"对话框，单击"确定"按钮。

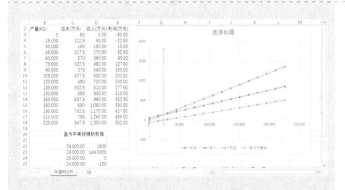

⑧ 生成散点图，即本量利分析图，效果如图所示。

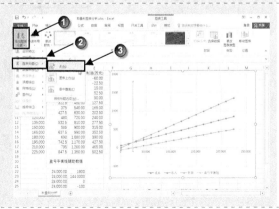

Step 4 删除图表标题

在"图表工具—设计"选项卡的"图表布局"命令组中单击"添加图表元素"→"图表标题"→"无"，删除图表标题。

Step 5 设置图例格式

在"图表工具—设计"选项卡的"图表布局"命令组中单击"添加图表元素"→"图例"→"顶部"。

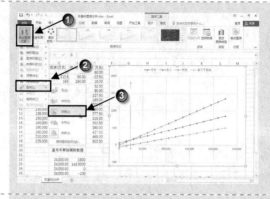

Step 6 设置水平轴的坐标轴格式

① 单击"图表工具—格式"选项卡，在"当前所选内容"命令组的"图表元素"下拉列表框中选择"水平(值)轴"选项。单击"设置所选内容格式"按钮，打开"设置坐标轴格式"窗格。

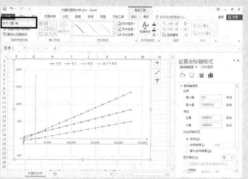

② 依次单击"坐标轴选项"选项→"坐标轴选项"按钮→"坐标轴选项"选项卡，在"单位"下方"主要"右侧的文本框中输入"30000"；在"纵坐标轴交叉"下方单击"坐标轴值"单选钮，在其右侧的文本框中输入"100"。

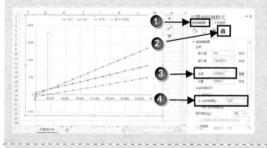

③ 单击"标签"选项卡，单击"标签位置"右侧的下箭头按钮，在弹出的列表中选择"低"。

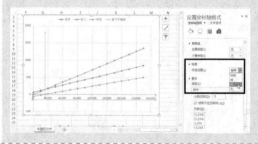

Step 7 设置垂直轴的坐标轴格式

① 单击"坐标轴选项"选项右侧的下箭头按钮，在弹出的列表中选择"垂直(值)轴"。

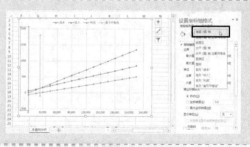

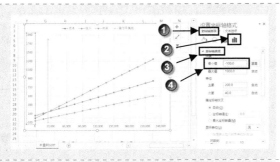

② 依次单击"坐标轴选项"选项→"坐标轴选项"按钮→"坐标轴选项"选项卡，在"边界"下方"最小值"右侧的文本框中输入"-100"。

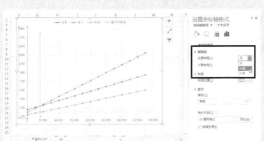

③ 单击"刻度线"选项卡，单击"主要类型"右侧的下箭头按钮，在弹出的列表中选择"内部"。

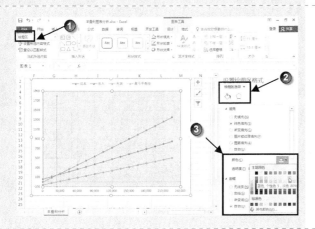

Step 8 设置绘图区格式

① 单击"坐标轴选项"选项右侧的下箭头按钮，在弹出的列表中选择"绘图区"。此时"设置坐标轴格式"窗格变为"设置绘图区格式"窗格。

② 依次单击"填充与线条"按钮→"填充"选项卡→"纯色填充"单选钮。单击"颜色"右侧的下箭头按钮，在弹出的颜色面板中选择"主题颜色"下的"蓝色,个性色5,淡色80%"。

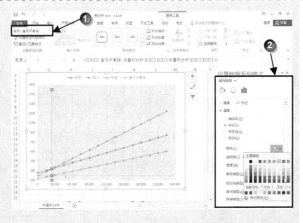

Step 9 设置数据系列格式

① 单击"绘图区选项"选项右侧的下箭头按钮，在弹出的列表中选择"系列'盈亏平衡线'"。此时"设置绘图区格式"窗格变为"设置数据系列格式"窗格。

② 依次单击"系列选项"选项→"填充与线条"按钮→"线条"选项→"线条"选项卡→"实线"单选钮，然后单击"颜色"右侧的下箭头按钮，在弹出的颜色面板中选择"标准色"下的"蓝色,个性色5,深色25%"。

③ 单击"宽度"右侧的调节旋钮 ▼，使文本框中显示数值为"2.75 磅"。

④ 单击"短划线类型"右侧的下箭头按钮，在弹出的列表中选择"圆点"。

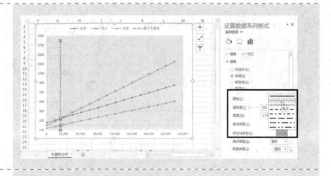

⑤ 采用相同的方法，设置"系列'成本'""系列'收入'"和"系列'利润'"的数据系列格式，效果如图所示。

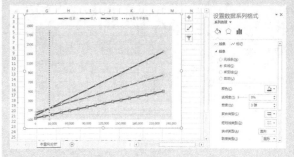

Step 10 设置水平轴主要网格线格式

① 单击"设置数据系列格式"选项右侧的下箭头按钮，在弹出的列表中选择"水平(值)轴主要网格线"。此时"设置数据系列格式"窗格变为"设置主要网格线格式"窗格。

② 依次单击"填充与线条"按钮→"线条"选项卡→"无线条"单选钮，然后单击"关闭"按钮。

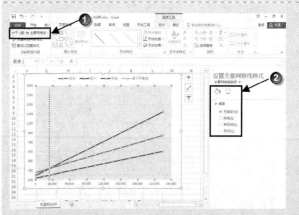

Step 11 设置垂直轴主要网格线格式

① 单击"设置主要网格线格式"选项右侧的下箭头按钮，在弹出的列表中选择"垂直(值)轴主要网格线"。

② 依次单击"填充与线条"按钮→"线条"选项卡，单击"颜色"右侧的下箭头按钮，在弹出的列表中选择"白色,背景1"。

③ 单击"宽度"右侧的调节旋钮 ▼，使文本框中显示数值为"1.75 磅"。

④ 单击"短划线类型"右侧的下箭头按钮，在弹出的列表中选择"圆点"。

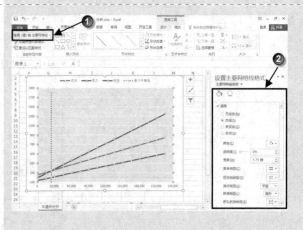

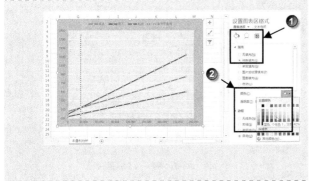

Step 12 设置图表区格式

① 选中图表区，此时"设置主要网格线格式"窗格变为"设置图表区格式"窗格。

② 依次单击"填充与线条"按钮→"填充"选项卡→"纯色填充"单选钮。单击"颜色"右侧的下箭头按钮，在弹出的颜色面板中选择"主题颜色"下的"蓝色,个性色 1,淡色 40％"。关闭"设置图表区格式"窗格。

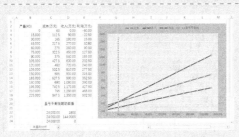

经过以上步骤，就完成了图表的绘制和基本设置，其效果如图所示。

3.1.5 矩形框的设置

为了增强盈亏平衡线辅助数据和两个滚动条的视觉效果，可以在盈亏平衡线辅助数据和两个滚动条外侧添加矩形框。

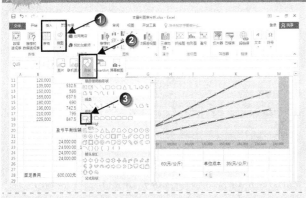

Step 1 添加矩形框

① 切换到"插入"选项卡，在"插图"命令组中单击"形状"按钮，在打开的下拉菜单中选中"矩形"下的"矩形"命令。

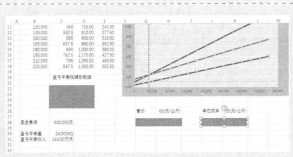

② 将鼠标指针移动到工作表中，鼠标指针变成＋形状。在 C22:D25 单元格区域外绘制一个矩形框。

③ 采用同样的方法，分别在两个滚动条外绘制矩形框。

此时，C22:D25 单元格区域和两个滚动条中的数据无法显示出来。

Step 2 设置形状格式

① 选中 C22:D25 单元格区域外的矩形框，切换到"绘图工具—格式"选项卡，单击"形状样式"命令组右下角的"对话框启动器"按钮 。

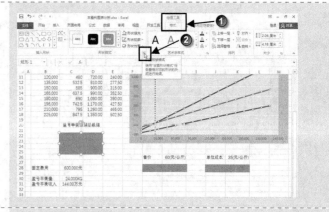

② 打开"设置形状格式"窗格，依次单击"形状选项"选项→"填充与线条"按钮→"填充"选项卡→"无填充"单选钮。

③ 单击"线条"选项卡→"实线"单选钮；单击"颜色"右侧的下箭头按钮，在弹出的颜色面板中选择"标准色"下的"绿色"；单击"宽度"右侧的调节旋钮 ▼，使得文本框中显示的数值为"6 磅"。单击"关闭"按钮。

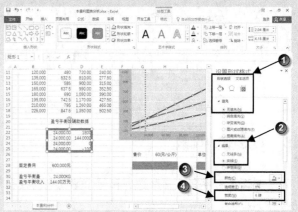

如果矩形框的大小不合适，可以将鼠标指针移至矩形框的右下角，当鼠标指针变成 形状时，向外拖曳鼠标，当调整至合适大小时，释放鼠标。

完成盈亏平衡线辅助数据外矩形框颜色和线条的设置，效果如图所示。

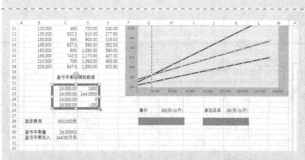

Step 3 使用格式刷复制格式，设置滚动条矩形框的颜色和线条

① 选中盈亏平衡线辅助数据外矩形框，在"开始"选项卡的"剪贴板"命令组中双击"格式刷"按钮 ，当鼠标指针变成 形状时，单击第 1 个滚动条外的矩形框，格式就复制给了第 1 个矩形框。

② 继续单击第 2 个滚动条外的矩形框，格式就复制给了第 2 个矩形框。

③ 单击"格式刷"按钮，或者单击"保存"按钮，取消"格式刷"状态。

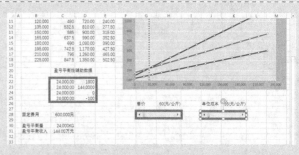

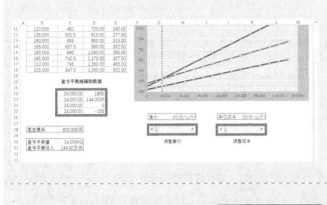

Step 4　美化工作表

美化工作表，效果如图所示。

Step 5　调整显示比例

选中 A1:M31 单元格区域，单击"视图"选项卡，在"显示比例"命令中单击"显示比例"按钮，在弹出的"显示比例"对话框中单击"恰好容纳选定区域"单选钮。

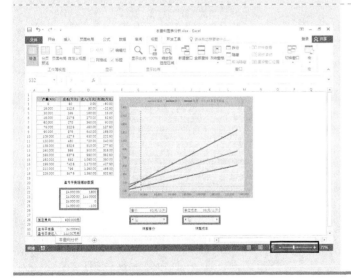

或者在右下角的状态栏中拖动"显示比例"右侧的"缩放滑块"，以便在当前视图内完整地查看整个工作表。

3.1.6　盈亏平衡量的变动分析

设置完盈亏平衡线辅助数据和两个滚动条外的矩形框后，接下来分析售价变动和单位成本变动对盈亏平衡量、盈亏平衡收入以及散点图上盈亏平衡线的影响。

Step

Step 1 售价提高对盈亏平衡量的影响

拖动第 1 个滚动条上的 🖐 形状，然后按住鼠标左键并向右移动，提高产品的售价至 75 元（公斤）。

此时，散点图中的盈亏平衡线向左侧移动，表明盈亏平衡量减小。

C22:C25 单元格区域以及 C30 单元格中显示的盈亏平衡量也会减小。

C23 单元格以及 C31 单元格中显示的盈亏平衡收入同样会减小。

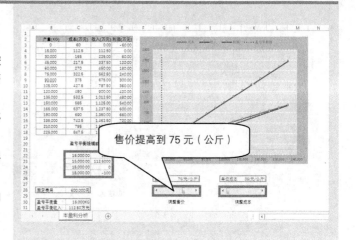

Step 2 售价降低对盈亏平衡量的影响

单击第 1 个滚动条，鼠标指针变成 🖐 形状，然后按住鼠标左键并向左移动，降低产品的售价至 65 元（公斤）。

此时，散点图中的盈亏平衡线向右侧移动，表明盈亏平衡量增大。

C22:C25 单元格区域以及 C30 单元格中显示的盈亏平衡量也会增大。

C23 单元格以及 C31 单元格中显示的盈亏平衡收入同样会增大。

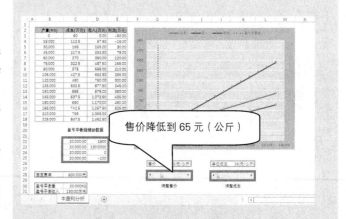

Step 3 单位成本提高对盈亏平衡量的影响

单击第 2 个滚动条，鼠标指针变成 🖐 形状，然后按住鼠标左键并向右移动，增加单位成本至 55 元（公斤）。

此时，散点图中的盈亏平衡线向右侧移动，表明盈亏平衡量增大。

C22:C25 单元格区域以及 C30 单元格中显示的盈亏平衡量也会增大。

C23 单元格以及 C31 单元格中显示的盈亏平衡收入同样会增大。

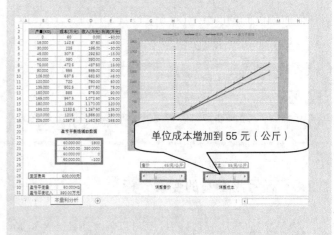

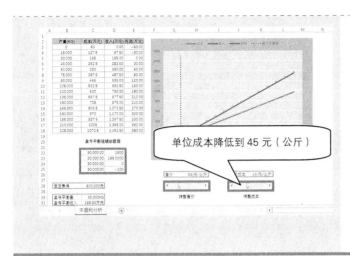

Step 4 单位成本降低对盈亏平衡量的
影响

拖动第 2 个滚动条，鼠标指针变成🖑形
状，然后按住鼠标左键并向左移动，降
低产品的单位成本至 45 元（公斤）。

此时，散点图中的盈亏平衡线向右侧移
动，表明盈亏平衡量减小。

C22:C25 单元格区域以及 C30 单元格
中显示的盈亏平衡量也会减小。

C23 单元格以及 C31 单元格中显示的
盈亏平衡收入同样会减小。

3.2 内外销关系

案例背景

本案例将利用滚动条窗体控件和动态图表的综合功能演示不同售价、成本的分析图。
本例分析中使用到下面的公式。

成本=产量×单位成本
内销利润=(产量×内销价格−成本)×内销份额
外销利润=(产量×外销价格−成本)×外销份额
利润=外销利润+内销利润

关键技术点

要实现本例中的功能，读者应当掌握以下的 Excel 技术点。

● 滚动条窗体控件的应用

最终效果展示

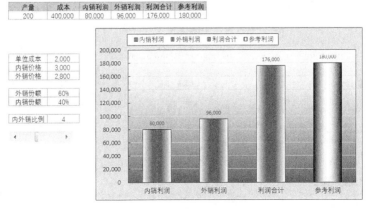

内外销关系

示例文件

\示例文件\第 3 章\内外销关系.xlsx

3.2.1 创建内外销关系表

Step 1 设置内销份额和外销份额公式

① 打开工作簿"内外销关系",选中 B11 单元格,输入以下公式,按<Enter>键确认。

=1-B14/10

② 选中 B12 单元格,输入以下公式,按<Enter>键确认。

=B14/10

③ 选中 B11:B12 单元格区域,切换到"开始"选项卡,在"数字"命令组中单击"百分比样式"按钮 % ,改变这两个单元格的数字格式。

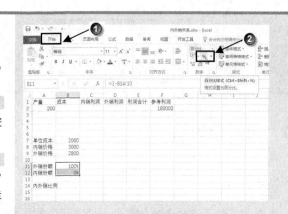

Step 2 设置成本、外销利润等公式

① 选中 B2 单元格,输入以下公式,按<Enter>键确认。

=A2*B7

② 选中 C2 单元格,输入以下公式,按<Enter>键确认。

=(A2*B8-B2)*B12

③ 选中 D2 单元格,输入以下公式,按<Enter>键确认。

=(A2*B9-B2)*B11

④ 选中 E2 单元格,输入以下公式,按<Enter>键确认。

=SUM(C2:D2)

Step 3 插入滚动条

① 参阅 2.1.4 小节 Step 2 ,显示"开发工具"选项卡,单击"开发工具"选项卡,在"控件"命令组中单击"插入"按钮,并在打开的下拉菜单中选择"表单控件"→"滚动条(窗体控件)"命令,此时鼠标指针变成＋形状。

② 在工作表的 A16:B16 单元格区域位置画出 1 个滚动条。

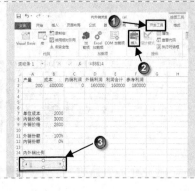

Step 4 设置滚动条的格式

① 右键单击滚动条，在弹出的快捷菜单中选择"设置控件格式"，弹出"设置控件格式"对话框。

② 单击"控制"选项卡，在"最大值"文本框中输入"10"。

③ 单击"单元格链接"右侧的按钮，在弹出的区域选择框中选中 B14 单元格。单击"关闭"按钮，返回"设置对象格式"对话框。

④ 单击"确定"按钮，完成滚动条格式的设定。

Step 5 美化工作表

美化工作表。

单击滚动条，当鼠标指针变成形状时，向右移动，将"内销份额"由"0"增大到"40%"，查看工作表的变化。

3.2.2 绘制柱形图

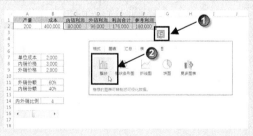

Step 1 绘制柱形图

选中 C1:F2 单元格区域，单击右下角的"快速分析"按钮，在弹出的菜单中单击"图表"→"簇状"。

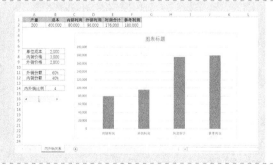

Step 2 调整图表位置和大小

① 在图表空白位置按住鼠标左键，将其拖曳至工作表合适位置。

② 将鼠标指针移至图表的右下角，待鼠标指针变成形状时，向外拖曳鼠标，当图表调整至合适大小时，释放鼠标。

Step 3 删除图表标题

选中图表标题，按<Delete>键删除。

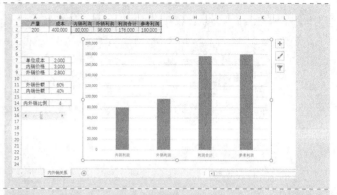

Step 4 设置数据标签格式

单击"图表工具—设计"选项卡，在"图表布局"命令组中单击"添加图表元素"按钮，在弹出的下拉菜单中选择"数据标签"→"数据标签外"命令。

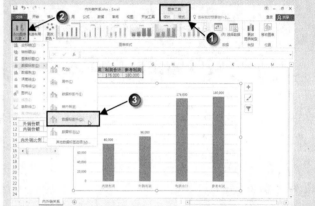

Step 5 设置数据系列格式

① 单击"图表工具—格式"选项卡，在"当前所选内容"命令组的"图表元素"下拉列表框中选择"系列1"选项，按<Ctrl+1>组合键，打开"设置数据系列格式"窗格。

② 单击"系列选项"按钮，在"系列重叠"右侧的文本框中输入"0"，在"分类间距"右侧的文本框中输入"100%"。

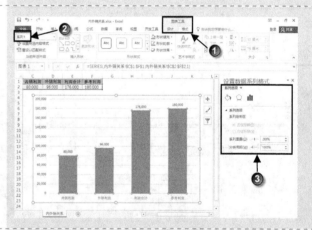

③ 单击"填充与线条"按钮→"填充"选项卡→"渐变填充"单选钮。再单击"边框"选项卡→"实线"单选钮。

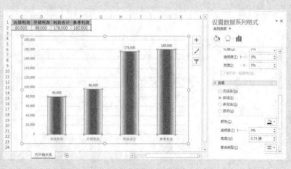

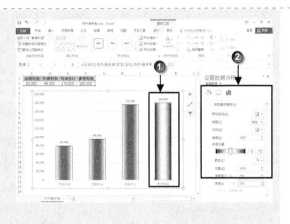

Step 6 设置数据点格式

为了将"参考利润"和其他三种利润区别开,接下来对"参考利润"数据点的边框背景进行设置。

① 单击"参考利润"数据点对应的柱形,其四周出现 4 个蓝色句柄,此时刚刚的"设置数据系列格式"窗格变为"设置数据点格式"窗格。

② 依次单击"填充与线条"按钮→"填充"选项卡→"渐变填充"单选钮,调整"渐变光圈"下方各个"停止点"的颜色和"位置"。

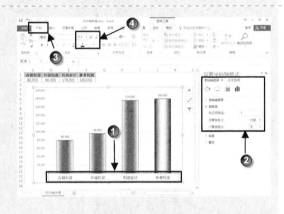

Step 7 设置水平轴格式

① 选中"水平轴",在"设置坐标轴格式"窗格中,依次单击"坐标轴选项"选项→"填充与线条"按钮→"线条"选项卡→"实线"单选钮。再依次单击"坐标轴选项"按钮→"坐标轴选项"选项卡,单击"刻度线"选项卡,单击"主要类型"右侧的下箭头按钮,在弹出的列表中选择"内部"。

② 切换到"开始"选项卡,在"字体"命令组中设置字号和字体颜色。

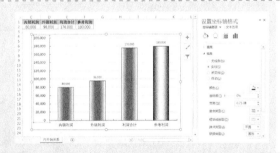

Step 8 设置垂直轴格式

参考 Step 7,设置垂直轴格式。

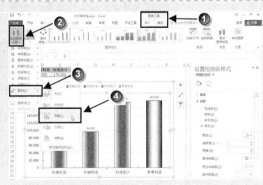

Step 9 设置图例格式

① 单击"图表工具—设计"选项卡,在"图表布局"命令组中单击"添加图表元素"按钮,在打开的下拉菜单中单击"图例"→"顶部"命令。

② 向左移动图例。

③ 在"设置图例格式"窗格中，依次单击"图例选项"选项→"填充与线条"按钮→"填充"选项卡→"纯色填充"单选钮。再单击"边框"选项卡→"实线"单选钮。

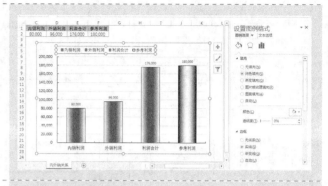

Step 10 设置绘图区格式

选中"绘图区"，在"设置绘图区格式"窗格中，依次单击"图例选项"选项→"填充与线条"按钮→"填充"选项卡→"渐变填充"单选钮，调整"角度"和"渐变光圈"下方各个"停止点"的颜色。再单击"边框"选项卡→"实线"单选钮。

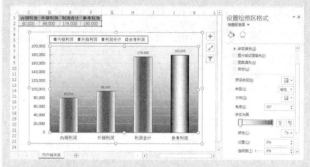

Step 11 设置图表区格式

选中"图表区"，在"设置图表区格式"窗格中，依次单击"图表选项"选项→"填充与线条"按钮→"填充"选项卡→"纯色填充"单选钮，单击"颜色"右侧的下箭头按钮，在弹出的颜色面板中选择"白色,背景 1,深色 15%"单选钮。再单击"边框"选项卡→"实线"单选钮。关闭"设置图表区格式"窗格。

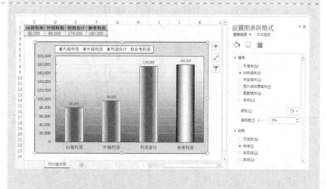

Step 12 利用滚动条创建动态图表

① 单击滚动条，当鼠标指针变成🖑形状时，向右移动，将"内销份额"由"40%"增大到"50%"。

② 此时柱形图中"内销利润"数据点对应的矩形高度增加，表明内销利润增加。

③ "外销利润"数据点对应的矩形高度降低，表明外销利润减少。

④ "利润合计"数据点对应的矩形高度增加，表明总利润增加。

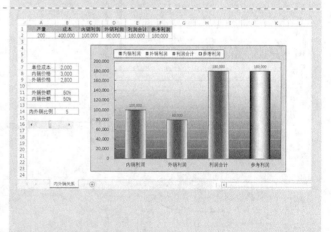

3.3 数据库统计表

案例背景

各式统计表是企业对产品管理的重要汇总统计，是企业实施更新战略的重要依据。表格的数据信息容量、易用性和定义准确性是其设计好坏的标准。二维表相对一维表而言能够给企业管理者提供更多和更直观的信息。因此，就表格设计的科学性和易用性，介绍一维表至二维表的转换。

关键技术点

要实现本例中的功能，读者应当掌握以下的 Excel 技术点。

● 函数的应用：SUMIFS 函数

视频：数据库统计表

最终效果展示

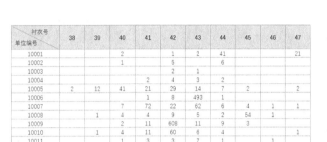

衬衣号 单位编号	38	39	40	41	42	43	44	45	46	47
10001			2		1	2	41			21
10002			1		5		6			
10003					2	1				
10004				2	4	3	2			
10005	2	12	41	21	29	14	7	2		2
10006				1	8	493	1			
10007			7	72	22	62	6	4	1	1
10008		1	4	9	5	2	54	1		
10009			2	11	608	11	9	3		
10010		1	4	11	60	6	4			1
10011			1	3	3	7	1		1	
10012			2		8	4	3			

数据库统计表

示例文件

\示例文件\第 3 章\数据库统计表.xlsx

3.3.1 创建明细表

Step

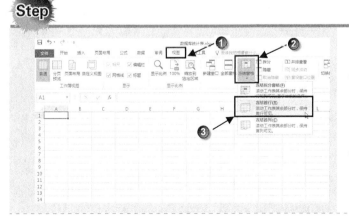

Step 1 新建工作簿

① 新建一个工作簿，保存并命名为"数据库统计表"，插入一个新的工作表"Sheet2"。将"Sheet1"和"Sheet2"工作表分别重命名为"明细"和"汇总"。

② 在"明细"工作表中，选中 A1 单元格，单击"视图"选项卡，在"窗口"命令组中单击"冻结窗格"→"冻结首行"命令。

Step 2 输入表格标题和数据

① 在 A1:C1 单元格区域中输入表格各字段标题。

② 在 A2:C351 单元格区域中输入表格数据。

③ 美化工作表。

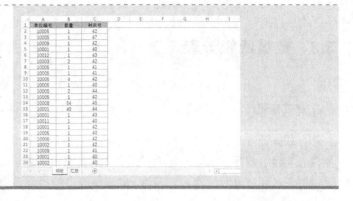

3.3.2 创建汇总表

Step 1 插入直线

① 切换到"汇总"工作表，调整第 1 行的行高为"45"，列宽为"15"。

② 选中 A1 单元格，单击"插入"选项卡，在"插图"命令组中单击"形状"按钮，在弹出的列表中选择"线条"下的"直线"，在 A1 单元格中从左上角往右下角拖动鼠标绘制直线。

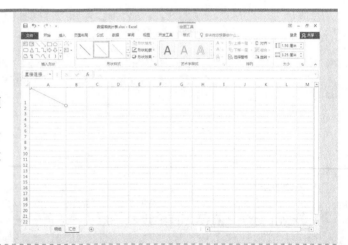

Step 2 插入文本框

① 选中 A1 单元格，单击"插入"选项卡，在"文本"命令组中单击"文本框"→"横排文本框"命令。

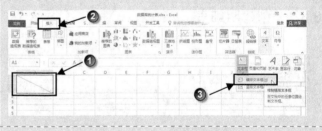

② 在 A1 单元格的右上部分拖动鼠标，绘制一个文本框。在文本框内输入"衬衣号"。

如果想移动文本框，选中文本框，按<↑><↓><←><→>方向键即可。如果想微量移动文本框，选中文本框，按<Ctrl+方向键>组合键即可。

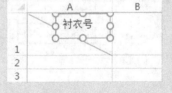

③ 在"绘图工具—格式"选项卡的"形状样式"命令组中单击右下角的"对话框启动器"按钮,打开"设置形状格式"窗格。依次单击"形状选项"选项→"填充与线条"按钮→"填充"选项卡→"无填充"单选钮。再单击"线条"选项卡→"无线条"单选钮。关闭"设置形状格式"窗格。

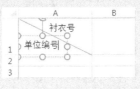

Step 3 复制文本框

① 选中刚刚绘制好的文本框,按 <Ctrl+C>组合键复制,再按<Ctrl+V>组合键粘贴。

② 移动文本框至合适的位置。

③ 修改文本框中的内容为"单位编号"。

Step 4 向右填充序列

① 选中 B1 单元格,输入"38"。

② 选中 B1 单元格,在"开始"选项卡的"编辑"命令组中单击"填充"按钮 □ 右侧的下箭头按钮,在弹出的下拉菜单中选择"序列"命令。

③ 弹出"序列"对话框,在"终止值"文本框中输入"47",其余保持默认值。单击"确定"按钮。

此时,在 B1:K1 单元格区域中填充了序列"38~47"。

Step 5 向下填充序列

① 选中 A2 单元格,输入"10001"。

② 选中 A2 单元格,在"开始"选项卡的"编辑"命令组中,单击"填充"按钮 □ 右侧的下箭头按钮,在弹出的下拉菜单中选择"序列"命令。

③ 弹出"序列"对话框，在"序列产生在"下方单击"列"单选钮，在"终止值"文本框中输入"10020"，其余保持默认值。单击"确定"按钮。

此时，在 A2:A13 单元格区域中填充了序列"10001~10012"。

Step 6 输入公式

① 选中 B2 单元格，输入以下公式，按 <Enter>键确认。

=SUMIFS(明细!$B:$B,明细!$A:$A,$A2,明细!$C:C,B1)

② 选中 B2 单元格，拖曳右下角的填充柄至 K2 单元格。

③ 选中 B2:K2 单元格区域，将鼠标指针放在 K2 单元格的右下角，待鼠标指针变成 ✚ 形状后双击，在 B2:K21 单元格区域中快速复制填充公式。

Step 7 冻结窗格

选中 B2 单元格，切换到"视图"选项卡，在"窗口"命令组中单击"冻结窗格"→"冻结拆分窗格"命令。

Step 8 美化工作表

① 取消零值显示。
② 美化工作表，效果如图所示。

单位编号 衬衣号	38	39	40	41	42	43	44	45	46	47
10001			2		1	2	41			21
10002			1		5		6			
10003					2	1				
10004				2	4	3	2			
10005	2	12	41	21	29	14	7	2		2
10006				1	8	493	1			
10007			7	72	22	62	6	4	1	1
10008		1	4	4	9	5	2	54	1	
10009			2	11	608	11	9	3		
10010			4	11	60	6	4			
10011			1	3	3	7	1			
10012			2		8	4	3			

📖 本例公式说明

以下为 B2 单元格中的公式。

=SUMIFS(明细!$B:$B,明细!$A:$A,$A2,明细!$C:C,B1)

SUMIFS 函数对区域"明细"工作表的 B 列中所有符合以下条件对应的数值求和。判断"明细"工作表 A 列中的值和"汇总"工作表 A2 单元格中的值是否相同，即"单位编号"是否为"10001"；判断"明细"工作表 C 列中的值和"汇总"工作表 B1 单元格中的值是否相同，即"衬衣号"是否为"38"。

如果这两个条件都成立，SUMIFS 函数将对"明细"工作表的 B 列中所有对应的数值求和，并在 B2 单元格中显示求和结果。

读者也可以尝试在 B2 单元格输入如下公式：

```
=SUMPRODUCT((明细!$A$2:$A$351=$A2)*(明细!$C$2:$C$351=D$1)*明细!$B$2:$B$351)
```

公式中"(明细!$A$2:$A$351=$A2)"部分，判断"明细"工作表 A2:A351 单元格区域中的值和"汇总"工作表 A2 单元格中的值是否相同，即"单位编号"是否为"10001"。

公式中"(明细!$C$2:$C$351=D$1)"部分，判断"明细"工作表 C2:C351 单元格区域中的值和"汇总"工作表 D1 单元格中的值是否相同，即"衬衣号"是否为"40"。

使用(明细!$A$2:$A$351=$A2)*(明细!$C$2:$C$351=D$1)判断两个条件是否同时成立，返回由逻辑值 TRUE 和 FLASE 组成的数组；再与 B2:B351 相乘，SUMPRODUCT 函数对乘积求和，并在 D2 单元格中显示求和结果。

3.4　生产进度图表

案例背景

利用条件格式功能，通过设置公式，制作生产进度图表。

关键技术点

要实现本例中的功能，读者应当掌握以下的 Excel 技术点。

● 条件格式的应用

最终效果展示

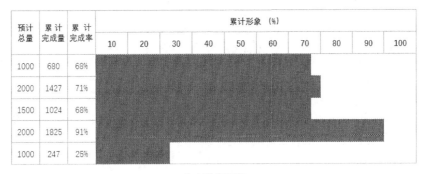

生产进度图表

示例文件

\示例文件\第 3 章\生产进度图表.xlsx

Step

Step 1 计算累计完成率

① 打开工作簿"生产进度图表",选择 C3 单元格,设置"百分比格式",输入以下公式,按<Enter>键确定。

`=B3/A3`

② 选中 C3 单元格,拖曳右下角的填充柄至 C7 单元格。

Step 2 向右填充序列

① 选中 D8 单元格,输入"1"。

② 选中 D8 单元格,在"开始"选项卡的"编辑"命令组中单击"填充"按钮右侧的下箭头按钮,在弹出的下拉菜单中选择"序列"。

③ 弹出"序列"对话框,在"终止值"文本框中输入"100",其余保持默认值。单击"确定"按钮。

此时,在 D8:CY8 单元格区域中填充了序列"1~100"。

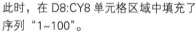

Step 3 设置单元格列宽

在"名称框"中输入"CY8"以选中 CY8 单元格,按<Shift>键的同时选中 D1 单元格,以选中 D1:CY8 单元格区域,单击"开始"选项卡,在"单元格"命令组中依次单击"格式"→"列宽"命令,在弹出的"列宽"对话框中输入"0.46",单击"确定"按钮。

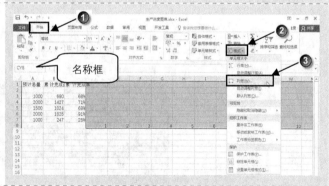

Step 4 输入累计形象

① 选中 D1:CY1 单元格区域,设置"合并后居中",输入"累计形象(%)"。

② 从 D2 单元格开始,向右每 10 个单元格合并,并依次输入 10、20……100。

③ 美化工作表。

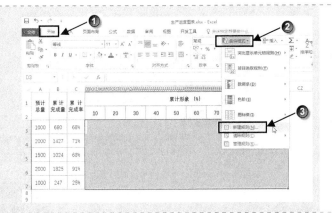

Step 5 设置条件格式

① 选中 D3:CY7 单元格区域，单击"开始"选项卡，在"样式"命令组中依次单击"条件格式"按钮→"新建规则"命令。

② 打开"新建格式规则"对话框后，在"选择规则类型"列表框中选择"使用公式确定要设置格式的单元格"选项，在"编辑规则说明"文本框中输入以下公式："=(COLUMN()–3)<=$C3*100"，单击"格式"按钮。

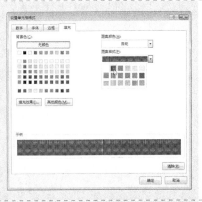

③ 弹出"设置单元格格式"对话框，单击"填充"选项卡，单击"图案样式"下方右侧的下箭头按钮，在弹出的样式面板中选择"75% 灰色"，单击"确定"按钮。

④ 返回"新建格式规则"对话框，单击"确定"按钮。

效果如图所示。

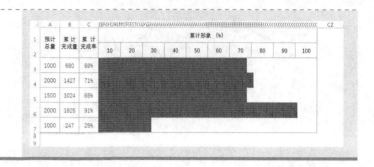

3.5 工程施工进度图

视频：工程施工
进度图

案例背景

制作工程进度甘特图，编制甘特图的数据准备以及绘制方法。

关键技术点

要实现本例中的功能，读者应当掌握以下的 Excel 技术点。

- 函数的应用：DATEDIF 函数
- 绘制甘特图
- 打印图表：页面设置，图表选项相关设置

最终效果展示

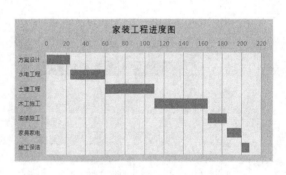

工程施工进度图

示例文件

\示例文件\第 3 章\工程施工进度图.xlsx

3.5.1 创建工程施工进度表

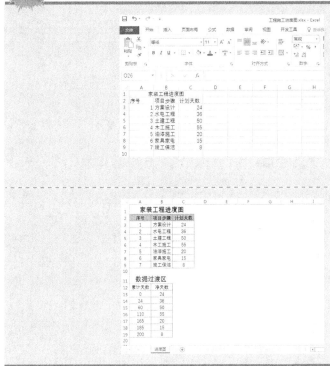

Step 1 新建工作簿

新建一个工作簿，保存并命名为"工程施工进度图"，将"Sheet1"工作表重命名为"进度图"。

Step 2 输入表格标题和数据

在 A1:C9 单元格区域内输入家装工程进度图的数据。

Step 3 输入数据过渡区的数据

① 在 A11:B19 单元格区域内输入数据过渡区的数据。

② 美化工作表，效果如图所示。

3.5.2 绘制甘特图

Excel 没有内置的甘特图图表类型，可以通过堆积条形图创建甘特图。

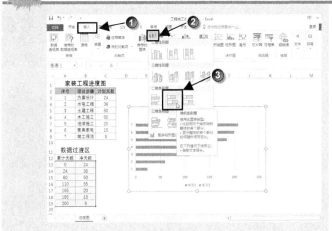

Step 1 插入堆积条形图

选中 A13:B19 单元格区域，单击"插入"选项卡，在"图表"命令组中单击"条形图"，在打开的下拉菜单中选择"二维条形图"下的"堆积条形图"。

Step 2 调整图表位置和大小

① 在图表空白位置按住鼠标左键，将其拖曳至工作表合适位置。

② 将鼠标指针移至图表的右下角，待鼠标指针变成 形状时，向外拖曳鼠标，当图表调整至合适大小时，释放鼠标。

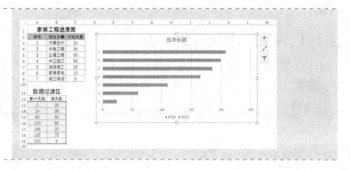

Step 3 修改水平(分类)轴标签

① 单击"图表工具—设计"选项卡，在"数据"命令组中单击"选择数据"按钮。

② 在弹出的"选择数据源"对话框中，在"水平(分类)轴标签"下方单击"编辑"按钮，弹出"轴标签"对话框，选中 B3:B9 单元格区域，单击"确定"按钮。

③ 返回"选择数据源"对话框，单击"确定"按钮。

图表效果如图所示。

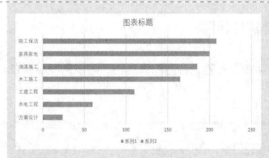

Step 4 编辑图表标题

① 选中图表标题，将图表标题修改为"=进度图!$A$1"。

② 单击"开始"选项卡，设置图表标题的字号和字体颜色，设置加粗。

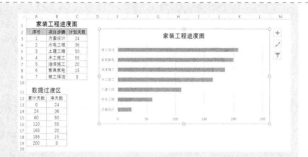

Step 5 删除图例

选中"图例",按<Delete>键删除。

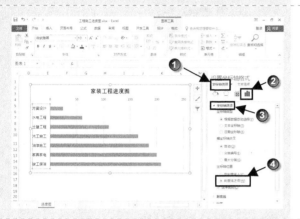

Step 6 设置垂直(类别)轴格式

① 双击"垂直(类别)轴",打开"设置坐标轴格式"窗格。

② 依次单击"坐标轴选项"选项→"坐标轴选项"按钮→"坐标轴选项"选项卡,勾选"逆序类别"复选框。

③ 选中"垂直(类别)轴",设置字体和字号。

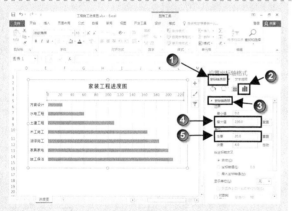

Step 7 设置水平(值)轴格式

① 选中"水平(值)轴",在"设置坐标轴格式"窗格中,依次单击"坐标轴选项"选项→"坐标轴选项"按钮→"坐标轴选项"选项卡,在"边界"下方"最大值"右侧的文本框中输入"220",在"单位"下方"主要"右侧的文本框中输入"20"。

② 选中"水平(类别)轴",设置字体和字号。

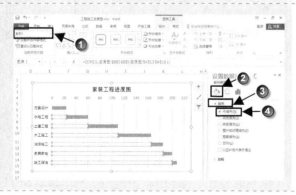

Step 8 设置数据系列格式

① 单击"图表工具—格式"选项卡,然后在"当前所选内容"命令组的"图表元素"下拉列表框中选择"系列 1"选项,此时右侧变为"设置数据系列格式"窗格。

② 依次单击"填充与线条"按钮→"填充"选项卡→"无填充"单选钮。

③ 选中"系列 2"，依次单击"填充与
线条"按钮→"填充"选项卡→"纯
色填充"单选钮，单击"颜色"右侧
的下箭头按钮，在弹出的颜色面板中
选择颜色。

④ 依次单击"系列选项"按钮→"系
列选项"选项卡，在"分类间距"右侧
的文本框中输入"50%"。

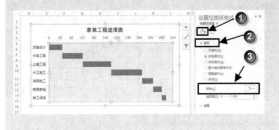

Step 9 设置绘图区格式

选中"绘图区"，在"设置绘图区格式"
窗格中，依次单击"填充与线条"按钮
→"填充"选项卡，单击"颜色"按钮
右侧的下箭头按钮，在弹出的颜色面板
中选择颜色。

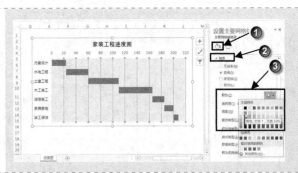

技巧 重设以匹配样式

单击"图表工具—格式"选项卡，在"当前所选内容"命令组的"图表元素"下拉列表框中，选择需要设置的选项，
然后单击"重设以匹配样式"按钮，可以重设该选项的样式。

Step 10 设置网格线格式

选中"网格线"，在"设置主要网格线
格式"窗格中，依次单击"填充与线条"
按钮→"线条"选项卡，单击"颜色"
按钮右侧的下箭头按钮，在打开的颜色
面板中选择"黑色,文字 1,淡色 50%"。

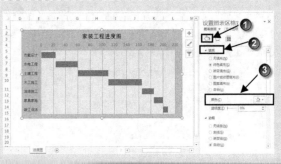

Step 11 设置图表区格式

选中"图表区"，在"设置图表区格式"
窗格中，依次单击"填充与线条"按钮
→"填充"选项卡，单击"颜色"按钮
右侧的下箭头按钮，在弹出的颜色面板
中选择颜色。关闭"设置图表区格式"
窗格。

第 **4** 章　采购成本分析

Excel 2016 高效办公

　　在企业年采购总量不变的前提下，采购次数越多，每批采购数量则越小，使得企业的采购成本上升，但企业的储存成本会随之减小；反之，采购次数少，每批采购量增大，采购成本减低，而储存成本增加。因此需要通过计算分析获得一个最优方案。本章的案例应用 Excel 函数功能，根据采购成本和储存成本两个参数，计算出最佳的采购批次和每批采购数量，并以分析图的形式展示出来。

4.1 采购成本分析表

案例背景

材料成本大小直接关系到企业的生产成本，在材料成本中除采购价格因素外还有一项非常重要的因素，那就是采购成本。采购成本的构成有两项：一是采购环节发生的费用，二是储存材料的费用。单批采购量较大时，年采购次数会降低，这样虽然可以减少年采购成本，但是存储成本则会随之增加，因为企业要安排更大的存储场地和更多的保管人员。单批采购量减小时，存储场地占用会减少，保管人员可以减少，存储成本会降低，但是由于单次采购量减少了，必然使得年采购次数增加，采购成本则随之加大。

因此如何确定采购量和储存量之间的关系是每个企业都应该关注的问题。通过"采购成本分析"可以帮助企业设置科学合理的采购量和采购次数，从而为企业降低采购环节成本提供可靠的依据。

关键技术点

要实现本例中的功能，读者应当掌握以下的 Excel 技术点。

● 函数的应用：MIN 函数、MATCH 函数和 INDEX 函数

最终效果展示

年采购批次	采购数量	平均存储量	存储成本	采购成本	总成本
12	83.33	41.67	166.67	2400.00	2566.67
11	90.91	45.45	181.82	2200.00	2381.82
10	100.00	50.00	200.00	2000.00	2200.00
9	111.11	55.56	222.22	1800.00	2022.22
8	125.00	62.50	250.00	1600.00	1850.00
7	142.86	71.43	285.71	1400.00	1685.71
6	166.67	83.33	333.33	1200.00	1533.33
5	200.00	100.00	400.00	1000.00	1400.00
4	250.00	125.00	500.00	800.00	1300.00
3	333.33	166.67	666.67	600.00	1266.67
2	500.00	250.00	1000.00	400.00	1400.00
1	1000.00	500.00	2000.00	200.00	2200.00

最低采购成本	1,266.67		采购批次	3次/年		采购量	333件/次
年采购量	1000		采购成本	200		单位储存成本	4

采购成本分析

示例文件

\示例文件\第 4 章\采购成本分析图.xlsx

4.1.1　创建数据变化表

本案例首先创建采购成本和储存成本在不同批次下的数据变化表，然后利用公式计算最小成本、采购批次和采购量，接下来添加年采购量、年采购成本和单位存储成本滚动条窗体控件，最后制作存储成本和采购成本的散点图。

案例分析中使用到下面的公式：

采购数量=年采购量/年采购批次

平均存量=采购数量/2

存储成本=平均存量×单位存储成本

采购成本=年采购批次×采购成本

总成本=存储成本+采购成本

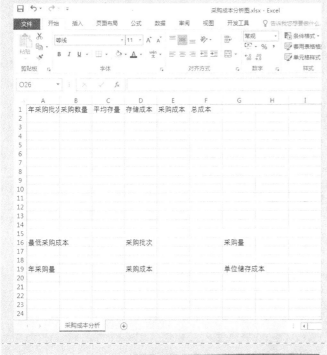

Step 1　输入年采购批次

① 打开工作簿"采购成本分析图"，选中 A2 单元格，输入"12"。

② 单击"开始"选项卡，在"编辑"命令组中依次单击"填充"按钮→"序列"命令。

③ 弹出"序列"对话框，在"序列产生在"区域中单击"列"单选钮。在"步长值"文本框中输入"−1"，在"终止值"文本框中输入"1"。单击"确定"按钮。

此时，A2:A13 单元格区域按照步长值"−1"向下填充了序列，效果如图所示。

Step 2 设置采购数量、平均存量等计算公式

① 选中 B2 单元格，输入以下公式：

=$B$19/A2

② 选中 C2 单元格，输入以下公式：

=B2/2

③ 选中 D2 单元格，输入以下公式：

=C2*$I$19

④ 选中 E2 单元格，输入以下公式：

=A2*$E$19

⑤ 选中 F2 单元格，输入以下公式：

=D2+E2

⑥ 选中 B2:F2 单元格区域，双击 F2 单元格右下角的填充柄，在 B2:F13 单元格区域中快速复制填充公式。

4.1.2 计算最小成本、采购次数和采购量

Step 1 创建最小成本计算公式

选中 B16 单元格，设置单元格格式为"货币"，输入以下公式，按<Enter>键确认。

=MIN(F2:F13)

Step 2 创建采购批次计算公式

选中 E16 单元格,设置自定义格式为"0"
次/年"",输入以下公式,按<Enter>键
确认。

=INDEX(A2:A13,MATCH(B16,F2:F13,0))

Step 3 创建采购量计算公式

选中 I16 单元格,设置自定义格式为"0"
件/次"",输入以下公式,按<Enter>键
确认。

=INDEX(B2:B13,MATCH(B16,F2:F13,0))

关键知识点讲解

1. 函数应用:MIN 函数

☐ 函数用途

返回一组值中的最小值。

☐ 函数语法

MIN(number1,[number2],...)

☐ 参数说明

number1,number2,是要从中查找最小值的 1 到 255 个数字。

☐ 函数说明

● 逻辑值和直接键入到参数列表中代表数字的文本被计算在内。

● 空白单元格、逻辑值或文本将被忽略。

● 如果参数不包含任何数字,则 MIN 函数返回 0。

● 如果参数为错误值或为不能转换为数字的文本,将会导致错误。

□ **函数简单示例**

	A
1	数据
2	20
3	18
4	11
5	16
6	1

示例	公式	说明	结果
1	=MIN(A2:A6)	A2:A6 单元格区域中的最小值	1
2	=MIN(A2:A6,0)	A2:A6 单元格区域中的数值和 0 中的最小值	0

B16 单元格中的最小成本为：

```
=MIN(F2:F13)
```

函数返回 F2:F13 单元格区域中的最小值，即取得最低成本值。

2. 函数应用：MATCH 函数

□ **函数用途**

MATCH 函数可在单行或单列的区域中搜索指定项，然后返回该项在区域中的相对位置。

视频：MATCH 和
INDEX 函数

□ **函数语法**

MATCH(lookup_value,lookup_array,[match_type])

□ **参数说明**

第一参数是需要在数据表中查找的值。

第二参数是可能包含所要查找的数值的一行或是一列的单元格区域。

第三参数为数字–1、0 或 1，用于指明匹配方式。

● 如果为 1，MATCH 函数查找小于或等于查找值的最大值，并且要求第二参数必须按升序排列。

● 如果为 0，MATCH 函数返回查找值在查找区域中首次出现的位置，第二参数可以按任意顺序排列。

● 如果为–1，MATCH 函数查找大于或等于查找值的最小值，并且要求第二参数必须按降序排列。

● 如果省略该参数，则假设为 1。

□ **函数说明**

● MATCH 函数返回 lookup_array 中目标值的位置，而不是数值本身。

● 查找文本值时，函数 MATCH 不区分大小写字母。

● 如果 MATCH 函数找不到查询值，则返回错误值#N/A。

● 如果第三参数为 0，并且查找值为文本，可以在第一参数中使用通配符问号（？）和星号（*）。问号匹配任意单个字符；星号匹配任意一串字符。

☐ **函数简单示例**

	A	B
1	Product	Count
2	Apples	25
3	Oranges	87
4	Bananas	98
5	Pears	126

示例	公式	说明	结果
1	=MATCH(35,B2:B5,1)	使用近似匹配方式，B2:B5 是升序排序，最终返回数据区域 B2:B5 中小于 35 的最大值，即 25 的位置	1
2	=MATCH(98,B2:B5,0)	数据区域 B2:B5 中 98 的位置	3
3	=MATCH(40,B2:B5,-1)	使用近似匹配方式，但 B2:B5 不是按降序排列，所以返回错误值	#N/A

3. 函数应用：INDEX 函数

☐ **函数用途**

根据指定的行列位置信息，返回表格或区域中行列交叉位置的值。

☐ **常用函数语法**

INDEX(reference,row_num,[column_num],[area_num])

☐ **参数说明**

第一参数表示对一个单元格区域的引用。如果引用中的每个区域只包含一行或一列，则相应的参数 row_num 或 column_num 参数分别为可选项。例如，对于单行的引用，可以使用函数 INDEX(reference,column_num)。

第二参数表示引用中某行的行号。第三参数表示引用中某列的列标。

第四参数是可选参数。如果第一参数选择的是不连续的多个单元格区域，该参数用于指定使用哪个区域，但这种用法在实际工作中比较少见。

示例一：

	A	B
1	数据	数据
2	苹果	柠檬
3	香蕉	梨

示例	公式	说明	结果
1	=INDEX(A2:B3,2,2)	返回区域中第二行和第二列交叉处的数值	梨
2	=INDEX(A2:B3,2,1)	返回区域中第二行和第一列交叉处的数值	香蕉

示例二：

示例	公式	说明	结果
1	=INDEX(A1:A3,3)	返回 A1:A3 单元格区域中，第三个元素的内容	香蕉

☐ **本例公式说明**

以下为 E16 单元格的采购批次公式。

```
=INDEX(A2:A13,MATCH(B16,F2:F13,0))
```

公式中应用了 MATCH 函数，其各参数值指定函数在 F2:F13 单元格区域中查询 B16 单元格中的最低采购成本，返回查找到的总成本的相对行号。

MATCH 和 INDEX 函数经常一起使用，INDEX 函数利用 MATCH 函数查找到的相对行号，返回 A2:A13 单元格区域中的相应值。

以下为 I16 单元格的采购量公式。

```
=INDEX(B2:B13,MATCH(B16,F2:F13,0))
```

公式中的 MATCH(B16,F2:F13,0)部分，在 F2:F13 单元格区域中查询 B16 单元格中的最低采购成本，返回查找到的总成本的相对行号，然后用此值作为 INDEX 函数的第 2 个参数，返回 B2:B13 单元格区域中的相应值。

扩展知识点讲解

函数应用：MAX 函数

函数用途

返回一组值中的最大值，用法与 MIN 函数相同。

函数简单示例

示例	公式	说明	结果
1	=MAX(A2:A6)	上面一组数字中的最大值	20
2	=MAX(A2:A6,30)	上面一组数字和 30 中的最大值	30

4.1.3 添加滚动条窗体控件

Step 1 添加年采购量的滚动条窗体控件

① 单击"开发工具"选项卡，在"控件"命令组中依次单击"插入"按钮→"表单控件"→"滚动条（窗体控件）"命令。

② 在 A21:B21 单元格区域位置拖动，画出第 1 个滚动条。

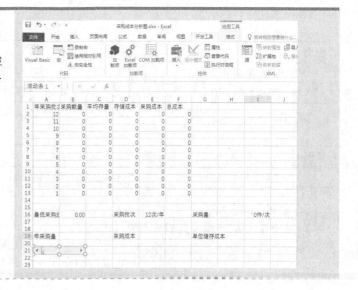

Step 2 设置年采购量滚动条控件格式

① 右键单击第 1 个滚动条，在弹出的快捷菜单中选择"设置控件格式"，弹出"设置控件格式"对话框，单击"控制"选项卡。

② 在"最小值"文本框中输入"1000"，在"最大值"文本框中输入"3000"，在"步长"文本框中输入"200"。

③ 在"单元格链接"右侧的文本框中单击一下，再从工作表中选择 B19 单元格。

④ 单击"确定"按钮，完成第 1 个滚动条格式的设定。

Step 3 添加和设置年采购成本的滚动条窗体控件

① 参阅 Step 1，在 D21:E21 单元格区域的位置绘制第 2 个滚动条。

② 在"开发工具"选项卡的"控件"命令组中单击"属性"按钮，弹出"设置控件格式"对话框，单击"控制"选项卡。

③ 在"最小值"文本框中输入"200"，在"最大值"文本框中输入"600"，在"步长"文本框中输入"100"。

④ 在"单元格链接"右侧的文本框中输入"$E$19"。

⑤ 单击"确定"按钮，完成第 2 个滚动条的创建和格式的设定。

Step 4 添加和设置单位存储成本的滚动条窗体控件

① 参阅 Step 1，在 G21:I21 单元格区域的位置绘制第 3 个滚动条窗体控件。

② 在"开发工具"选项卡的"控件"命令组中单击"属性"按钮，弹出"设置控件格式"对话框，单击"控制"选项卡。

③ 在"最小值"文本框中输入"4"，在"最大值"文本框中输入"12"。

④ 在"单元格链接"右侧的文本框中输入"$E$19"。

⑤ 单击"确定"按钮，完成第 3 个滚动条的创建和格式的设定。

Step 5 设置单元格格式

选中 B2:F13 单元格区域，在"开始"选项卡的"数字"命令组中单击"数字格式"右侧的下箭头按钮，在弹出的下拉菜单中选择"数字"。

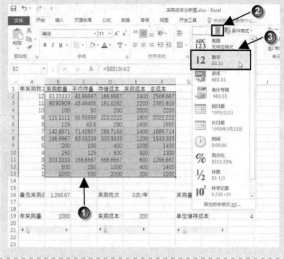

Step 6 美化工作表

美化工作表，效果如图所示。

4.1.4 绘制和编辑折线图

Step 1 插入折线图

选中 D1:E13 单元格区域，单击"插入"选项卡，并单击"图表"命令组中的"折线图"按钮，在打开的下拉菜单中选择"二维折线图"下的"带数据标记的折线图"命令。

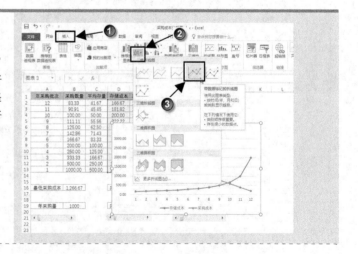

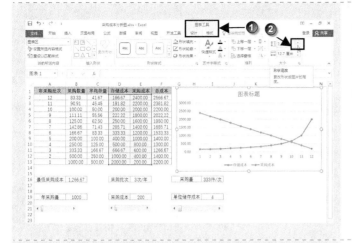

Step 2 调整图表位置和大小

① 在图表空白位置按住鼠标左键，将其拖曳至工作表合适位置。

② 单击"图表工具—格式"选项卡，在"大小"命令组中单击"形状高度"右侧的下箭头，调节图表的高度。

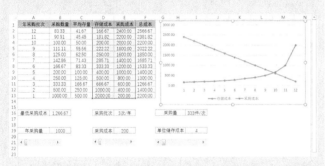

Step 3 删除图表标题

选中图表标题，按<Delete>键删除。

Step 4 修改水平(分类)轴标签

① 单击"图表工具—设计"选项卡，在"数据"命令组中单击"选择数据"按钮。

② 在弹出的"选择数据源"对话框中，在"水平(分类)轴标签"下方单击"编辑"按钮，弹出"轴标签"对话框，选中 A2:A13 单元格区域，单击"确定"按钮。

③ 返回"选择数据源"对话框，单击"确定"按钮。

修改完系列名称和水平（分类）轴标签的效果如图所示。

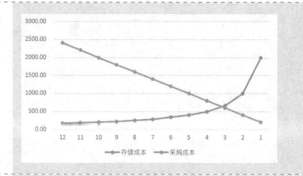

Step 5 设置垂直(值)轴格式

① 双击"垂直(值)轴"，打开"设置坐标轴格式"窗格。

② 依次单击"坐标轴选项"选项→"填充与线条"按钮→"线条"选项卡→"实线"单选钮。

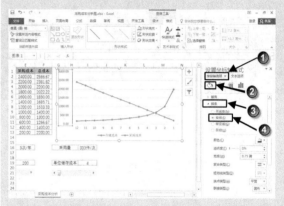

Step 6 设置水平(类别)轴格式

① 选中"水平(类别)轴"，依次单击"坐标轴选项"选项→"填充与线条"按钮→"线条"选项卡→"实线"单选钮。

② 依次单击"坐标轴选项"选项→"坐标轴选项"按钮→"刻度线"选项卡。单击"主要类型"右侧的下箭头按钮，在弹出的下拉菜单中选择"内部"。

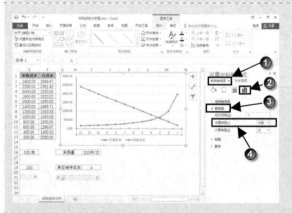

Step 7 插入文本框

① 选中 A1 单元格，单击"插入"选项卡，在"文本"命令组中单击"文本框"按钮。

② 拖动鼠标绘制"文本框 1"，在文本框中输入"金额"。

③ 选中文本框，在"开始"选项卡的"字体"命令组中单击"减小字号"按钮。

④ 用同样的方法绘制"文本框 2"，在文本框中输入"批次"，并设置文本框的字号。

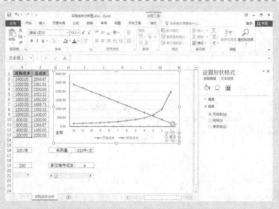

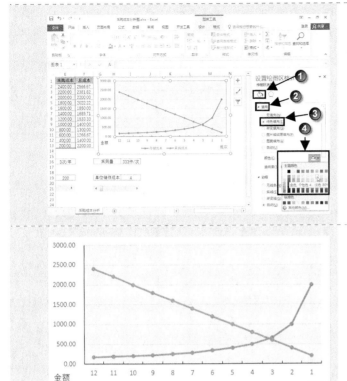

Step 8 设置绘图区格式

选中"绘图区",在"设置绘图区格式"窗格中,依次单击"填充与线条"按钮→"填充"选项卡→"纯色填充"单选钮,然后单击"颜色"右侧的下箭头按钮,在弹出的颜色面板中选择"金色,个性色 4,淡色 80%"。关闭"设置绘图区格式"窗格。

设置完毕的效果如图所示。

4.1.5 采购成本变动分析

在添加完"年采购量""采购成本"和"单位存储成本"滚动条,并且绘制完"存储成本"和"采购成本"折线图之后,接下来可以分析"年采购量""采购成本""单位存储成本"和"最低采购成本""采购批次""采购量"之间的动态变化关系。

Step

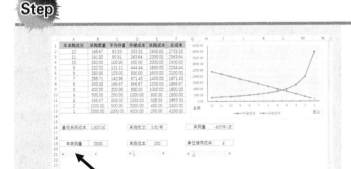

Step 1 采购量的变动影响分析

① 单击"年采购量"下方的滚动条,鼠标指针变成🖑形状,按住鼠标左键不放向右移动增大"年采购量","存储成本"增大而"采购成本"不变,因此折线图上的"存储成本"线发生变动而"采购成本线"保持不变。

② "存储成本"增大因而"总成本"增加,此时 B16、E16 和 I16 单元格中的"最低采购成本""采购批次"和"采购量"也会相应增大。

Step 2 采购成本的变动影响分析

① 单击采购成本下方的滚动条，鼠标指针变成 🖑 形状，按住鼠标左键不放向右移动增大"采购成本"，"采购成本"增大而"存储成本"不变，因此折线图上的"采购成本"线发生变动而"存储成本"线保持不变。

② "采购成本"增大因而"总成本"增加，此时 B16 和 I16 单元格中的"最低采购成本"和"采购量"也会相应增大，而 E16 单元格中的"采购批次"则会减小。

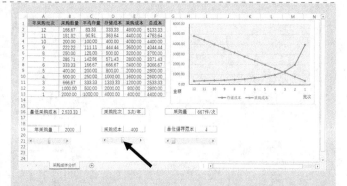

Step 3 存储成本的变动影响分析

① 单击"单位储存成本"下方的滚动条，鼠标指针变成 🖑 形状，按住鼠标左键不放向右移动增大"单位存储成本"，"采购成本"不变，因此折线图上的"存储成本"线发生变动而"采购成本"线则保持不变。

② "存储成本"增大因而"总成本"增加，此时 B16 单元格中的"最低采购成本"和 E16 单元格中的"采购批次"会相应增大，而 I16 单元格中"采购量"则会减小。

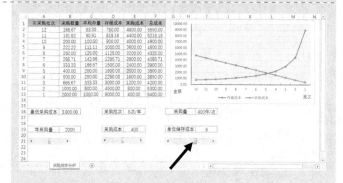

4.2 运用下拉列表输入内容

案例背景

在 Excel 表中输入数据时，通常希望在已有的列表中选择输入，这样既可以保证输入的准确性，又可以实现快速录入。Excel 的数据验证功能可以实现这个目的。

某企业在编辑人员登记表时，利用数据验证的序列功能来选择输入每个人员所对应的部门。

关键技术点

要实现本例中的功能，读者应当掌握以下的 Excel 技术点。

- 定义名称的方法
- 函数的应用：OFFSET 函数
- 动态引用数据源法创建下拉列表

最终效果展示

数据验证之选择内容

示例文件

\示例文件\第 4 章\数据验证之选择内容.xlsx

视频：创建下拉列表

4.2.1 单元格引用法创建下拉列表

本案例首先使用单元格引用法创建下拉列表，然后使用定义名称法创建下拉列表，接着使用动态引用数据源法创建下拉列表，最后使用直接输入法创建下拉列表。

Step 1 输入下拉列表辅助区内容

打开工作簿"数据验证之选择内容"，可以看到工作表中已经包含表格标题和内容。

在 F1:F6 单元格区域中输入下拉列表辅助区内容。

Step 2 创建下拉列表

① 选中 B3:B8 单元格区域，单击"数据"选项卡，然后单击"数据工具"命令组中的"数据验证"按钮🖎，弹出"数据验证"对话框。

② 单击"设置"选项卡，在"允许"下拉列表中选中"序列"，单击"来源"右侧的按钮🖾，弹出"数据验证"对话框。

③ 在工作表中选中 F1:F6 单元格区域，单击右上角的"关闭"按钮🗙。

④ 返回"数据验证"对话框，单击"确定"按钮。

Step 3 输入对应的部门

单击 B3 单元格，单元格右侧出现一个下拉按钮 ▼。

单击下拉按钮，在弹出的下拉列表框中选择 C2 单元格中人员所对应的部门。

采用相同的方法，可以在 B3:B8 单元格区域中选择每个人员所对应的部门。

Step 4 美化工作表

美化工作表，效果如图所示。

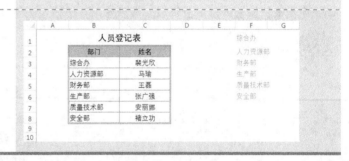

4.2.2 跨表定义名称法创建下拉列表

Step 1 输入表格标题和内容

插入一个新的工作表，重命名为"跨表定义名称法"，设置工作表标签颜色为"黄色"。选中 B1:C1 单元格区域，设置"合并后居中"，输入标题。在 B2:C2 单元格区域中输入各字段名称。在 C3:C8 单元格区域中输入内容。

Step 2 定义单元格名称

切换到"单元格引用法"工作表，选中 F1:F6 单元格区域，在"名称框"中输入"部门"，按<Enter>键确定，定义 F1:F6 单元格区域的名称为"部门"。

Step 3 创建下拉列表

① 切换到"跨表定义名称法"工作表，选中 B3:B8 单元格区域。切换到"数据"选项卡，然后单击"数据工具"命令组中的"数据验证"按钮，弹出"数据验证"对话框。

② 单击"设置"选项卡，在"允许"下拉列表中选择"序列"，在"来源"文本框中输入"=部门"。单击"确定"按钮，完成下拉列表的创建。

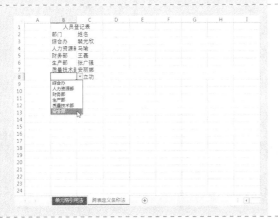

在"跨表定义名称法"工作表的 B3:B8 单元格区域中，单击任意一个单元格后，其右侧都会显示一个下拉箭头，点击后会显示下拉列表，从中可以选择每个人员所对应的部门。

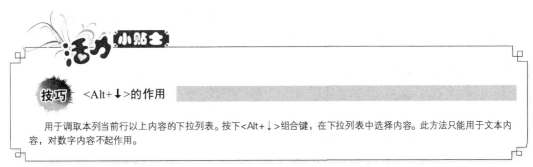

技巧 <Alt+↓>的作用

　　用于调取本列当前行以上内容的下拉列表。按下<Alt+↓>组合键，在下拉列表中选择内容。此方法只能用于文本内容，对数字内容不起作用。

Step 4 美化工作表

美化工作表，效果如图所示。

关键知识点讲解

1. 定义名称的方法

● 使用"定义名称"对话框创建名称

如果要创建一个单元格或者单元格区域的名称，首先应该选中需要命名的单元格或者单元格区域，切换到"公式"选项卡，在"定义的名称"命令组中单击"定义名称"按钮，弹出"新建名称"对话框。另外，也可以按<Ctrl+F3>组合键，弹出"名称管理器"对话框，在"名称"文本框中输入名称或者使用 Excel 建议的名称。"引用位置"文本框中显示单元格或者单元格区域的名称，确认引用位置正确后，单击"确定"按钮，名称会自动添加到选中的单元格或者单元格区域。

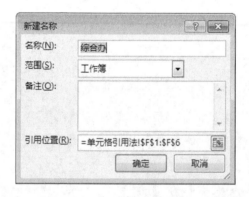

● 使用名称框创建名称

使用名称框创建名称是最为快捷的方法。名称框是编辑栏左侧的下拉框。首先选择需要命名的单元格或者单元格区域，然后单击名称框输入名称，按<Enter>键确认。

2. 定义名称的作用

● 定义名称可以增强公式的可读性。
● 当输入公式时，描述性的范围名比单元格地址更容易记忆。
● 使用已经命名的单元格创建公式会更容易一些。

4.2.3　动态引用数据源法创建下拉列表

Step 1　输入表格标题和内容

① 插入一个新的工作表，重命名为"动态引用数据源法"，设置工作表标签颜色为蓝色。

② 在 A1:C8 单元格区域输入原始数据。

Step 2　定义单元格名称

① 单击"公式"选项卡，在"定义的名称"命令组中单击"定义名称"按钮，弹出"新建名称"对话框。

② 在"名称"右侧的文本框中输入要定义的名称"bumen"。

③ 在"引用位置"右侧的文本框中输入以下公式，单击"确定"按钮。

=OFFSET(单元格引用法!$F$1,,,COUNTA(单元格引用法!$F:$F))

Step 3　创建下拉列表

① 选中 B3:B8 单元格区域，切换到"数据"选项卡，单击"数据工具"命令组中的"数据验证"按钮，弹出"数据验证"对话框。

② 单击"设置"选项卡，在"允许"下拉列表中选择"序列"，在"来源"文本框中输入"=bumen"。单击"确定"按钮，完成下拉列表的创建。

在"跨表定义名称法"工作表的B3:B8
单元格区域中，单击任意一个单元格
后，其右侧都会显示一个下拉箭头，点
击后会显示下拉列表，从中可以选择每
个人员所对应的部门。

Step 4 美化工作表

美化工作表，效果如图所示。

Step 5 添加部门

切换到"单元格引用法"工作表，在F7
单元格输入"售后服务部"，再切换到
"动态引用数据源法"工作表，单击B8
单元格右侧的下箭头按钮，在弹出的列
表中可以看到动态地增加了部门名称。

关键知识点讲解

函数应用：OFFSET 函数

☐ 函数用途

以指定的引用为参照系，通过给定偏移量得到新的引用。返回的引用可
以为一个单元格或单元格区域。并可以指定返回的行数或列数。

视频：OFFSET 函数

☐ 函数语法

OFFSET(reference,rows,cols,[height],[width])

☐ 参数说明

第一参数 reference 是必需参数，作为偏移量参照的起始引用区域。该参数必须为对单元格或
相连单元格区域的引用，否则 OFFSET 函数返回错误值#VALUE!。

第二参数 rows 是必需参数，相对于偏移量参照系的左上角单元格，向上或向下偏移的行数。

行数为正数时，代表在起始引用的下方；行数为负数时，代表在起始引用的上方。如省略必须用半角逗号占位，缺省值为 0（即不偏移）。

第三参数 cols 是必需参数，相对于偏移量参照系的左上角单元格，向左或向右偏移的列数。列数为正数时，代表在起始引用的右边；列数为负数时，代表在起始引用的左边。如省略必须用半角逗号占位，缺省值为 0（即不偏移）。

第四参数 height 是可选参数，要返回的引用区域的行数。

第五参数 width 是可选参数，要返回的引用区域的列数。

函数说明

● 如果 rows 和 cols 的偏移使引用超出工作表边缘，则 OFFSET 函数返回错误值#REF!。

● 如果省略 height 或 width，则假设其高度或宽度与 reference 相同。

● OFFSET 函数实际上并不移动任何单元格或更改选定区域，它只是返回一个引用。OFFSET 函数可以与任何期待引用参数的函数一起使用。例如，公式 SUM(OFFSET(C2,1,2,3,1))将计算以 C2 单元格为基点，向下偏移 1 行，向右偏移两列的 3 行 1 列区域（即 E3:E5 单元格区域）的总值。

函数简单示例

	A	B	C	D	E	F
1	1	8	7	9	6	5
2	2	6	4	1	8	4
3	45	4	21	31	3	7
4	5	7	44	74	4	21
5	3	2	5	65	6	26

示例	公式	说明	结果
1	=OFFSET(C3,2,3,1,1)	显示单元格 F5 中的值	26
2	=SUM(OFFSET(C3:E5,-1,0,3,3))	对数据区域 C2:E4 求和	190
3	=OFFSET(C3:E5,0,-3,3,3)	以 C3:E5 为基点，向左偏移 3 列，新的引用区域超出工作表边缘	#REF!

本例公式说明

本例中定义名称 bumen 的公式为：

`=OFFSET(单元格引用法!$F$1,,,COUNTA(单元格引用法!$F:$F))`

分步计算，先计算后半段的 COUNTA 函数：

`COUNTA(单元格引用法!$F:$F)`

此函数返回的是"单元格引用法"表中数据记录个数，它是生成动态区域的关键，每增加一条记录，COUNTA()的结果会自动增加 1，数据区的范围也随之增加一行。COUNTA 函数是用来统计引用区域内不为空的个数。COUNTA 函数内的参数：

`单元格引用法!$F:$F`

是指数据库记录有可能出现的范围，如果记录数比较多，运行的速度会减慢，所以应该根据需要进行设置，尽量缩小范围。

公式可以简化为：

`=OFFSET(单元格引用法!$F$1,,,7)`

因为 rows 和 cols 为 0，并且省略 width，则其宽度与 reference 相同，为 1。所以根据定义，此 OFFSET 函数最后计算的结果为"单元格引用法"工作表的 F1 单元格向下偏移 0 行、向右偏移 0 列，行数为 7、列数为 1 的单元格区域，即 F1:F7 单元格区域。

4.2.4 直接输入法创建下拉列表

Step 1 输入表格标题和内容

① 插入一个新的工作表，重命名为"直接输入法"，设置工作表标签颜色为绿色。

② 在 B1:C8 单元格区域输入原始数据。

Step 2 创建下拉列表

① 选中 B3:B8 单元格区域，切换到"数据"选项卡，单击"数据工具"命令组中的"数据验证"按钮，弹出"数据验证"对话框。

② 单击"设置"选项卡，在"允许"下拉列表中选择"序列"，在"来源"文本框中输入"综合办,人力资源部,财务部,生产部,质量技术部,安全部"。单击"确定"按钮，完成下拉列表的创建。

在"来源"文本框中输入具体内容时，各具体内容之间应用半角逗号隔开，否则不会出现所需要的下拉列表。

和使用前面两种方法创建的下拉列表一样，在"直接输入法"工作表的 B3:B8单元格区域中，单击任意一个单元格后，其右侧都会显示一个下拉箭头，单击后会显示下拉列表，从中可以选择每个人员所对应的部门。

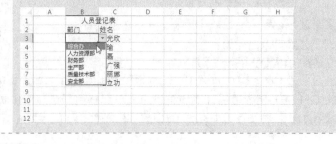

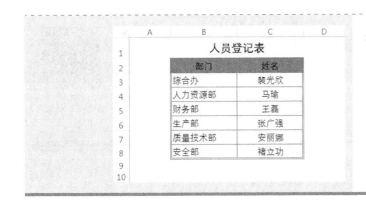

Step 3 美化工作表

美化工作表，效果如图所示。

4.3 限制输入字符串长度和数值大小的设置

案例背景

Excel 表格的制作者和使用者往往不是同一个人，为了使使用者在输入数据时能够在一定的数据范围内录入，就需要进行相应的设置。数据验证功能不仅可以限制数据的大小，而且可以限制字符的长度。例如在输入编号时可以设置长度限制，这样既可以帮助使用者正确地录入，同时也能预防误操作。

关键技术点

要实现本例中的功能，读者应当掌握以下的 Excel 技术点。
● 函数的应用：COUNTIF 函数

最终效果展示

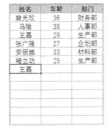

长度及大小设置　　　　　　　　　　　　　限制录入重复内容

示例文件

\示例文件\第 4 章\数据验证之限制输入.xlsx

4.3.1　数据验证限制输入文本长度的设置

视频：限制输入

Step 1　创建工作簿

新建一个工作簿，保存并命名为"数据验证之限制输入"，将"Sheet1"工作表重命名为"长度及大小设置"，设置工作表标签颜色为黄色。

Step 2　输入表格字段标题

在 B2:D2 单元格区域中输入表格字段标题。

Step 3　设置工号文本的单元格格式

① 选中 B3:B15 单元格区域，按<Ctrl+1>组合键，弹出"设置单元格格式"对话框，单击"数字"选项卡。

② 在"分类"列表框中选择"文本"，单击"确定"按钮。

Step 4　设置工号文本长度

① 选中 B3:B15 单元格区域，单击"数据"选项卡，单击"数据工具"命令组中的"数据验证"按钮，弹出"数据验证"对话框。

② 单击"设置"选项卡，在"允许"下拉列表中选择"文本长度"，在"数据"下拉列表中选择"等于"，在"长度"文本框中输入"5"。

③ 切换到"出错警告"选项卡，在"标题"文本框中输入"工号长度提示"，在"错误信息"文本框中输入"请输入 5 位工号数!"。

单击"确定"按钮，完成工号文本长度限制输入的设定。

④ 在 B3:B6 单元格区域中依次输入 4 个 5 位数的工号，Excel 不会弹出出错信息。

在 B7 单元格中输入一个 6 位数工号"020005"，按<Enter>键后显示出错信息对话框，拒绝用户录入。

Step 5 设置出勤天数的范围

① 选中 D3:D15 单元格区域，单击"数据"选项卡，单击"数据工具"命令组中的"数据验证"按钮，弹出"数据验证"对话框。

② 单击"设置"选项卡，在"允许"下拉列表中选择"整数"，在"数据"下拉列表中选择"介于"，在"最小值"文本框中输入"1"，在"最大值"文本框中输入"31"。

③ 切换到"出错警告"选项卡，在"标题"文本框中输入"出勤天数提示"，在"错误信息"文本框中输入"请输入 1~31 范围内的数据!"。

单击"确定"按钮，完成出勤天数数据范围的设定。

在 D3:D6 单元格区域中依次输入 1~31 之间的数值，Excel 不会显示出错信息。

在 D7 单元格中输入 "35"，按<Enter> 键后显示出错信息对话框，拒绝用户录入。

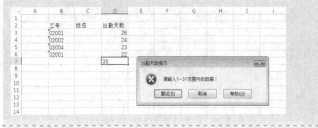

Step 6 输入其他数据

① 在 C3:C6 单元格区域中输入姓名。
② 美化工作表。

4.3.2 数据验证限制输入重复内容

Step 1 输入表格字段标题

插入一个新的工作表，重命名为 "限制录入重复内容"，设置工作表标签颜色为绿色。在 B2:D2 单元格区域中输入表格字段标题。

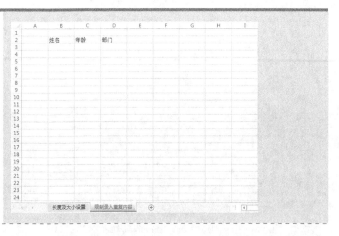

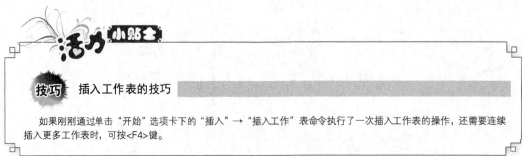

技巧　插入工作表的技巧

　如果刚刚通过单击 "开始" 选项卡下的 "插入" → "插入工作" 表命令执行了一次插入工作表的操作，还需要连续插入更多工作表时，可按<F4>键。

Step 2 设置限制重复内容输入

① 选中 B3:B15 单元格区域，切换到"数据"选项卡，然后单击"数据工具"命令组中的"数据验证"按钮，弹出"数据验证"对话框。

② 单击"设置"选项卡，在"允许"下拉列表中选择"自定义"，在"公式"文本框中输入" =COUNTIF($B$3:$B$15,B3)=1"。

③ 切换到"出错警告"选项卡。在"标题"文本框中输入"姓名提示"，在"错误信息"文本框中输入"禁止录入重复姓名！"。

单击"确定"按钮，完成限制重复内容输入的设定。

在 B3:B8 单元格区域中依次输入几位人员的姓名，此时没有重复姓名，不会显示出错信息。

在 B9 单元格中输入和 B5 单元格相同的姓名，按<Enter>键后显示出错信息对话框，拒绝用户录入。

Step 3 输入其他数据

① 在 C3:D8 单元格区域中输入相应信息。

② 美化工作表。

4.4　自动计算出库单加权平均单价

案例背景

加权平均就是把原始数据按照合理的比例来计算。加权平均资本成本，是指企业以各种资本在企业全部资本中所占的比重为权数，对各种长期资金的资本成本加权平均计算出来的资本总成本。加权平均资本成本可用来确定具有平均风险投资项目所要求收益率。

关键技术点

要实现本例中的功能，读者应当掌握以下的 Excel 技术点。

● 函数的应用：SUMIF 函数

最终效果展示

购入清单

日期	数量	单价	合计
2017/5/16	110	1.60	176.00
2017/5/17	120	1.40	168.00
2017/5/19	120	1.10	132.00
2017/5/21	130	1.40	182.00
2017/5/23	180	1.50	270.00
2017/7/5	220	1.30	286.00
2017/8/21	120	1.20	144.00
2017/8/22	150	1.60	240.00

销售清单

日期	数量	可出数量	单价	合计
2017/5/18	100	230	1.50	149.57
2017/5/25	350	560	1.39	486.52
2017/7/6	220	430	1.34	295.68
2017/8/23	400	480	1.39	555.20

示例文件

\示例文件\第 4 章\自动计算出库单加权平均单价.xlsx

Step 1　计算合计

① 打开工作簿"自动计算出库单加权平均单价"，选中 D3 单元格，输入以下公式，按<Enter>键确认。

`=B3*C3`

② 选中 D3 单元格，双击右下角的填充柄，在 D3:D10 单元格区域中快速复制填充公式。

Step 2 输入销售日期和数量

① 选中 F3:F6 单元格区域，设置单元格格式为"日期"下的"2012/3/14"，然后输入日期。

② 在 G3:G6 单元格区域中输入数量。

Step 3 计算可出数量

① 选中 H3:H6 单元格区域，设置单元格格式为"数值"，"小数位数"为"0"。

② 选中 H3 单元格，输入以下公式，按<Enter>键确认。

`=SUMIF(A$3:A$10,"<="&F3,B$3:B$10)-SUM(G$2:G2)`

③ 选中 H3 单元格，拖曳右下角的填充柄至 H6 单元格。

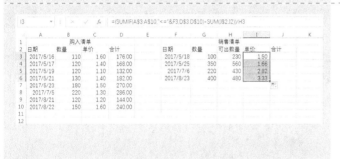

Step 4 计算单价

① 选中 I3:J6 单元格区域，设置单元格格式为"数值"，"小数位数"为"2"。

② 选中 I3 单元格，输入以下公式。

`=(SUMIF(A$3:A$10,"<="&F3,D$3:D$10)-SUM(J$2:J2))/H3`

③ 选中 I3 单元格，拖曳右下角的填充柄至 I6 单元格，当 J3:J6 单元格输入公式后即可返回正确结果。

Step 5 计算合计

① 选中 J3 单元格，输入以下公式，按<Enter>键确认。

`=G3*I3`

② 选中 J3 单元格，双击右下角的填充柄，在 J3:J6 单元格区域中快速复制填充公式。

Step 6 美化工作表

美化工作表，效果如图所示。

日期	数量	单价	合计		日期	数量	可出数量	单价	合计
		购入清单					销售清单		
2017/5/16	110	1.60	176.00		2017/5/18	100	230	1.50	149.57
2017/5/17	120	1.40	168.00		2017/5/25	350	560	1.39	486.52
2017/5/19	120	1.10	132.00		2017/7/6	220	430	1.34	295.68
2017/5/21	130	1.40	182.00		2017/8/23	400	480	1.39	555.20
2017/5/23	180	1.50	270.00						
2017/7/5	220	1.30	286.00						
2017/8/21	120	1.20	144.00						
2017/8/22	150	1.60	240.00						

关键知识点讲解

函数应用：SUMIF 函数

📖 **函数用途**

按给定条件对指定单元格求和。

📖 **函数语法**

SUMIF(range,criteria,[sum_range])

📖 **参数说明**

第一参数表示根据条件计算的单元格区域，空值和文本值将被忽略。

第二参数表示确定求和计算的条件，其形式可以为数字、表达式或文本。例如，条件可以表示为 32、"32"、">32"或"apples"。

第三参数表示要相加的实际单元格区域。如果省略第三参数，则当区域中的单元格符合条件时，它们既按条件计算，也执行相加。

📖 **函数说明**

● 在条件中可以使用通配符问号（？）和星号（＊）。问号匹配任意单个字符；星号匹配任意一串字符。如果要查找实际的问号或星号，则在该字符前键入波形符（～）。

● SUMIFS 和 SUMIF 函数的参数顺序有所不同。具体而言，求和区域在 SUMIFS 中是第一个参数，而在 SUMIF 中却是第三个参数。

📖 **函数简单示例**

	A	B
1	交易量	佣金
2	10,000	6,000
3	20,000	12,000
4	30,000	18,000
5	40,000	24,000

示例	公式	说明	结果
1	=SUMIF(A2:A5,">16000",B2:B5)	A 列交易量高于 16 000，对应的 B 列佣金之和	54,000
2	=SUMIF(A2:A5,">16000")	因为省略 sum_range，则当 A2:A5 单元格区域符合条件时，执行相加，即对 A3:A5 单元格区域大于 16 000 的数值求和	90,000
3	=SUMIF(A2:A5,"30000",B2:B3)	A 列交易量等于 30 000，对应的 B 列佣金之和	18,000

📖 **本例公式说明**

以下为 H4 单元格"可出数量"公式。

```
=SUMIF(A$3:A$10,"<="&F4,B$3:B$10)-SUM(G$2:G3)
```

SUMIF(A$3:A$10,"<="&F4,B$3:B$10)公式的前两个参数，判断 A3:A10 单元格区域的值是否小于等于 F4 单元格的值，如果是，则对 B3:B10 单元格区域中相应的值求和。

SUM(G$2:G3)公式是对 G$2:G3 单元格区域中的数量求和，随着公式的向下复制，求和范围会不断扩展。

SUMIF(A$3:A$10,"<="&F4,B$3:B$10)函数的值，减去 SUM(G$2:G3)函数的值，即为"可出数量"的值。

第 **5** 章　成本分析

Excel 2016 高效办公

　　本章主要讲述了成本分析中几个常用表的制作方法和作用。本量利分析要求将企业成本划分为变动成本和固定成本，而在企业的各种成本项目中有许多项目既有固定成分又有变动成分，因此需要将其分解。本章中的混合成本分析是通过 Excel 的公式和图表功能，将一个混合成本定量地划分为变动成本和固定成本。

5.1 混合成本分解

案例背景

在本量利分析中需要将成本分为固定成本和变动成本。在企业的成本项目中有些成本的性质比较明确，可以直接划分为固定成本或变动成本；而有些项目的性质则比较模糊，它既有固定的成分，又有变动的特点。如何准确地将这类成本中的固定成分和变动成分分离是做好本量利分析的关键。例如电费，虽然企业的电费消耗与产量有关，但当产量为 0 时电费却不是 0，这就说明电费中既有变动成本又包含了固定成本。

关键技术点

要实现本例中的功能，读者应当掌握以下的 Excel 技术点。

- 添加趋势线
- 添加趋势线公式

最终效果展示

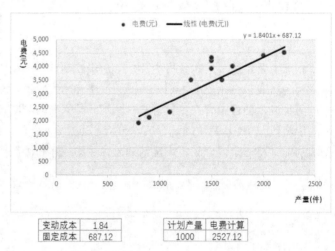

月份	产量(件)	电费(元)
1	1100	2,300
2	900	2,100
3	1500	4,200
4	1500	4,300
5	1600	3,500
6	2200	4,500
7	1700	4,000
8	1500	3,900
9	1700	2,400
10	800	1,900
11	2000	4,400
12	1300	3,500

$y = 1.8401x + 687.12$

变动成本	1.84
固定成本	687.12

计划产量	电费计算
1000	2527.12

混合成本分解

示例文件

\示例文件\第 5 章\混合成本分解.xlsx

5.1.1 创建产量和电费数据表

Step 美化表格

① 打开工作簿"混合成本分解",选中 D3:D14 单元格区域,设置单元格格式为"数值",小数位数为"0",勾选"使用千位分隔符"复选框。

② 美化工作表。

月份	产量(件)	电费(元)
1	1100	2,300
2	900	2,100
3	1500	4,200
4	1500	4,300
5	1600	3,500
6	2200	4,500
7	1700	4,000
8	1500	3,900
9	1700	2,400
10	800	1,900
11	2000	4,400
12	1300	3,500

5.1.2 绘制散点图、添加趋势线及线性方程

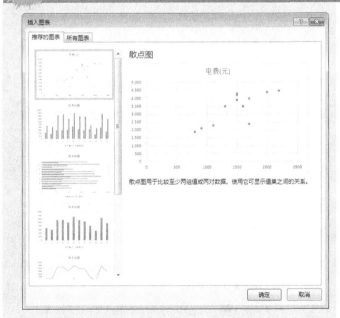

Step 1 插入散点图

选中 C2:D14 单元格区域,切换到"插入"选项卡,单击"图表"命令组中的"推荐的图表"按钮。弹出"插入图表"对话框,在"推荐的图表"选项卡中选择第一个。在右侧可以预览"散点图"的效果。单击"确定"按钮。

Step 2 调整图表位置和大小

① 在图表空白位置按住鼠标左键，将其拖曳至工作表合适位置。

② 将鼠标指针移至图表的右下角，待鼠标指针变成⬉形状时，向外拖曳鼠标，当图表调整全台适大小时，释放鼠标。

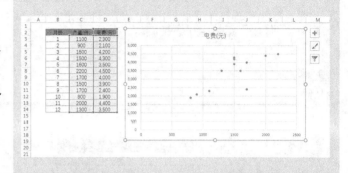

Step 3 设置散点图的图表布局

单击"图表工具—设计"选项卡，在"图表布局"命令组中单击"快速布局"按钮，在打开的样式列表中选择"布局1"样式。

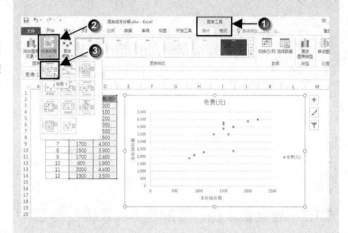

Step 4 删除图表标题

选中图表标题，按<Delete>键删除图表标题，效果如图所示。

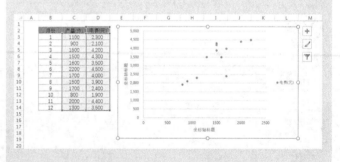

Step 5 设置图例格式

在"图表工具—设计"选项卡的"图表布局"命令组中单击"添加图表元素"→"图例"→"顶部"命令。

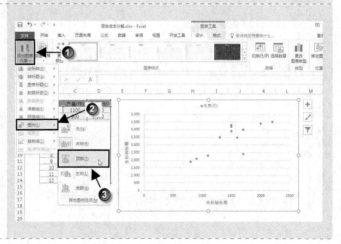

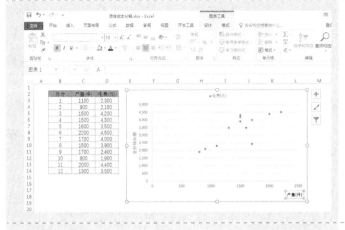

Step 6 设置水平轴标题

修改水平轴标题为"产量(件)",拖动水平轴标题至水平坐标轴的右下角。选中水平轴标题,切换到"开始"选项卡,在"字体"命令组中设置加粗和字体颜色。

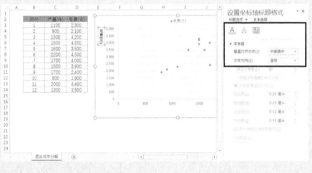

Step 7 设置垂直轴标题

① 修改垂直轴标题为"电费(元)",拖动垂直轴标题至垂直轴的左上角,设置加粗和字体颜色。

② 双击"垂直轴标题",打开"设置坐标轴标题格式"窗格,依次单击"文本选项"选项→"文本框"按钮→"文本框"选项卡,单击"文字方向"右侧的下箭头按钮,在弹出的列表中选择"竖排"。此时,水平轴标题的文字方向设置成竖排,单击"关闭"按钮。

Step 8 添加趋势线

① 单击图表边框右侧的"图表元素"按钮,在打开的"图表元素"列表中单击"趋势线"右侧的三角按钮,在打开的下级列表中选择"更多选项"命令。

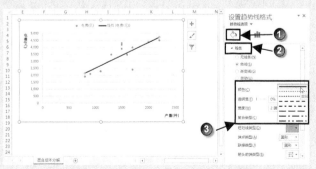

② 打开"设置趋势线格式"窗格,依次单击"填充与线条"按钮→"线条"选项卡,单击"颜色"右侧的下箭头按钮,在弹出的颜色面板中选择"黑色,文字1";单击"宽度"右侧的调节旋钮 ▼,使得文本框中显示的数值为"2磅";单击"短划线类型"右侧的下箭头按钮,在弹出的类型中选择"实线"。

③ 单击"趋势线选项"按钮，向下拖动右侧的滚动条，勾选"显示公式"复选框。原先的散点图上添加了线性趋势线和二元一次线性方程。

二元一次线性方程的表达式为：

```
Y=1.8401x+687.12
```

方程中的截距（687.12）代表固定成本，斜率（1.8401）代表单位变动成本，因此本例中电费的固定成本为687.12，单位变动成本为1.8401。

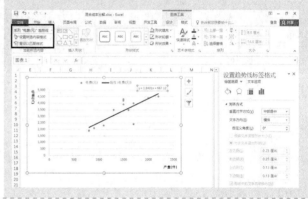

Step 9 移动趋势线公式

① 在"当前所选内容"命令组的"图表元素"下拉列表框中选择"系列'电费(元)'趋势线1公式"选项。

② 拖动趋势线公式至绘图区外侧的右上角，效果如图所示。

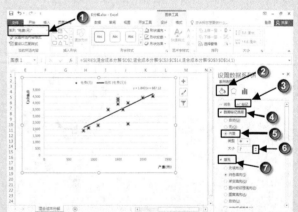

Step 10 设置数据系列格式

① 在"当前所选内容"命令组的"图表元素"下拉列表框中选择"系列'电费(元)'"选项，在"设置数据系列格式"窗格中，依次单击"填充与线条"按钮→"标记"按钮→"数据标记选项"选项卡→"内置"单选钮，单击"大小"右侧的调节旋钮，使得文本框中显示的数值为"7"。

② 向下拖动滚动条，单击"填充"选项卡，单击"颜色"右侧的下箭头按钮，在弹出的颜色面板中选择"深蓝"。

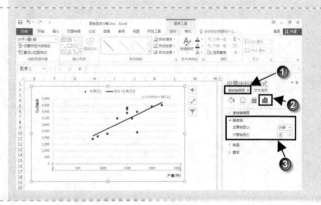

Step 11 设置坐标轴格式

选中水平(值)轴，在"设置坐标轴格式"窗格中，依次单击"坐标轴选项"选项→"坐标轴选项"按钮→"刻度线"选项卡，单击"主要类型"右侧的下箭头按钮，在弹出的列表中选择"外部"。关闭"设置坐标轴格式"窗格。

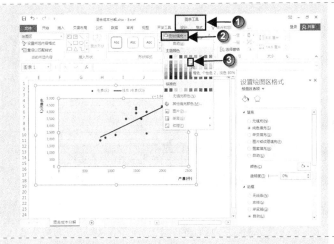

Step 12 设置绘图区格式

选中绘图区，单击"图表工具—格式"选项卡，在"形状样式"命令组中单击"形状填充"右侧的下箭头按钮，在弹出的颜色面板中选择"橙色,个性色 2,淡色 80%"。关闭"设置绘图区格式"对话框。

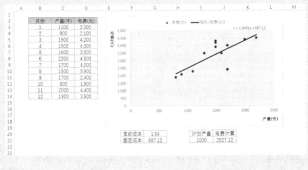

Step 13 根据计划产量计算电费

① 在 F20:G21 单元格区域内输入变动成本和固定成本，并美化工作表。

② 在 I20:J20 单元格区域内输入"计划产量"和"电费计算"。

③ 选中 I21 单元格，输入"1000"。

④ 选中 J21 单元格，输入以下公式，按<Enter>键确认。

`=G20*I21+G21`

5.2　商品销售统计图表

案例背景

在商品销售统计环节既要计算同一客户名称的销售数量，又要计算不同规格型号的销售数量，如何利用商品销售明细账快速准确地制作出两个统计口径下的商品销售统计图表，是每个会计最为关注的事情之一。本节将利用数据透视表功能创建商品销售统计图表。

关键技术点

要实现本例中的功能，读者应当掌握以下的 Excel 技术点。

● 数据透视表

● 复制工作表

● 数据透视图

视频：数据透视表和
数据透视图

最终效果展示

规格型号	⋮≡ ▼
多多宝/普通型/250ml/24	可乐/普通型/250ML/24

日期 ▼	广州市白云区副食商行	河源市顺通商贸有限公司	龙川县通达贸易有限公司	梅州市广源贸易有限公司	新兴县振华实业有限公司	兴宁市强盛副食商店	漳州市朝阳食品商行	总计
2016/6/1						230		230
2016/6/2						100		100
2016/6/3				69	24	133	25	251
2016/6/6	1161	1529	1767	2300	1407	1203	2356	11723
2016/6/7		24	80	100	100			304
2016/6/12	200	280	420	60			1000	1960
2016/6/13				40		2000		2040
2016/6/14	91	339	215	659	67	376	288	2035
2016/6/15	20	31	15	28	5	7	106
2016/6/16	100	200	340			2300	2940
2016/6/17	100	200	124	40		100		564
2016/6/20				60			100	160
2016/6/21		200	2000				40	2240
2016/6/22	174	1050	327	300	218	193	1943	4205
2016/6/23	93	229	342	436	109	100	657	1966
2016/6/24	145	925	1474	1290	654	434	1977	6899
2016/6/27	270	1560	996	1253	347	507	670	5603
2016/6/28	100	4174	2217	1300	260	380	1241	9672
2016/6/29		100		80				180
2016/6/30		1100	74	916		246	424	2760
总计	2134	11750	10127	9618	3520	5761	13028	55938

数据透视表

客户名称 ▼	求和项:销售数量
广州市白云区副食商行	2134
河源市顺通商贸有限公司	11750
龙川县通达贸易有限公司	10127
梅州市广源贸易有限公司	9618
新兴县振华实业有限公司	3520
兴宁市强盛副食商店	5761
漳州市朝阳食品商行	13028
总计	55938

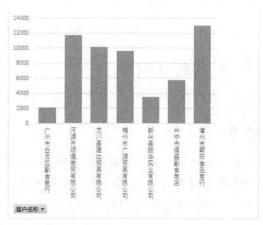

数据透视图

示例文件

\示例文件\第 5 章\商品销售统计图表.xlsx

5.2.1 数据透视表

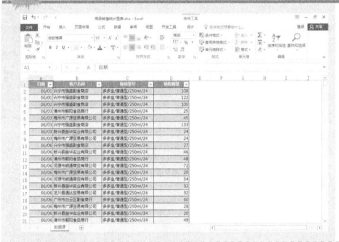

Step 1 另存为工作簿

打开"数据源"工作簿，另存为"商品销售统计图表"。

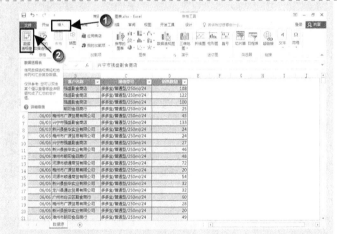

Step 2 创建数据透视表

① 单击工作表中任意非空单元格，如 B4 单元格。单击"插入"选项卡，在"表格"命令组中单击"数据透视表"按钮。

② 打开"创建数据透视表"对话框后，单击"确定"按钮。

③ 创建数据透视表，自动打开"数据透视表字段"窗格，将"规格型号"字段拖至"筛选器"区域；将"客户名称"字段拖至"列"区域；将"日期"字段拖至"行"区域；将"销售数量"字段拖至"Σ值"区域。关闭"数据透视表字段"窗格。

Step 3 移动工作表和美化工作表

① 将"Sheet1"工作表重命名为"数据透视表一"。

② 移动"数据透视表一"工作表至"数据源"工作表的右侧。

③ 调整列宽，取消网格线显示。

Step 4 修改报表布局

单击"数据透视表工具—设计"选项卡，在"布局"命令组中单击"报表布局"按钮，并在打开的下拉菜单中选择"以大纲形式显示"命令。

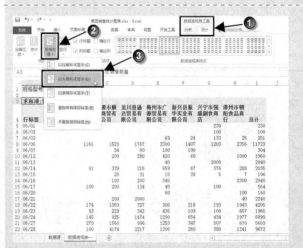

修改完报表布局的效果如图所示。

数据透视表具有快速筛选数据的功能。单击"行标签"单元格右侧的下箭头按钮 ▼ 打开下拉菜单后，在顶部的列表框中选中要筛选的条件，然后在最下方的列表框中选择要过滤的字段值，最后单击"确定"按钮即可。

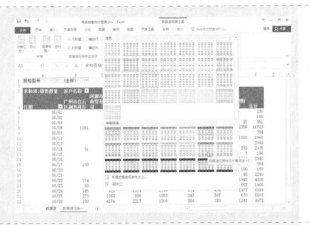

Step 5　设置数据透视表样式

单击"数据透视表样式"命令组中右下角的"其他"按钮 ▼，在弹出的样式列表中选择"数据透视表样式中等深浅13"。

Step 6　镶边行

在"数据透视表样式选项"命令组中勾选"镶边行"复选框。

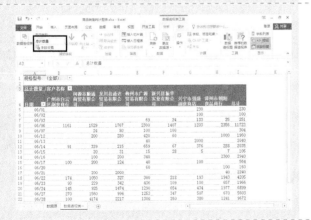

Step 7　编辑活动字段名称

切换到"数据透视表工具—分析"选项卡，在"活动字段"命令组中"活动字段:"下方的文本框中输入"总计数量"，按<Enter>键输入。

技巧 不能和数据源中的字段名相同

单击活动字段名称的单元格，在编辑栏内可以修改为自定义的名称。

也可在"数据透视表工具—分析"选项卡的"活动字段"命令组中单击"字段设置"按钮，弹出"值字段设置"对话框，在"自定义名称"右侧的文本框中输入"总计金额"，也可以编辑活动字段名称。

如果在"自定义名称"后的文本框中输入"金额"，会弹出 Microsoft Excel 提示框，提示"已有相同数据透视表字段名存在"。

技巧 隐藏元素

数据透视表中包含多个元素，为了简洁地显示数据，用户可以将这些元素隐藏。方法：切换到"选项"选项卡，默认情况下，"显示/隐藏"命令组中的 3 个按钮都处于按下状态，单击"字段列表"按钮，可以隐藏"字段列表"任务窗格；单击"+/-按钮"按钮，可以隐藏行标签字段左侧的按钮；单击"字段标题"按钮，可以隐藏"行标签"和"值"单元格中的字段标题。

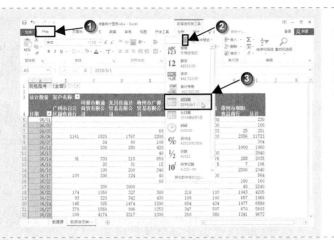

Step 8 设置日期格式

选中 A5:A24 单元格区域,单击"开始"选项卡,在"数字"命令组中单击"数字格式"右侧的下箭头按钮,在弹出的列表中选择"短日期"。

Step 9 复制工作表

① 右键单击"数据透视表一"工作表标签,在弹出的快捷菜单中选择"移动或复制"。

② 弹出"移动或复制工作表"对话框,在"下列选定工作表之前"列表框中,单击"(移至最后)",勾选"建立副本"复选框。单击"确定"按钮。

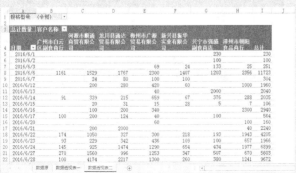

③ 此时即可新建"数据透视表一(2)"工作表,将该工作表重命名为"数据透视表二"。

Step 10 插入切片器

① 在"数据透视表工具—分析"选项卡的"筛选"命令组中单击"插入切片器"按钮。

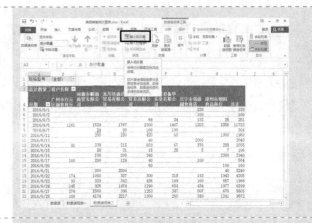

② 弹出"插入切片器"对话框。选中作为切片器的字段名称，如"规格型号"，单击"确定"按钮，相应的切片器被添加到数据透视表中。

Step 11 删除"规格型号"

① 调整第 1 行和第 2 行的行高。

② 右键单击 A1 单元格，在弹出的快捷菜单中选择"删除'规格型号'"。

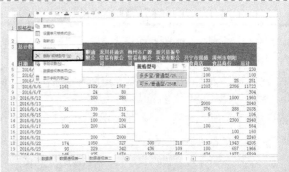

Step 12 设置切片器格式

① 单击"切片器工具—选项"选项卡，在"按钮"命令组中，单击"列"右侧的下箭头按钮，使得文本框中显示的数值为"2"。

② 拖动切片器至工作表的第 1 行和第 2 行的位置，并调整切片器的大小。

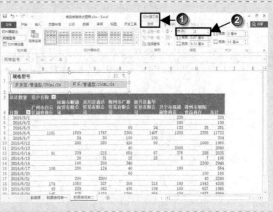

Step 13 筛选项目

在相应的切片器标签中，选中第 1 个
筛选项目，数据透视表的汇总数据即
刻发生相应的变化。

Step 14 清除筛选器

如需清除筛选器的筛选状态，可以单
击"规格型号"切片器右上角的"清
除筛选器"按钮。

扩展知识点讲解

1. 生成明细数据

双击数据透视表数据区域中的任意单元格，可以生成明细数据。

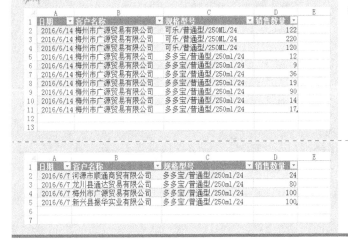

双击"数据透视表二"工作表的 E12
单元格，将自动创建一个新工作表，生
成"2016/6/14"日"梅州市广源贸易
有限公司"的明细数据。

双击"数据透视表"工作表的 I9 单元
格，将自动创建一个新工作表，并生成
"2016/6/7"日所有"客户名称"的明
细数据。

2. 改变数据透视表的汇总方式

Step

① 右键单击 A3 单元格，在弹出的快捷菜单中选择"值字段设置"命令。

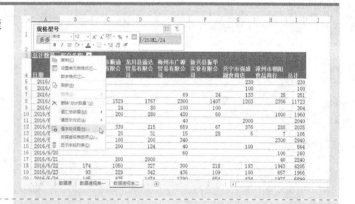

② 在弹出的"值字段设置"对话框中，单击"值汇总方式"选项卡，在列表框中单击"平均值"。单击"确定"按钮，改变数据透视表的汇总方式。

按住<Ctrl>键，同时选中 B5:I25 单元格区域，按<Ctrl+1>组合键，设置单元格格式为"数值"，"小数位数"为"2"。数据透视表中显示各种材料和产品的平均金额。

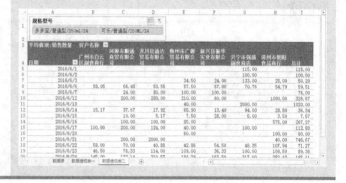

5.2.2 数据透视图

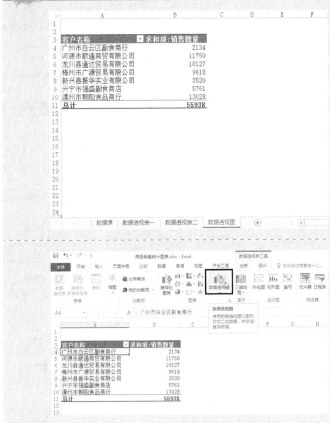

Step 1 创建数据透视表

① 参考 5.2.1 小节的 Step 2，创建数据透视表，打开"数据透视表字段"窗格，将"选择要添加到报表的字段"列表中的"客户名称"字段拖至"行"字段；将"销售数量"字段拖动至"Σ值"字段。

② 美化数据透视表。

③ 将该工作表重命名为"数据透视图"。

Step 2 创建数据透视图

① 在"数据透视表"工作表的 A3:B11 单元格区域中单击任意单元格，单击"插入"选项卡，单击"图表"命令组中的"数据透视图"按钮。

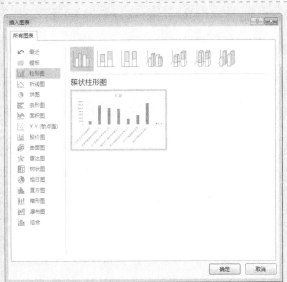

② 弹出"插入图表"对话框，选择默认的"簇状柱形图"，单击"确定"按钮。

Step 3　调整图表位置和大小

① 在图表空白位置按住鼠标左键，将其拖曳至工作表合适位置。

② 将鼠标指针移至图表的右下角，待鼠标指针变成↘形状时，向外拖曳鼠标，当图表调整至合适大小时，释放鼠标。

Step 4　删除图表标题和图例

① 选中图表标题，按<Delete>键删除。

② 选中图例，按<Delete>键删除。

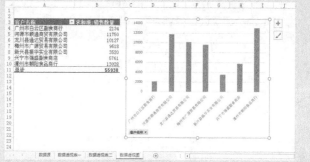

Step 5　设置数据系列格式

双击"系列'汇总'"，打开"设置数据系列格式"窗格，依次单击"系列选项"按钮→"系列选项"选项卡，在"分类间距"右侧的文本框中输入"50%"。

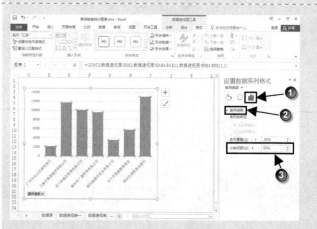

Step 6　设置水平(类别)轴格式

选中"水平(类别)轴"，在"设置坐标轴格式"窗格中，依次单击"坐标轴选项"选项→"大小与属性"按钮→"对齐方式"选项卡，单击"文字方向"右侧的下箭头按钮，在弹出的列表中选择"竖排"。关闭"设置坐标轴格式"窗格。

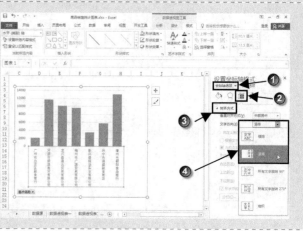

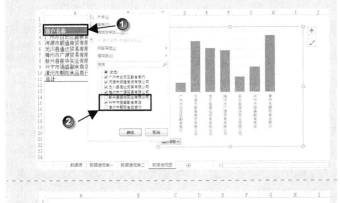

Step 7 手动筛选"客户名称"

单击数据透视图左上角的"客户名称"字段按钮,在弹出的菜单中取消勾选"新兴县振华实业有限公司"和"漳州市朝阳食品商行"复选框,单击"确定"按钮。

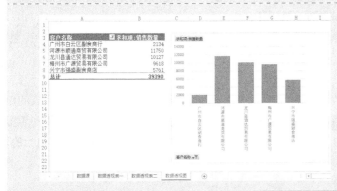

此时,数据透视图中将只显示手动筛选后的字段。

扩展知识点讲解

1. 创建数据透视图的其他几种方法

要想创建数据透视图,除了在"插入"选项卡的"图表"命令组中单击"数据透视图"按钮以外,还有以下 3 种方法。

● 插入"数据透视表"后,依次单击"插入"选项卡→"插入柱形图",在打开的下拉菜单中选择"簇状柱形图"命令。也可根据需要选择其他图表类型。

● 插入"数据透视表"后,功能区中将自动出现"数据透视表工具"。单击"数据透视表工具—分析"选项卡,单击"工具"命令组中的"数据透视图"按钮。

● 单击数据透视表中任意单元格,按<F11>快捷键。

2. 数据透视表的应用介绍

数据透视表是 Excel 中最具技术性的复杂组件之一,它本质上是从数据库中产生的一个动态汇总报告,能够依次完成数据的筛选、排序和分类汇总等操作,并生成汇总表格。数据透视表可以快速合并和比较大量数据,对分类变量进行汇总并显示明细数据。

数据透视表由字段(页字段、行字段、列字段和数据字段)、项(页字段项和数据项)以及数据区域组成。

3. 数据透视表的数据类型选择

数据透视表的数据类型有以下 4 种。

（1）一个 Excel 数据列表或数据库。

Excel 工作表中的数据作为报表的数据来源。数据应为列表格式，第一行中的每一列具有列标题，相同列中具有类似的项，并且数据区域中没有空白的行或列。Excel 将列标题作为报表的字段名称。

（2）外部数据源。

如果要汇总和分析 Microsoft Excel 的外部数据，如数据库中公司的销售记录，则可从包括数据库、文本文件和 Internet 站点的外部数据源上检索数据。

（3）多重合并计算数据区域。

如果存在多个具有相似数据分类的 Microsoft Excel 列表，并希望在一张工作表上汇总列表中的数据，一种方法就是使用数据透视表或数据透视图。

在"数据透视表和数据透视图向导"的步骤 1 中单击"多重合并计算数据区域"选项后，就可选择所需的页字段类型。

（4）其他的数据透视表

利用其他的数据透视表来创建新的数据透视表。如果要将某个数据透视表用作其他报表的源数据，则两个报表必须位于同一工作簿中。如果源数据透视表位于另一工作簿中，则需要将源报表复制到要在其中新建报表的工作簿中。不同工作簿中的数据透视表和数据透视图是相互独立的，它们在内存和工作簿文件中都有各自的数据副本。

4. 数据汇总方式的选择

单击数据透视表中的数据区域中的任意单元格，切换到"数据透视表工具—分析"选项卡，在"活动字段"命令组中单击"字段设置"按钮，弹出"值字段设置"对话框。

"汇总方式"列表框中显示共"求和、计数、平均值、最大值、最小值、乘积、数值计数、标准偏差、总体标准偏差、方差、总体方差"11 个函数，从中任意选择一种，单击"确定"按钮，即可改变字段的汇总方式。

5.3 多区域分销产品汇总表

案例背景

在材料消耗环节既要统计同一产品不同材料的消耗量，又要计算不同产品对同一材料的消耗量。如何利用材料消耗明细账快速准确地制作出两个统计口径下的材料消耗汇总表是每个材料会计最为关注的事情之一。本节将利用数据透视表功能创建材料汇总表。

案例同上，但制作方法采用了公式法。虽然方法不同，但结果是一致的。

关键技术点

要实现本例中的功能，读者应当掌握以下的 Excel 技术点。

- 函数的应用：多条件下 SUMPRODUCT 函数的使用方法
- 多条件下的绝对引用和相对引用
- 函数的应用：COUNTIF 函数、SUMIFS 函数和 SUMIF 函数

最终效果展示

区域销售明细汇总表

区域	IC卡接口板	单双枪主控板	多枪主控板	S2税控主显板	税控接口板	IC卡主控板	转接板	集线器显示板	集线器主控板	S2税控接口板	合计
华南区	24,792.5	17,685.0	9,551.2		27,230.1	13,229.8	10,711.1				103,199.7
华东区	19,304.8	7,183.4	5,774.8	4,692.1	618.9	1,615.3	9,293.1	4,074.1		4,495.5	57,052.0
西北区	11,119.8	15,993.1	4,776.5	9,923.9	1,293.4	4,030.3	1,024.1			6,147.3	54,308.4
东北区		19,364.1	9,849.5		12,751.2	11,843.7		9,737.7		1,204.8	64,751.0
华北区	5,932.5		835.4	3,985.5	3,795.1	4,327.4		6,841.7	5,426.8		31,144.4
华中区	10,851.0	12,016.6	7,885.2	3,048.4	19,567.0	16,990.9	16,165.8	14,844.3	11,278.5		112,647.7
西南区	7,866.4	7,877.3	10,237.5	1,368.7	11,211.9	415.0	9,308.9			5,829.1	54,114.8
合计	79,867.0	80,119.5	48,910.1	23,018.6	76,467.6	52,452.4	46,503.0	35,497.8	16,705.3	17,676.7	477,218.0

区域销售汇总表

区域	合计
华南区	103,199.7
华东区	57,052.0
西北区	54,308.4
东北区	64,751.0
华北区	31,144.4
华中区	112,647.7
西南区	54,114.8
合计	477,218.0

示例文件

\示例文件\第 5 章\多区域分销产品汇总表.xlsx

5.3.1 SUMPRODCUT 函数的计数功能和统计功能

Step 1 复制工作表

① 打开"基础数据"工作簿，右键单击"基础数据"工作表标签，在弹出的快捷菜单中选择"移动或复制"命令，弹出"移动或复制工作表"对话框。

② 单击"将选定工作表移至工作簿"右侧的下箭头按钮,在弹出的列表中选择"(新工作簿)",勾选"建立副本"复选框。单击"确定"按钮。

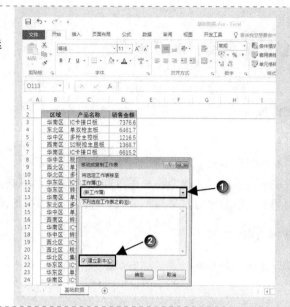

此时,新建了名为"工作簿 1"的新工作簿,另存工作簿并重命名为"多区域分销产品汇总表"。

Step 2 SUMPRODUCT 函数的统计功能

① 选中 F2 单元格,输入标题"SUM PRODUCT 的统计功能"。在 F 列和 G 列的列标交界处双击,使得 F 列自动调整为最合适的列宽。

② 选中 F3 单元格,输入以下公式,按 <Enter>键确认。

`=SUMPRODUCT(($B$3:$B$100=B3)*1)`

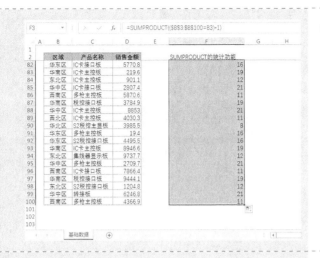

③ 选中 F3 单元格，拖曳右下角的填充柄至 F100 单元格。

F83 单元格中的"19"表明在 B3:B100 单元格区域中和 B83 单元格的值相同的共有 19 个，即"华南区"出现了 19 次。

Step 3　SUMPRODUCT 函数的计数功能

① 选中 G2 单元格，输入标题"SUMPRODUCT 的计数功能"。调整 G 列的列宽。

② 选中 G3 单元格，输入以下公式，按<Enter>键确认。

=SUMPRODUCT(($B$3:B3=B3)*1)

③ 选中 G3 单元格，双击右下角的填充柄，在 G3:G100 单元格区域中快速复制填充公式。

G3 单元格中的"1"表明在 B3:B3 单元格区域中和 B3 单元格值相同的有 1 个，即"广东区"出现了 1 次。

G8 单元格中的"2"表明在 B3:B8 单元格区域中和 B8 单元格的值相同的有 2 个，即"华中区"出现了 2 次。

　　两个公式的差异在于单元格引用范围不同。统计功能中绝对引用 B3:B100 单元格区域，$B$3:$B$100=B3 本质上是一个数组公式，统计这个固定的单元格区域中和 B3 相同的值共有几个。计数功能中$B$3:B3 单元格区域始终是变化的，只能对单元格区域中某个值出现的次数进行计数，计算结果为数值在该列中第几次出现。

Step 4 美化工作表

美化工作表，效果如图所示。

Step 5 COUNTIF 函数的统计功能

选中 I2 单元格，输入"COUNTIF 的统计功能"。选中 I3 单元格，输入以下公式，按<Enter>键确定。

=COUNTIF(B$3:B$100,B3)

Step 6 COUNTIF 函数的计数功能

① 选择 J2 单元格，输入"COUNTIF 的计数功能"。选中 J3 单元格，输入以下公式，按<Enter>键确定。

=COUNTIF(B$3:B3,B3)

② 选中 I3:J3 单元格区域，拖曳右下角的填充柄至 J100 单元格。

③ 选中 I2:J100 单元格区域，美化工作表。

第一个公式用于计算 B3:B100 单元格区域中与 B3 单元格相同的个数。第二个公式计算 B3 单元格在 B3:B100 单元格区域中是第几次出现。

关键知识点讲解

函数应用：SUMPRODUCT 函数

☐ **函数用途**

在给定的几组数组中，将数组间对应的元素相乘，并返回乘积之和。

☐ **函数语法**

SUMPRODUCT(array1,[array2],[array3],...)

☐ **参数说明**

array1 是必需参数。表示相应元素需要进行相乘并求和的第一个数组参数。

array2,array3,...是可选参数。表示 2 到 255 个数组参数，其相应元素需要进行相乘并求和。

☐ **函数说明**

● 数组参数必须具有相同的维数，否则，SUMPRODUCT 函数将返回错误值#VALUE!。

● SUMPRODUCT 函数将非数值型的数组元素作为 0 处理。

☐ **函数简单示例**

示例数据如下。

	A	B	C	D
1	Array 1	Array 1	Array 2	Array 2
2	5	7	3	8
3	11	3	9	17
4	6	8	3	4

SUMPRODUCT 函数应用示例如下。

示例	公式	说明	结果
1	=SUMPRODUCT(A2:B4,C2:D4)	两个数组的所有元素对应相乘，然后把乘积相加，即 5*3+7*8+11*9+3*17+6*3+8*4	271

上例所返回的乘积之和，与以数组形式输入的公式 SUM（A2:B4*C2:D4)的计算结果相同。使用数组公式可以为类似于 SUMPRODUCT 函数的计算提供更通用的解法。例如，使用公式=SUM(A2:B4^2)并按<Ctrl+Shift+Enter>组合键，可以计算 A2:B4 单元格区域中所有元素的平方和。

☐ **本例公式说明**

以下为本例中的公式：

```
=SUMPRODUCT((($B$3:$B$100=B3)*1)
```

其各参数值指定 SUMPRODUCT 函数统计 B3:B100 单元格区域这个固定的单元格区域中和 B3 相同的值共有几个。

5.3.2 创建分产品材料汇总表

Step 1 插入工作表

单击"基础数据"工作表标签右侧的"新工作表"按钮 ⊕，在标签列的最后插入一个新的工作表"Sheet2"，重命名为"汇总表"。按<Ctrl+S>组合键保存。

Step 2 输入表格标题和项目

① 选中 B2:M2 单元格区域，设置"合并后居中"，输入表格标题"区域销售明细汇总表"。

② 在 B3:M3 单元格区域中输入表格各字段的标题内容。

③ 在 B4:B10 单元格区域中输入材料名称。在 B11 单元格中输入"合计"。

Step 3 编制各区域销售汇总公式

① 选中 C4 单元格，输入以下公式，按<Enter>键确认。

=SUMIFS(基础数据!$D:$D,基础数据!$B:$B,$B4,基础数据!$C:C,C3)

② 选中 C4 单元格，设置单元格格式为"数值"，小数位数为"1"，勾选"使用千位分隔符"复选框。

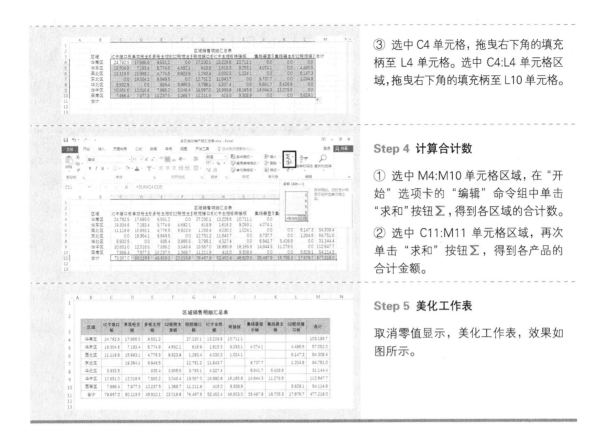

③ 选中 C4 单元格,拖曳右下角的填充柄至 L4 单元格。选中 C4:L4 单元格区域,拖曳右下角的填充柄至 L10 单元格。

Step 4 计算合计数

① 选中 M4:M10 单元格区域,在"开始"选项卡的"编辑"命令组中单击"求和"按钮∑,得到各区域的合计数。

② 选中 C11:M11 单元格区域,再次单击"求和"按钮∑,得到各产品的合计金额。

Step 5 美化工作表

取消零值显示,美化工作表,效果如图所示。

关键知识点讲解

多条件下绝对引用和混合引用

● 绝对引用

在 C4 单元格的公式中,第 2 个参数要判断"基础数据"工作表 B 列单元格区域中的值和"汇总表"工作表 B4 单元格的值是否相同,"基础数据"工作表 B 列单元格区域中的数值不能随着公式的复制而变化,使用了绝对引用符号$B:$B。同样的道理,第 3 个参数中的$C:$C 单元格引用也是绝对引用。

● 混合引用

在"汇总表"工作表的 B4:B10 单元格区域中,区域的名称是变化的。公式向下复制时,单元格的列标保持不变而行号增加,可以使用混合引用$B4。

在"汇总表"工作表的 C4:L4 单元格区域中,产品名称是变化的。公式向右复制时,单元格的列标可以变动但是行号要保持不变,因此使用混合引用 C$3。

📖 本例公式说明

以下为 C4 单元格"华南区"的产品汇总公式。

```
=SUMIFS(基础数据!$D:$D,基础数据!$B:$B,$B4,基础数据!$C:$C,C$3)
```

如果"基础数据!$B:$B"中的相应数值等于"汇总表"工作表 B4 单元格且"基础数据!$C:$C"中的相应数值等于"汇总表"工作表 C3 单元格,则 SUMIFS 函数将对区域"基础数据!$D:$D"中所有对应的数值求和,C4 单元格则显示这个求和结果。

5.3.3 创建材料消耗汇总表

Step 1 输入表格标题和数据

① 在"汇总表"工作表中，选中 O2:P2 单元格区域，设置"合并后居中"，输入表格标题"区域销售汇总表"。

② 在 O3:P3 单元格区域中输入表格各字段的标题内容。

③ 在 O4:O10 单元格区域中输入区域名称。在 O11 单元格中输入"合计"。美化工作表。

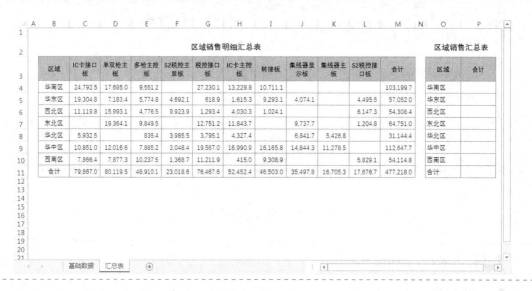

Step 2 应用 SUMIF 函数编制"合计"公式

① 选中 P4 单元格，输入以下公式，按<Enter>键确认，得到"广东区"的合计数。

`=SUMIF(基础数据!$B$3:$B$100,汇总表!O4,基础数据!$D$3:$D$100)`

② 选中 P4 单元格，拖曳右下角的填充柄至 P10 单元格，得到各区域的合计数。

Step 3 计算所有区域的合计

选中 P11 单元格，单击"开始"选项卡的"编辑"命令组中的"求和"按钮 Σ，按<Enter>键输入，得到所有区域的合计金额。

本例公式说明

以下为 I4 单元格的材料消耗汇总公式。

`=SUMIF(基础数据!$B$3:$B$32,汇总表!H4,基础数据!$D$3:$D$32)`

公式的前两个参数，判断"基础数据"工作表的 B3:B32 单元格区域的值和"汇总表"工作表 H4 单元格的值是否相同，如果相同，对"基础数据"工作表的 D3:D32 单元格区域中相应的值求和。

扩展知识点讲解

分类填充序号

要求：同种规格从 1 开始编号，同时要求使用 3 位数编号。

Step 应用 SUMPRODUCT 函数编号

① 打开工作簿"分类填充序号"，选中 C2 单元格，输入以下公式，按<Enter>键确认。

`=A2&B2&TEXT(SUMPRODUCT(($A$2:$A2=A2)*($B$2:$B2=B2)),"000")`

② 选中 C2 单元格，双击右下角的填充柄，在 C2:C16 单元格区域中快速复制填充公式。

第 **6** 章　投资决策

Excel 2016 高效办公

　　本章以投资决策中常用参数的计算为例，讲解如何利用Excel 函数进行计算。其中包括反映项目投资获利能力的年金终值、年金现值和投资回收期等指标。等额还款指标的计算不仅用于财务工作中，在大家的日常生活中也经常用到，例如住房贷款的月还款计算。

6.1 投资决策分析

案例背景

企业做投资决策分析时需要对项目的投入和预计回报做出计算分析，分析项目的可行性，计算项目的投资现值、终值等指标。这些都可以通过 Excel 系统中的函数得到。具体指标包括年金现值、年金终值、等额还款（俗称按揭）等。

关键技术点

要实现本例中的功能，读者应当掌握以下的 Excel 技术点。

● 函数的应用：PV 年金现值函数、FV 年金终值函数、PMT 等额还款函数、PPMT 等额还款函数

最终效果展示

PV-年金现值函数

每月投资额	¥-500.00
投资收益率	8.00%
投资年限	20年
总投资折合的现值	¥59,777.15

FV-年金终值函数

各期应付金额	¥-5,000.00
年利率	8.00%
付款期数	24月
终值	¥129,665.95

PMT函数应用

银行按揭贷款额	¥200,000.00
年利率	4.59%
计划支付总月份数	120月
月支付额	¥-2,081.46

PPMT函数应用

贷款额	¥20,000.00
年利率	10.00%
贷款期限	2年
贷款首月应支付的本金	¥-756.23

示例文件

\示例文件\第 6 章\投资决策分析.xlsx

6.1.1 PV 年金现值函数的应用

本例首先在"年金现值"工作表中输入"每月投资额""投资收益率"和"投资年限"，然后利用 PV 年金现值函数计算"年金现值"。

Step

Step 1　打开工作簿

打开工作簿"投资决策分析"。

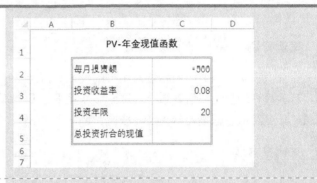

Step 2　设置货币格式

① 选中 C2 单元格，按住<Ctrl>键同时选中 C5 单元格，按<Ctrl+1>组合键，弹出"设置单元格格式"对话框。

② 单击"数字"选项卡，在"分类"列表框中选择"货币"；在右侧的"负数"列表框中选择第 5 种负数类型，即红色字体的"¥-1,234.10"；单击"确定"按钮。

Step 3　设置百分比样式

选中 C3 单元格，在"开始"选项卡的"数字"命令组中单击"百分比样式"按钮 %，再两次单击"增加小数位数"按钮 。

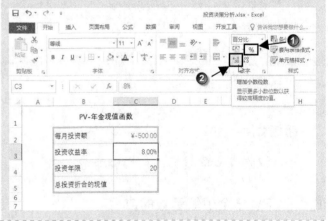

Step 4 设置自定义格式

① 选中 C4 单元格，按<Ctrl+1>组合键，弹出"设置单元格格式"对话框，单击"数字"选项卡。

② 在"分类"列表框中选择"自定义"，在右侧的"类型"文本框中输入"0"年""。单击"确定"按钮。

Step 5 输入 PV 年金现值函数

选中 C5 单元格，输入以下公式，按<Enter>键确认。

`=PV(C3/12,12*C4,C2,,0)`

C5 单元格显示总投资折合的现值。

关键知识点讲解

函数应用：PV 年金现值函数

☐ **函数用途**

返回投资的现值。现值是一系列未来支出现在所值的总额。例如在贷款时，贷款额就是支付给贷款人的现值。

☐ **函数语法**

PV(rate,nper,pmt,[fv],[type])

☐ **参数说明**

rate 是必需参数，表示各期利率。例如，如果获得年利率为 10% 的汽车贷款，并且每月还款一次，则每月的利率为 10%/12，需要在公式中输入 10%/12 作为利率。

nper 是必需参数，表示年金的付款总期数。例如，如果您获得为期四年的汽车贷款，每月还款一次，则贷款期数为 4×12（即 48）期。需要在公式中输入 48 作为 nper。

pmt 是必需参数，表示每期的付款金额，在年金周期内不能更改。通常，pmt 包括本金和利息，但不含其他费用或税金。例如，对于金额为 ¥100 000、利率为 12% 的四年期汽车贷款，每月付款为¥2633.30。需要在公式中输入–2633.30作为pmt。如果省略pmt，则必须包含fv参数。

fv是可选参数，表示未来值，或在最后一次付款后希望得到的现金余额。如果省略fv，则假定其值为0（例如，贷款的未来值是0）。例如，如果要在18年中为支付某个特殊项目而储蓄¥500 000，则¥500 000就是未来值。然后可以对利率进行保守的猜测，并确定每月必须储蓄的金额。如果省略fv，则必须包含pmt参数。

type是可选参数，为数字0或1，用以指定各期的付款时间是在期初还是期末。type值为0或者省略，指定支付时间为期末；type值为1，指定支付时间为期初。

■ 函数说明

确保指定rate和nper所用的单位是一致的。如果贷款为期四年（年利率12%），每月还款一次，则rate应为12%/12，nper应为4*12；如果对相同贷款每年还款一次，则rate应为12%，nper应为4。

以下函数应用于年金。

CUMIPMT	PPMT
CUMPRINC	PV
FV	RATE
FVSCHEDULE	XIRR
IPMT	XNPV
PMT	

年金指在一段连续期间内的一系列固定的现金付款。例如汽车贷款或抵押就是年金。有关年金的详细信息，请参阅各年金函数的详细说明。

在年金函数中，现金支出（如存款）用负数表示；现金收入（如股利支票）用正数表示。例如，一笔¥10 000的银行存款将用参数–10 000（如果您是存款人）和参数10 000（如果您是银行）来表示。

下面列出的是Microsoft Excel进行财务运算的公式，如果rate不为0，则：

$$pv*(1+rate)^{nper} + pmt(1+rate*type)*$$
$$\left(\frac{(1+rate)^{nper}-1}{rate}\right) + fv = 0$$

如果rate为0，则：

(pmt*nper)+pv+fv=0

■ 函数简单示例

	A	B
1	数据	说明
2	600	每月底一项保险年金的支出
3	7%	投资收益率
4	18	付款的年限

公式	说明	结果
=PV(A3/12,12*A4,A2,,0)	在上述条件下年金的现值	¥ −73,574

本例公式说明

以下为 C5 单元格的 PV 年金现值公式。

`=PV(C3/12,12*C4,C2,,0)`

公式中各项参数返回年利率为 8%，总投资期为 240 个月，各期付款 500 元，期末付款的年金现值。

6.1.2 FV 年金终值函数的应用

本例在工作表中输入"各期应付金额""年利率""付款期数"，最后利用 FV 年金终值函数计算终值。

Step 1 输入表格标题和数据

① 插入一个新工作表，重命名为"年金终值"，设置工作表标签颜色为黄色。

② 选中 B1:C1 单元格区域，设置"合并后居中"，输入表格标题。

③ 在 B2:B5 单元格区域中输入表格各字段的标题，在 C2:C4 单元格区域中输入各字段的具体数值。

④ 美化工作表。

Step 2 设置单元格格式

① 按住<Ctrl>键，同时选中 C2 和 C5 单元格，设置单元格格式为"货币"，小数位数为"2"，"货币符号"为"¥"，在"负数"列表框中选择第 5 种负数类型。

② 选中 C3 单元格，设置单元格格式为"百分比"，小数位数为"2"。

③ 选中 C4 单元格，设置单元格格式为"自定义"，类型为"0"月""。

Step 3 输入 FV 年金终值函数

选中 C5 单元格，输入以下公式，按<Enter>键确认。

`=FV(C3/12,C4,C2,,0)`

关键知识点讲解

函数应用：FV 年金终值函数的应用

函数用途：

基于固定利率和等额分期付款方式，返回某项投资的未来值。

函数语法：

FV(rate,nper,pmt,[pv],[type])

📖 参数说明

有关 FV 函数中各参数以及年金函数的详细信息，请参阅 PV 函数。

rate 是必需参数，表示各期利率。

nper 为必需参数，表示年金的付款总期数。

pmt 是必需参数，表示各期所应支付的金额，在整个年金期间保持不变。通常 pmt 包括本金和利息，但不包括其他费用或税款。如果省略 pmt，则必须包含 pv 参数。

pv 是可选参数，表示现值，或一系列未来付款的当前值的累积和。如果省略 pv，则假定其值为 0（零），并且必须包含 pmt 参数。

type 是可选参数，为数字 0 或 1，用以指定各期的付款时间是在期初还是期末。如果省略 type，则假定其值为 0。type 值为 0 或者省略，指定支付时间为期末；type 值为 1，指定支付时间为期初。

📖 函数说明

● 确保指定 rate 和 nper 所用的单位是一致的。如果贷款为期四年（年利率 12%），每月还一次款，则 rate 应为 12%/12，nper 应为 4×12；如果对相同贷款每年还一次款，则 rate 应为 12%，nper 应为 4。

● 对于所有参数，支出的款项，如银行存款，以负数表示；收入的款项，如股息支票，以正数表示。

● 年利率应除以 12，因为它是按月计复利而得的。

📖 函数简单示例

示例一：

	A	B
1	数据	说明
2	6%	年利率
3	10	付款期总数
4	-400	各期应付金额
5	-1500	现值
6	1	各期的支付时间在期初

公式	说明	结果
=FV(A2/12,A3,A4,A5,A6)	在上述条件下投资的未来值	￥5,688.38

示例二：

	A	B
1	数据	说明
2	10%	年利率
3	10	付款期总数
4	-2000	各期应付金额

公式	说明	结果
=FV(A2/12,A3,A4)	在上述条件下投资的未来值	￥20,766.91

示例三：

	A	B
1	数据	说明
2	12%	年利率
3	28	付款期总数
4	-1800	各期应付金额
5	1	各期的支付时间在期初

公式	说明	结果
=FV(A2/12,A3,A4,,A5)	在上述条件下投资的未来值	￥58,410.70

示例四：

	A	B
1	数据	说明
2	6%	年利率
3	12	付款期总数
4	-150	各期应付金额
5	-2000	现值
6	1	各期的支付时间在期初

公式	说明	结果
=FV(A2/12,A3,A4,A5,A6)	在上述条件下投资的未来值	￥3,982.94

📖 本例公式说明

以下为 C5 单元格中公式。

```
=FV(C3/12,C4,C2,,0)
```

公式中各项参数返回年利率为 8%、总付款期为 240 个月、各期付款￥5 000，期末付款的年金终值。

6.1.3 PMT 等额还款函数的应用

本例在工作表中输入"贷款额""年利率"和"计划支付总月份数"，然后利用 PMT 等额还款函数计算每月还款金额。

Step 1 输入表格标题和数据

① 插入一个新工作表，重命名为"等额还款"，设置工作表标签颜色为绿色。

② 选中 B1:C1 单元格区域，设置"合并后居中"，输入表格标题。

③ 在 B2:B5 单元格区域中输入表格各字段的标题内容，在 C2:C4 单元格区域中输入各字段的具体数值。

④ 设置单元格格式，美化工作表。

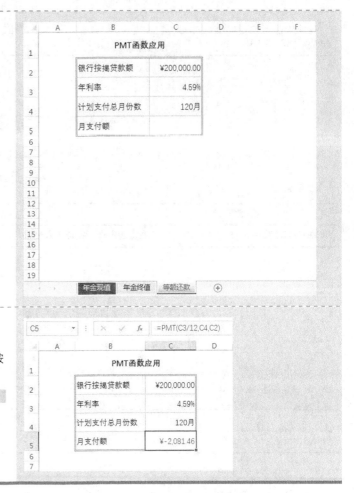

Step 2 输入 PMT 等额还款函数

选中 C5 单元格，输入以下公式，按 <Enter>键确认。

```
=PMT(C3/12,C4,C2)
```

关键知识点讲解

函数应用：PMT 等额还款函数的应用

□ 函数用途

根据固定付款额和固定利率计算贷款的付款额。

□ 函数语法

PMT(rate,nper,pv,[fv],[type])

有关 PMT 参数的详细说明，请参阅 PV 函数。

□ 参数说明

rate 是必需参数，表示贷款利率。

nper 是必需参数，表示该项贷款的付款总数。

pv 是必需参数，表示现值，或一系列未来付款额现在所值的总额，也叫本金。

fv 是可选参数，表示未来值，或在最后一次付款后希望得到的现金余额。如果省略 fv，则假定默认其值为 0，即贷款的未来值是 0。

type 是可选参数，为数字 0 或 1 指示支付时间。type 值为 0 或者省略，指定支付时间为期末；

type 值为 1，指定支付时间为期初。

函数说明

● PMT 返回的付款包括本金和利息，但不包括税金、准备金，也不包括某些与贷款有关的费用。

● 请确保指定 rate 和 nper 所用的单位是一致的。如果要以 12% 的年利率按月支付一笔四年期的贷款，则 rate 应为 12%/12，nper 应为 4×12；如果按年支付同一笔贷款，则 rate 使用 12%，nper 使用 4。

● 要计算贷款期内的已付款总额，可以将返回的 PMT 值乘以 nper。

函数简单示例

示例一：

	A	B
1	数据	说明
2	6%	年利率
3	20	支付的月份数
4	100,000	贷款额

示例	公式	说明	结果
1	=PMT(A2/12,A3,A4)	在上述条件下贷款的月支付额	￥-5,266.65
2	=PMT(A2/12,A3,A4,0,1)	在上述条件下贷款的月支付额，不包括支付期限在期初的支付额	￥-5,240.44

示例二：

可以使用 PMT 来计算除贷款之外其他年金的支付额。

	A	B
1	数据	说明
2	6%	年利率
3	20	计划储蓄的年数
4	100,000	20年内计划储蓄的数额

公式	说明	结果
=PMT(A2/12,A3*12,0,A4)	要在 20 年以后有一笔 ￥100 000 的年金，每月需存入金额	￥-216.43

本例公式说明

以下为 C5 单元格中等额还款公式。

```
=PMT(C3/12,C4,C2)
```

公式中各项参数返回年利率为 5%，计划总支付 240 个月，本金为 ￥200 000 的等额还款额。

6.1.4 PPMT 等额还款函数的应用

本例在工作表中输入"贷款额""贷款期限"和"年利率"，然后利用 PPMT 等额还款函数计算贷款首月应支付的本金额。

Step

Step 1 输入表格标题和数据

① 插入一个新工作表，重命名为"本金函数"，设置工作表标签颜色为蓝色。

② 选中 B1:C1 单元格区域，设置"合并后居中"，输入表格标题。

③ 在 B2:B5 单元格区域中输入表格各字段的标题内容，在 C2:C4 单元格区域中输入各字段的具体数值。

④ 设置单元格格式，美化工作表。

Step 2 输入 PPMT 等额还款函数

选中 C5 单元格，输入以下公式，按 <Enter>键确认。

`=PPMT(C3/12,1,C4*12,C2)`

关键知识点讲解

函数应用：PPMT 等额还款函数的应用

☐ **函数用途**

返回根据定期固定付款和固定利率而定的投资在已知期间内的本金偿付额。

☐ **函数语法**

PPMT(rate,per,nper,pv,[fv],[type])

☐ **参数说明**

有关 PPMT 中参数的详细说明，请参阅 PV 函数。

rate 是必需参数，表示各期利率。

per 是必需参数，表示指定期数，该值必须在 1 到 nper 范围内。

nper 是必需参数，表示年金的付款总期数。

pv 是必需参数，表示现值，即一系列未来付款当前值的总和。

fv 是可选参数，表示未来值，或在最后一次付款后希望得到的现金余额。如果省略 fv，则假定默认其值为 0（零），即贷款的未来值是 0。

type 是可选参数，表示数字 0 或 1，用以指定各期的付款时间是在期初还是期末。Type 值为 0 或者省略，指定支付时间为期末；Type 值为 1，指定支付时间为期初。

函数说明

确保指定 rate 和 nper 所用的单位是一致的。如果贷款为期四年（年利率 12%），每月还一次款，则 rate 应为 12%/12，nper 应为 4×12；如果对相同贷款每年还一次款，则 rate 应为 12%，nper 应为 4。

函数简单示例

示例一：

	A	B
1	数据	说明
2	9%	年利率
3	5	贷款期限
4	80,000	贷款额

公式	说明	结果
=PPMT(A2/12,1,A3*12,A4)	贷款第一个月的本金支付	￥-1,060.67

示例二：

	A	B
1	数据	说明
2	7%	年利率
3	15	贷款期限
4	200,000	贷款额

公式	说明	结果
=PPMT(A2,A3,15,A4)	在上述条件下贷款最后一年的本金支付	￥-20,522.36

本例公式说明

以下为 C5 单元格等额还款公式。

```
=PPMT(C3/12,1,C4*12,C2)
```

公式中各项参数返回年利率为 10%，贷款期限为 24 个月，贷款额为￥2 000 的第 1 个月的本金还款额。

6.2　投资回收期

案例背景

进行任何项目的投资都需要有一个回收期，即投入产出的过程。项目的投资回收期是每个项目出资人最为关心的指标，也是投资人在决策投资时的重要依据，回收期的长短直接影响着投资人的决策。准确地计算投资回收期是每个财务人员必备的技能。

关键技术点

要实现本例中的功能，读者应掌握以下的 Excel 技术点。

- 函数的应用：SUM 函数计算累计数、LOOKUP 函数
- 函数的应用：MATCH 函数

最终效果展示

年度	2010年	2011年	2012年	2013年	2014年	2015年	2016年	2017年
年净现金流量	-6	1	2	2	3	2	0	0
累计净现金流量	-6	-5	-3	-1	2	4	4	4

整数年	4年
小数年	0.33年
投资回收期	4.33年

投资回收期

示例文件

\示例文件\第 6 章\投资回收期.xlsx

6.2.1 计算年净现金流量

本例首先输入年净现金流量，编制"投资回收期"工作表，然后利用公式计算投资回收期。

投资回收期=投资回收期整数年+投资回收期小数年，其中投资回收期整数年是累计净现金流量由负值变为正值的年份。小数年用下列公式计算：

投资回收期以前年份累计净现金流量×（-1/投资回收期当年净现金流量）。公式中的-1 是确保投资回收期小数年是正数。

Step 设置累计净现金流量公式

① 打开工作簿"投资回收期"， 选中 C4 单元格,输入以下公式,按<Enter>键确认。

`=SUM($C$3:C3)`

② 选中 C4 单元格,拖曳右下角的填充柄至 J4 单元格。

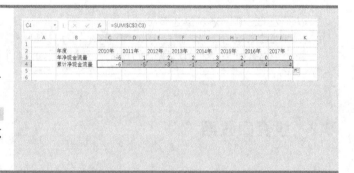

关键知识点讲解

函数应用：SUM 函数计算累计数

将单元格的混合引用和 SUM 函数的求和功能相结合，使用公式进行复制时，可以实现累计求和的功能。使用这种方法进行累计求和的优点在于，当用户在工作表中插入或者删除行（列）时，公式的引用范围可以自动扩充，从而避免了由于跳行（列）或缺行（列）导致求和不正确的问题。

■ **本例公式说明**

以下为 C4 单元格累计净现金流量公式。

```
=SUM($C$3:C3)
```

公式中使用了单元格的混合引用，公式向右复制时引用范围自动扩大，对净现金流量进行累计。

6.2.2 计算投资回收期

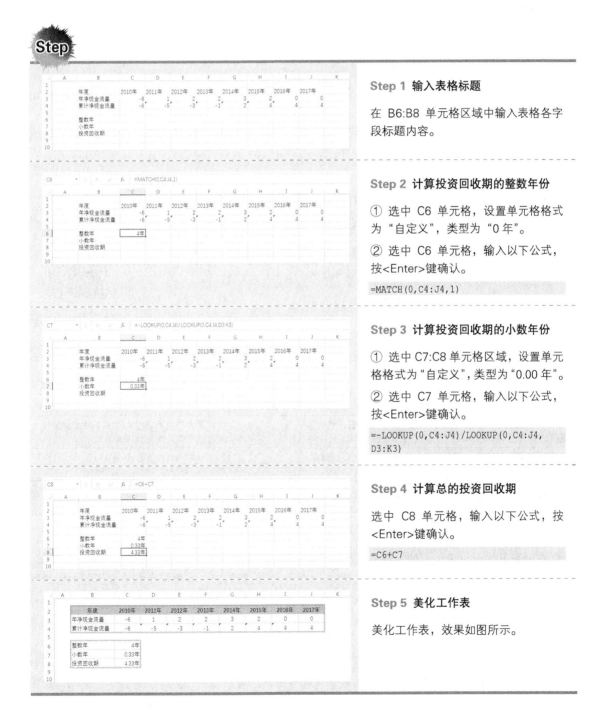

Step 1 输入表格标题

在 B6:B8 单元格区域中输入表格各字段标题内容。

Step 2 计算投资回收期的整数年份

① 选中 C6 单元格，设置单元格格式为"自定义"，类型为"0 年"。

② 选中 C6 单元格，输入以下公式，按<Enter>键确认。

```
=MATCH(0,C4:J4,1)
```

Step 3 计算投资回收期的小数年份

① 选中 C7:C8 单元格区域，设置单元格格式为"自定义"，类型为"0.00 年"。

② 选中 C7 单元格，输入以下公式，按<Enter>键确认。

```
=-LOOKUP(0,C4:J4)/LOOKUP(0,C4:J4,
D3:K3)
```

Step 4 计算总的投资回收期

选中 C8 单元格，输入以下公式，按<Enter>键确认。

```
=C6+C7
```

Step 5 美化工作表

美化工作表，效果如图所示。

关键知识点讲解

1. 函数应用：MATCH 函数的精确匹配和模糊匹配查找

📖 函数语法

MATCH(lookup_value,lookup_array,[match_type])

精确匹配查找：

如果 match_type 为 0，MATCH 函数查找等于 lookup_value 的第一个数值。lookup_array 可以按任何顺序排列。

模糊匹配查找：

如果 match_type 为 1，MATCH 函数查找小于或等于 lookup_value 的最大数值。lookup_array 必须按升序排列。

如果 match_type 为−1，MATCH 函数查找大于或等于 lookup_value 的最小数值。lookup_array 必须按降序排列。

📖 本例公式说明

以下为 C6 单元格计算投资回收期整数年份的公式。

```
=MATCH(0,C4:J4,1)
```

公式中各参数指定 MATCH 函数在 C4:J4 单元格区域中查找小于或者等于 0 的最大数值，该单元格区域中小于 0 的最大值是−1，它在 C4:J4 单元格区域中处于第 4 个位置，公式返回位置值 4。

视频：LOOKUP 函数

2. 函数应用：LOOKUP 函数

📖 函数用途

LOOKUP 函数从单行或单列区域或数组返回值。LOOKUP 函数具有两种语法形式：向量形式和数组形式。

如果需要	则参阅	用法
在单行区域或单列区域（称为"向量"）中查找值，然后返回第二个单行区域或单列区域中相同位置的值	向量形式	当要查询的值列表较大或者值可能会随时间而改变时，使用该向量形式
在数组的第一行或第一列中查找指定的值，然后返回数组的最后一行或最后一列中相同位置的值	数组形式	当要查询的值列表较小或者值在一段时间内保持不变时，使用该数组形式

● 为了使 LOOKUP 函数能够正常运行，必须按升序排列查询的数据。但是实际使用时，使用变通的方法则可以不对查询数据进行排序处理。

向量形式：

向量是只含一行或一列的区域。LOOKUP 的向量形式在单行区域或单列区域（称为"向量"）中查找值，然后返回第二个单行区域或单列区域中相同位置的值。当要指定包含要匹配的值的区域时，请使用 LOOKUP 函数的这种形式。

📖 函数语法

LOOKUP(lookup_value,lookup_vector,[result_vector])

LOOKUP 函数向量形式语法具有以下参数：

lookup_value 是必需参数。用数值或单元格号指定所要查找的值。可以是数字、文本、逻辑值、名称或对值的引用。

lookup_vector 是必需参数。在一行或一列的区域内指定检查范围。

result_vector 是可选参数。指定函数返回值的单元格区域。其大小必须与 lookup_vector 相同。

函数说明

● 如果 LOOKUP 函数找不到 lookup_value，则该函数会与 lookup_vector 中小于或等于 lookup_value 的最大值进行匹配。

● 如果 lookup_value 小于 lookup_vector 中的最小值，则 LOOKUP 函数会返回#N/A 错误值。

● lookup_vector 中的值必须按升序排列：…,–2,–1,0,1,2,…,A–Z,FALSE,TRUE；否则 LOOKUP 可能无法返回正确的值。

函数简单示例

	A	B
1	频率	颜色
2	3.11	蓝色
3	4.59	绿色
4	5.23	黄色
5	5.89	橙色
6	6.71	红色

示例	公式	说明	结果
1	=LOOKUP(4.59,A2:A6,B2:B6)	在列 A 中查找 4.59，然后返回列 B 中同一行内的值	绿色
2	=LOOKUP(5.00,A2:A6,B2:B6)	在列 A 中查找 5.00，与接近它的最小值（4.59）匹配，然后返回列 B 中同一行内的值	绿色
3	=LOOKUP(7.77,A2:A6,B2:B6)	在列 A 中查找 7.77，与接近它的最小值（6.71）匹配，然后返回列 B 中同一行内的值	红色
4	=LOOKUP(0,A2:A6,B2:B6)	在列 A 中查找 0，因为 0 小于 A2:A7 单元格区域中的最小值，所以返回错误	#N/A

数组形式：

函数用途

从数组中查找一个值。

函数语法

LOOKUP(lookup_value,array)

lookup_value 是必需参数。用数值或单元格号指定所要查找的值。如果 lookup_value 小于第一行或第一列中的最小值，则返回错误值"#N/A"。

array 是必需参数。在单元格区域内指定检索范围。随着数组行数和列数的变化，返回值也发生变化。

函数说明

LOOKUP 的数组形式与 VLOOKUP 函数非常相似。区别在于：VLOOKUP 函数在第一列中搜索 lookup_value 的值，而 LOOKUP 函数根据数组维度进行搜索。

● 如果数组列数多于行数，LOOKUP 函数会在第一行中搜索 lookup_value 的值。

● 如果数组是正方的或者行数多于列数，LOOKUP 函数会在第一列中进行搜索。

● 数组中的值必须按升序排列：…,–2,–1,0,1,2,…,A–Z,FALSE,TRUE；否则 LOOKUP 可能无法返回正确的值。文本不区分大小写。

如果数组中的值无法按升序排列，可使用 LOOKUP 函数的以下写法：

```
=LOOKUP(1,0/((条件1)*(条件2)*(条件N)),目标区域或数组)
```

以 0/(条件)，构建一个由 0 和错误值#DIV/0!组成的数组，再用 1 作为查找值，在 0 和错误值#DIV/0!组成的数组中查找，由于找不到 1，所以会以小于 1 的最大值 0 进行匹配。LOOKUP 函数第二参数要求升序排序，实际应用时，即使没有经过升序处理，LOOKUP 函数也会默认数组中后面的数值比前面的大，因此可查找结果区域中最后一个满足条件的记录。

使用这种方法能够完成多条件的数据查询任务。

📋 **函数简单示例**

示例	公式	说明	结果
1	=LOOKUP("C",{"a","b","c","d";1,2,3,4})	在数组的第一行中查找"C"，查找小于或等于它（"c"）的最大值，然后返回最后一行中同一列内的值	3
2	=LOOKUP(1,0/((A1:A10="一组")*(B1:B10="华北")),C1:C10)	返回 A1:A10 单元格区域等于"一组"，并且 B1:B10 等于"华北"的对应的 C 列的值	

📋 **本例公式说明**

以下为 C7 单元格中计算投资回收期小数年份的公式。

```
=-LOOKUP(0,C4:J4)/LOOKUP(0,C4:J4,D3:K3)
```

因为 C4:J4 单元格区域的值是升序排列的，此处使用 LOOKUP 函数模糊查找，"–LOOKUP(0,C4:J4)"用于在 C4:J4 单元格区域中返回最后一个小于等于 0 的值，即投资回收期之前的累计净现金流量。

"LOOKUP(0,C4:J4,D3:K3)"用于返回与 C4:J4 单元格区域中最后一个小于等于 0 的值对应的 D3:K3 单元格中的值，即返回 D3:K3 单元格区域中第 5 个位置的值，即投资回收期当年的净现金流量。

注意这里的第 3 参数相对第 2 参数，是向右偏移一列。目的是返回累计净现金流量为正数的首个年净现金流量。

扩展知识点讲解

LOOKUP 函数的妙用

求 A 列最后一个不为空单元格的内容，可以输入以下公式，然后按<Enter>键确认。

```
=LOOKUP(2,1/(A:A<>""),A:A)
```

求 A 列最后一个数字，可输入以下公式，然后按<Enter>键确认。

```
=LOOKUP(9E+307,A:A)
```

求 A 列最后一个文本，可输入以下公式，然后按<Enter>键确认。

```
=LOOKUP("々",A:A)
```

6.3 条件格式的技巧应用

案例背景

在实际的工作中经常需要根据单元格的内容有选择性地和自动地应用单元格格式，从而实现快速辨别特殊类型的单元格或防止错误的单元格输入等功能。本例是利用条件格式功能创建进度表。

关键技术点

要实现本例中的功能，读者应掌握以下的 Excel 技术点。

- 数据条
- 函数的应用：MOD 函数

视频：条件格式的
应用

最终效果展示

预计总量	累计完成量	累计完成率	
1000	680		68%
2000	1427		71%
1500	1024		68%
2000	1825		91%
1000	247		25%

460-01-13633-2141
460-01-13632-1386
460-01-13633-2142
460-01-13633-2143
460-01-13633-2161
460-01-13633-2163
460-01-13633-2171
460-01-13633-2182
460-01-13633-2192
460-01-13633-2202
460-01-13633-2212
460-01-13633-2243
460-01-13633-2303
460-01-13633-4062
460-01-13633-4063

3

条件格式设置间隔底纹

示例文件

\示例文件\第 6 章\条件格式应用.xlsx

6.3.1 利用条件格式制作数据条

本例首先创建条件进度数据表，然后利用条件格式编制进度演示表。

	A	B	C	D
			C2	fx =B2/A2
1	预计总量	累计完成量	累计完成率	
2	1000	680	68%	
3	2000	1427	71%	
4	1500	1024	68%	
5	2000	1825	91%	
6	1000	247	25%	
7				
8				

Step 1 计算累计完成率

① 打开工作簿"条件格式应用"，选中 C2 单元格，在"数字"命令组中单击"百分比样式"按钮。输入以下公式，按<Enter>键确认。

=B2/A2

② 选中 C2 单元格，双击右下角的填充柄，在 C2:C6 单元格区域中快速复制填充公式。

Step 2 设置数据条

选中 C2:C6 单元格区域，在"开始"选项卡的"样式"命令组中单击"条件格式"按钮，并在打开的下拉菜单中选择"数据条"→"渐变填充"→"紫色数据条"命令。

Step 3 调整行高

① 调整第 1 行的行高为"36.00"。

② 选中第 2 行至第 6 行，将鼠标指针放置在第 6 行和第 7 行的交界处，待鼠标指针变成 ✚ 形状时，向下方拖动鼠标，当鼠标指针右侧的注释变成："高度:30.00（40 像素）"时，释放鼠标。

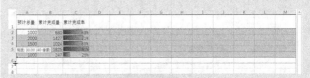

Step 4 插入行

按住<Ctrl>键不放，用鼠标分别单击第 2 行、第 3 行、第 4 行、第 5 行、第 6 行的行标，在"开始"选项卡的"单元格"命令组中单击"插入"按钮。

此时，在刚刚选中的第 2 行至第 6 行每行之前都插入了 1 个新的空行，效果如图所示。

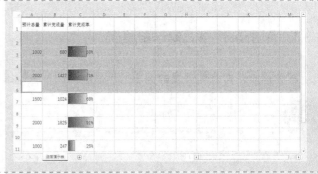

Step 5 调整行高

按住<Ctrl>键不放，用鼠标分别单击第 2 行、第 4 行、第 6 行、第 8 行和第 10 行的行标，将鼠标指针放置在第 10 行和第 11 行的交界处，待鼠标指针变成 ✚ 形状时，向上方拖动鼠标，当鼠标指针右侧的注释变成："高度:13.50（18 像素）"时，释放鼠标。

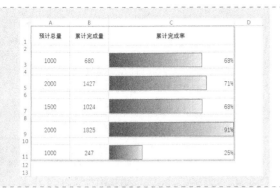

Step 6 美化工作表

美化工作表，效果如图所示。

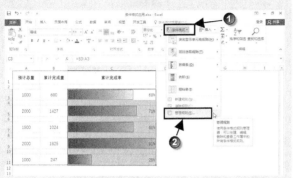

Step 7 编辑格式规则

默认数据条的长度并不是按照实际的百分比显示，可以通过编辑格式规则，使数据条的显示更加精确。

① 选中 C3:C11 单元格区域，在"开始"选项卡"的"样式"命令组中单击"条件格式"→"管理规则"命令。

② 弹出"条件格式规则管理器"对话框，单击"编辑规则"按钮。

③ 弹出"编辑格式规则"对话框。在"基于各自值设置所有单元格的格式"区域下方，单击"最小值"下方"类型"右侧的下箭头按钮，在弹出的列表中选择"数字"，在"值"右侧的文本框中保留默认值"0"；单击"最大值"下方"类型"右侧的下箭头按钮，在弹出的列表中选择"数字"，在"值"右侧的文本框中输入"1"。单击"确定"按钮。

④ 返回"条件格式规则管理器"对话框，单击"确定"按钮。

效果如图所示。

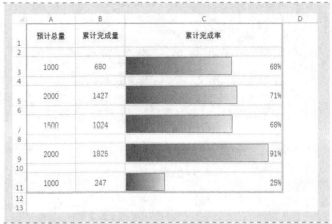

将编辑格式规则之前 Step 6 的效果图
与编辑格式规则之后 Step 7 的效果图
叠加，可以比较两者之间的细微差别。

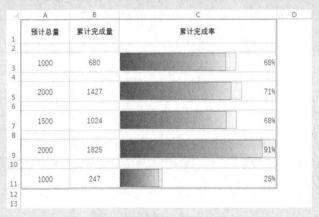

6.3.2 利用条件格式根据内容添加边框

某数据表，表的行数在不断增加，应如何设置条件格式使新增的记录行自动增加边框？

Step 1 插入工作表

插入一个新工作表，重命名为"根据
内容添加边框"。输入基本数据，绘制
表格。

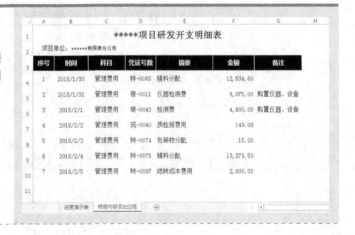

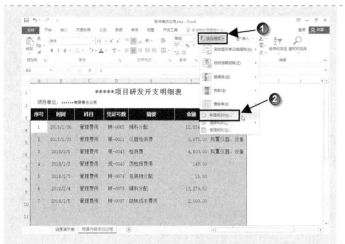

Step 2　设置条件格式

① 选中 A4:G100 单元格区域，在"开始"选项卡的"样式"命令组中单击"条件格式"→"新建规则"命令。

② 打开"新建格式规则"对话框后，在"选择规则类型"列表框中选择"使用公式确定要设置格式的单元格"选项，在"编辑规则说明"文本框中输入以下公式："=ISNUMBER($A4)+ISTEXT($C4)"，单击"格式"按钮。

③ 弹出"设置单元格格式"对话框，单击"边框"选项卡，单击"预置"下方的"外边框"按钮。单击"确定"按钮。

④ 返回"新建格式规则"对话框，单击"确定"按钮。

此时，A4:G100 单元格区域显示设置的格式，效果如图所示。

Step 3 观察条件格式效果

在 A11 单元格中输入数据，观察单元格区域显示设置的格式，效果如图所示。

6.3.3 利用条件格式为数字表填充颜色

本例先制作数据表，再利用数据验证创建下拉列表，最后利用条件格式为数据表填充颜色。

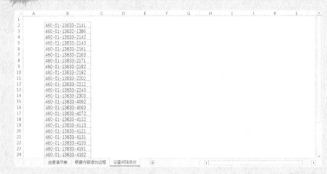

Step 1 制作数据表

① 插入一个新的工作表，重命名为"设置间隔底纹"。在 B2:B31 单元格区域中输入一组数据。

② 美化工作表。

Step 2 创建数据验证下拉列表

① 选中 D1 单元格，切换到"数据"选项卡，然后单击"数据工具"命令组中的"数据验证"按钮，弹出"数据验证"对话框。

② 单击"设置"选项卡，在"允许"下拉列表中选择"序列"，在"来源"文本框中输入"1,2,3,4,5"。单击"确定"按钮。

③ 选中 D1 单元格，绘制边框和填充颜色。

Step 3 设置条件格式

① 选中 B2 单元格，在"开始"选项卡的"样式"命令组中单击"条件格式"→"新建规则"命令。

② 打开"新建格式规则"对话框后，在"选择规则类型"列表框中选择"使用公式确定要设置格式的单元格"选项，在"编辑规则说明"文本框中输入"=MOD(ROW(1:1)-1,$D$1)=0"。单击"格式"按钮。

③ 弹出"设置单元格格式"对话框，单击"填充"选项卡，在"背景色"颜色面板列表中选择"淡蓝色"。单击"确定"按钮。

④ 返回"新建格式规则"对话框，单击"确定"按钮完成设置。

Step 4 复制条件格式

选中 B2 单元格，在"开始"选项卡的"剪贴板"命令组中单击"格式刷"按钮，按住<Shift>键不放单击 B31 单元格，格式即复制到 B1:B31 单元格区域。

条件格式设置完成。

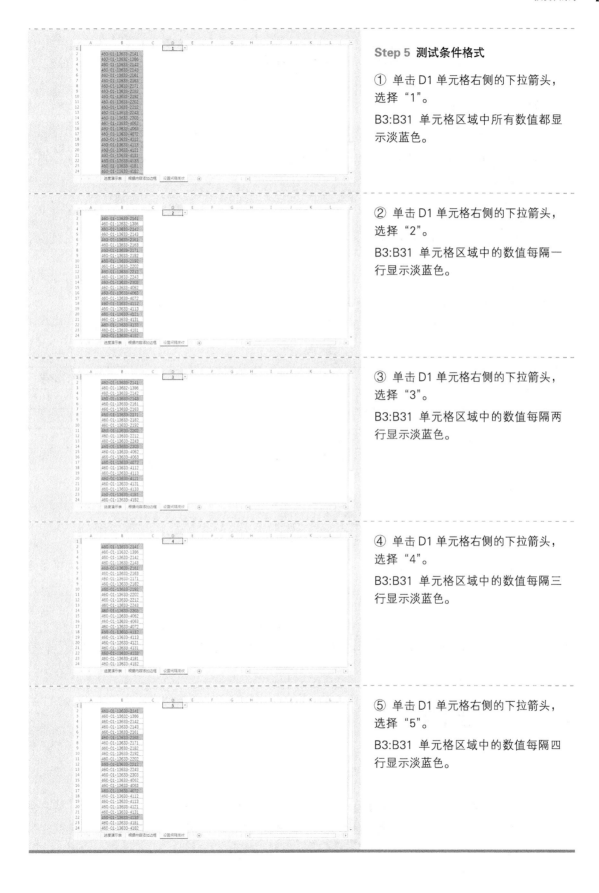

Step 5 测试条件格式

① 单击 D1 单元格右侧的下拉箭头，选择 "1"。

B3:B31 单元格区域中所有数值都显示淡蓝色。

② 单击 D1 单元格右侧的下拉箭头，选择 "2"。

B3:B31 单元格区域中的数值每隔一行显示淡蓝色。

③ 单击 D1 单元格右侧的下拉箭头，选择 "3"。

B3:B31 单元格区域中的数值每隔两行显示淡蓝色。

④ 单击 D1 单元格右侧的下拉箭头，选择 "4"。

B3:B31 单元格区域中的数值每隔三行显示淡蓝色。

⑤ 单击 D1 单元格右侧的下拉箭头，选择 "5"。

B3:B31 单元格区域中的数值每隔四行显示淡蓝色。

关键知识点讲解

函数应用：MOD 函数

📖 函数用途

返回两数相除的余数。结果的正负号与除数相同。

📖 函数语法

MOD(number,divisor)

📖 参数说明

第一参数是必需参数，为被除数。

第二参数是必需参数，为除数。

📖 函数说明

- 如果 divisor 为零，MOD 函数返回错误值#DIV/0!。
- MOD 函数可以借用 INT 函数来表示：MOD(n,d)=n−d*INT(n/d)

📖 函数简单示例

示例	公式	说明	结果
1	=MOD(3,2)	3/2 的余数	1
2	=MOD(−3,2)	−3/2 的余数。符号与除数相同	1
3	=MOD(3,−2)	3/−2 的余数。符号与除数相同	−1
4	=MOD(−3,−2)	−3/−2 的余数。符号与除数相同	−1

📖 本例公式说明

以下为 B2 单元格对应的条件格式公式。

`=MOD(ROW(1:1)−1,$D$1)=0`

公式中，ROW(1:1)函数返回第 1 行单元格的行号 1，此时 MOD 函数的被除数就是 1，它和 D1 单元格的数值相除后的余数都是 0，因此，不管怎样改变 D1 单元格中的数值，B2 单元格始终显示条件格式。

B3:B31 单元格区域中余数随着 D1 单元格中的数值变化而变化，会显示不同的条件格式，当 D2 单元格的数值为 2 时，只有单元格行号减 1 与 2 相除余数为 0 的单元格才会显示条件格式，因此 B2:B31 单元格区域会隔行显示条件格式。当 D2 单元格的数值为 3 时，单元格区域每隔 2 行显示条件格式，依此类推。

6.4 购房贷款计算

案例背景

企业用房是企业固定资产投资决策的重要部分，用于购房的资金很大一部分会来自于银行贷款。贷款选择是企业决策投资成本的重要科目，因此制作科学的购房贷款计算表对于企业来说是很有必要的。

关键技术点

要实现本例中的功能，读者应当掌握以下的 Excel 技术点。

● PMT 函数的应用

最终效果展示

序号	还款日期	本金 等于月供减本 期应负担利息	利息 等于贷款本金 或贷款余额乘 以月利率	本金余额 贷款总额扣除截止 到当前月份的本金 还款额	累计归还本金	累计还款
1	2018-01-17	¥ 1,126.67	¥ 961.33	¥ 278,873.33	¥ 1,126.67	¥ 2,088.00
2	2018-02-17	¥ 1,130.54	¥ 957.47	¥ 277,742.79	¥ 2,257.21	¥ 4,176.01
3	2018-03-17	¥ 1,134.42	¥ 953.58	¥ 276,608.37	¥ 3,391.63	¥ 6,264.01
4	2018-04-17	¥ 1,138.32	¥ 949.69	¥ 275,470.05	¥ 4,529.95	¥ 8,352.02
5	2018-05-17	¥ 1,142.22	¥ 945.78	¥ 274,327.83	¥ 5,672.17	¥ 10,440.02
6	2018-06-17	¥ 1,146.15	¥ 941.86	¥ 273,181.68	¥ 6,818.32	¥ 12,528.03
7	2018-07-17	¥ 1,150.08	¥ 937.92	¥ 272,031.60	¥ 7,968.40	¥ 14,616.03
8	2018-08-17	¥ 1,154.03	¥ 933.98	¥ 270,877.58	¥ 9,122.42	¥ 16,704.03
9	2018-09-17	¥ 1,157.99	¥ 930.01	¥ 269,719.58	¥ 10,280.42	¥ 18,792.04
10	2018-10-17	¥ 1,161.97	¥ 926.04	¥ 268,557.62	¥ 11,442.38	¥ 20,880.04
11	2018-11-17	¥ 1,165.96	¥ 922.05	¥ 267,391.66	¥ 12,608.34	¥ 22,968.05
12	2018-12-17	¥ 1,169.96	¥ 918.04	¥ 266,221.70	¥ 13,778.30	¥ 25,056.05
13	2019-01-17	¥ 1,173.98	¥ 914.03	¥ 265,047.72	¥ 14,952.28	¥ 27,144.05
14	2019-02-17	¥ 1,178.01	¥ 910.00	¥ 263,869.72	¥ 16,130.28	¥ 29,232.06
15	2019-03-17	¥ 1,182.05	¥ 905.95	¥ 262,687.67	¥ 17,312.33	¥ 31,320.06
16	2019-04-17	¥ 1,186.11	¥ 901.89	¥ 261,501.56	¥ 18,498.44	¥ 33,408.07
17	2019-05-17	¥ 1,190.18	¥ 897.82	¥ 260,311.37	¥ 19,688.63	¥ 35,496.07
18	2019-06-17	¥ 1,194.27	¥ 893.74	¥ 259,117.11	¥ 20,882.89	¥ 37,584.08
19	2019-07-17	¥ 1,198.37	¥ 889.64	¥ 257,918.74	¥ 22,081.26	¥ 39,672.08
20	2019-08-17	¥ 1,202.48	¥ 885.52	¥ 256,716.25	¥ 23,283.75	¥ 41,760.08

贷款额	¥280,000.00	
期限（月）	180	手工输入
利率（年）	4.1200%	
月供	¥2,088.00	
总支付额	¥375,840.76	自动计算
利息总额	¥95,840.76	

请分别输入贷款总额、贷款期限、利率，注意贷款期限需要换算成月。
公式将分别计算出月供、总支付款、利息总额。同时计算出每期的本金利息等。

购房贷款计算

示例文件

\示例文件\第 6 章\购房贷款计算.xlsx

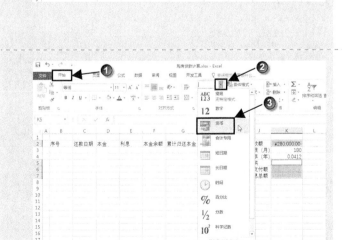

Step 1 输入初始条件

打开工作簿"购房贷款计算"，在 K2:K4 单元格区域中分别输入"贷款额"为"280000"，"期限（月）"为"180"，"利率（年）"为"0.0412"。

Step 2 设置货币格式

选中 K2 单元格，按住<Ctrl>键，再选中 K5:K7 单元格区域，单击"开始"选项卡，在"数字"命令组中单击"常规"右侧的下箭头按钮，在弹出的列表中选择"货币"。

Step 3 设置百分比样式

选中 K4 单元格，在"开始"选项卡的"数字"命令组中单击"百分比样式"按钮，4 次单击"增加小数位数"按钮，设置"小数位数"为"4"。

Step 4 填充类型为等差序列的序列

① 选中 B3 单元格，输入"1"。

② 选中 B3 单元格，在"开始"选项卡的"编辑"命令组中单击"填充"→"序列"命令，弹出"序列"对话框。

③ 在"序列产生在"下方单击"列"单选钮，在"步长值"文本框中输入"1"，在"终止值"文本框中输入"180"。单击"确定"按钮。

Step 5 设置自定义格式

① 选中 C3 单元格，按<Ctrl+1>组合键弹出"设置单元格格式"对话框，单击"数字"选项卡。

② 在"分类"列表框中选择"自定义"，在右侧的"类型"文本框中输入"yyyy-mm-dd"。单击"确定"按钮。

Step 6 填充类型为日期的序列

① 选中 C3 单元格，输入"2018-1-17"。

② 选中 C3 单元格，双击右下角的填充柄，单击右下角的"自动填充选项"按钮，在弹出的快捷菜单中单击"以月填充"单选钮。

Step 7 计算月供、总支付额和利息总额

① 选中 K5 单元格，输入以下公式，按<Enter>键确认。

`=PMT(K4/12,K3,-K2)`

② 选中 K6 单元格，输入以下公式，按<Enter>键确认。

`=K5*K3`

③ 选中 K7 单元格，输入以下公式，按<Enter>键确认。

`=K6-K2`

Step 8 设置"会计专用"格式

选中 D3 单元格，再按住<Shift>键同时选中 H182 单元格，此时就选中了 D3:H182 单元格区域。单击"开始"选项卡，在"数字"命令组中单击"数字格式"右侧的下箭头按钮，在弹出的列表中选择"会计专用"命令。

Step 9 计算本金

选中 D3 单元格，输入以下公式，按<Enter>键确认。

`=$K$5-E3`

Step 10 计算利息

① 选中 E3 单元格，输入以下公式，按<Enter>键确认。

`=K2*K4/12`

② 选中 E4 单元格，输入以下公式，按<Enter>键确认。

`=($K$2-SUM($D$3:D3))*$K$4/12`

也可以在 E3 单元格输入以下公式后向下复制填充。

`=($K$2-SUM($D$2:D2))*$K$4/12`

Step 11 计算本金余额、累计归还本金和累计还款

① 选中 F3 单元格，输入以下公式，按<Enter>键确认。

```
=$K$2-SUM($D$3:D3)
```

② 选中 G3 单元格，输入以下公式，按<Enter>键确认。

```
=$K$2-F3
```

③ 选中 H3 单元格，输入以下公式，按<Enter>键确认。

```
=SUM($D$3:E3)p
```

Step 12 复制公式

① 选中 D3 单元格，双击右下角的填充柄，在 D3:D182 单元格区域中快速复制填充公式。

② 选中 E4 单元格，双击右下角的填充柄，在 E4:E182 单元格区域中快速复制填充公式。

③ 选中 F3:H3 单元格区域，双击右下角的填充柄，在 F3:H182 单元格区域中快速复制填充公式。

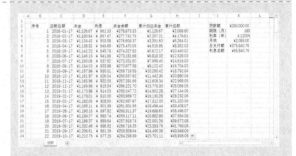

Step 13 输入说明文字

① 分别在 D1、E1 和 F1 单元格中输入说明文字。

② 选中 D1:F1 单元格区域，在"开始"选项卡的"对齐方式"命令组中单击"自动换行"按钮。

③ 选中 L2:L4 单元格区域，设置"合并后居中"，输入"手工输入"。

④ 选中 L5:L7 单元格区域，设置"合并后居中"，输入"自动计算"。

⑤ 美化工作表。

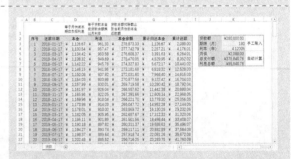

Step 14 冻结窗格

选中 D3 单元格，单击"视图"选项卡，在"窗口"命令组中单击"冻结窗格"→"冻结拆分窗格"命令。

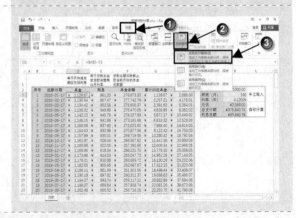

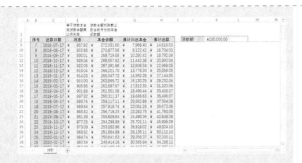

如图所示，会出现窗格冻结线，这样在进行下拉表格或者向右移动表格操作时，第 1、2 行和第 A、B、C 列的内容固定不动。

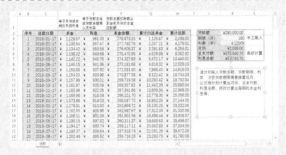

Step 15 绘制文本框

① 单击"插入"选项卡，在"文本"命令组中单击"文本框"命令。

② 将鼠标指针移回 J10 单元格中左上方位置，拖动鼠标绘制文本框。

③ 在文本框中输入内容。

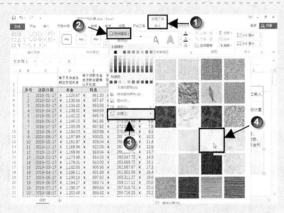

Step 16 设置形状样式

① 选中文本框，单击"绘图工具—格式"选项卡，在"形状样式"命令组中单击"形状填充"→"纹理"→"羊皮纸"命令。

② 选中文本框，在"开始"选项卡的"字体"命令组中设置字体为"微软雅黑"。

📄 本例公式说明

以下为 K5 单元格中等额还款公式。

```
=PMT(K4/12,K3,-K2)
```

公式中各项参数返回年利率为 4.12%、贷款期限 180 个月、本金为 ¥280 000 的等额还款额。

第 **7** 章　销售利润分析

Excel 2016 高效办公

　　利润的变化受多种因素影响，有售价升高、成本降低、销量增加等增利因素，也有售价降低、成本升高、销量减小等减利因素。如何将利润的变化额以定量的形式分解到各个因素当中呢？本章以销售利润分析为例，用本期和同期的销售数量、成本、单价等数据为基础，定量地分析利润变动的原因，其结果是企业财务分析中必不可少的依据。另外，本章还介绍了设置分类序号、批量填充和多列转换成一列等小技巧。

7.1 创建销售利润分析图

案例背景

分析销售利润的变化原因是管理会计工作的重要组成部分。影响销售利润的因素有多种：售价因素、成本因素、税金因素、品种因素等。在对比两个年度的销售数据时将影响因素划分开，对企业经营决策的制定至关重要。

关键技术点

要实现本例中的功能，读者应当掌握以下的 Excel 技术点。

● 函数的应用：OR 函数
● 函数的应用：IF 函数和 ROUND 函数

最终效果展示

增减变化分析					
利润变化	销量影响	售价影响	税金影响	成本影响	品种影响
-1730.92	2045.83	-4325.53	861.29	-312.47	
2686.19					2686.19
1245.17	419.72	1592.89	-20.7	-746.77	
776.92	488.68	-868.49	335.57	821.16	
-150.02					-150.02
-1738.63	-758.5	-3969.24	670.75	2318.34	
1754.11	1134.66	-288.69	426.74	481.35	
2842.82	3330.39	-7859.06	2273.65	2561.61	2536.17

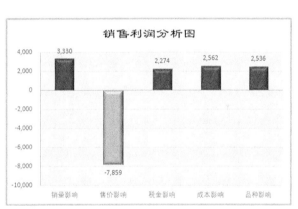

示例文件

\示例文件\第 7 章\销售利润因素分析表.xlsx

7.1.1 创建销售数据表

本例制作销售数据表，并且计算出各种产品上年同期和本年实际的销售利润及其合计数。销售利润计算时使用以下公式：

销售利润=销售收入 − 销售成本 − 销售税金

Step

Step 1 填充颜色

① 打开工作簿"销售利润因素分析表",选中 A1:F13 单元格区域,单击"填充颜色"按钮右侧的下箭头按钮,在打开的颜色面板中选择"其他颜色"命令。

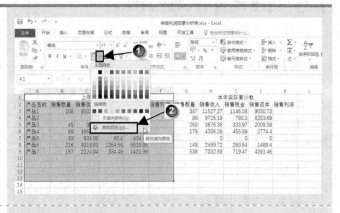

② 弹出"颜色"对话框,单击"标准"选项卡,选中如图所示的颜色,单击"确定"按钮。

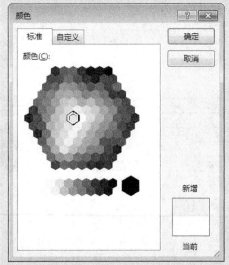

③ 采用同样的方法,选中 G1:K13 单元格区域,设置"填充颜色"。

此时,上年各种产品和本年产品的各项销售数据就分别用不同的填充颜色区分,如图所示。

Step 2 计算上年产品销售利润

① 在 F3 单元格输入以下公式,按 <Enter>键确认。

`=C3-D3-E3`

② 双击 F3 单元格右下角的填充柄,将公式复制到 F3:F9 单元格区域。

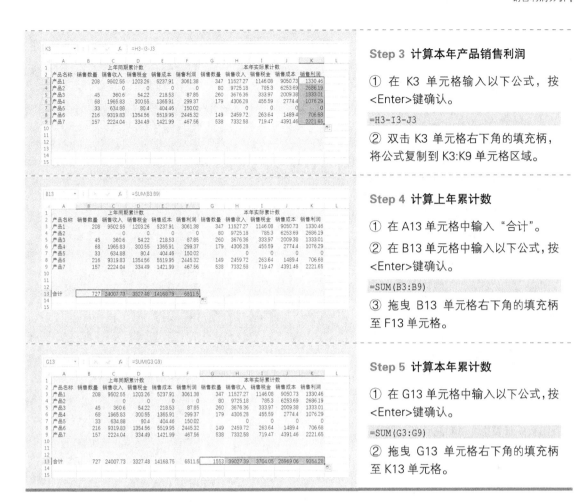

Step 3 计算本年产品销售利润

① 在 K3 单元格输入以下公式，按 <Enter>键确认。

=H3-I3-J3

② 双击 K3 单元格右下角的填充柄，将公式复制到 K3:K9 单元格区域。

Step 4 计算上年累计数

① 在 A13 单元格中输入 "合计"。

② 在 B13 单元格中输入以下公式，按 <Enter>键确认。

=SUM(B3:B9)

③ 拖曳 B13 单元格右下角的填充柄至 F13 单元格。

Step 5 计算本年累计数

① 在 G13 单元格中输入以下公式，按 <Enter>键确认。

=SUM(G3:G9)

② 拖曳 G13 单元格右下角的填充柄至 K13 单元格。

7.1.2 制作单位成本表

编制好销售数据表，就可以制作各种产品上年同期和本年实际的单位成本表了。

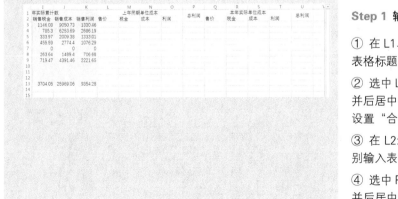

Step 1 输入表格标题

① 在 L1、P1、Q1 和 U1 单元格输入表格标题。

② 选中 L1:O1 单元格区域，设置 "合并后居中"。选中 Q1:T1 单元格区域，设置 "合并后居中"。

③ 在 L2:O2 和 Q2:T2 单元格区域分别输入表格各字段的标题内容。

④ 选中 P1:P2 单元格区域，设置 "合并后居中"。选中 U1:U2 单元格区域，设置 "合并后居中"。

Step 2 设置填充颜色

分别选中 L1:P13 和 Q1:U13 单元格区域，设置"填充颜色"。

Step 3 设置框线

选中 A1:U13 单元格区域，在"开始"选项卡的"字体"命令组中单击"边框"按钮 右侧的下箭头按钮，在弹出的下拉菜单中选择"所有框线"。

Step 4 计算上年同期单位成本各项指标

① 选中 L3 单元格，输入以下公式，按 <Enter>键确认。

`=IF($B3=0,0,ROUND(C3/$B3,4))`

② 选中 L3 单元格，拖曳右下角的填充柄至 O3 单元格。选中 L3:O3 单元格区域，拖曳右下角的填充柄至 O9 单元格。

Step 5 计算上年总利润

① 选中 P3 单元格，输入以下公式，按 <Enter>键确认。

`=ROUND(O3*B3,2)`

② 选中 P3 单元格，拖曳右下角的填充柄至 P9 单元格。

Step 6 计算本年同期单位成本各项指标

① 选中 Q3 单元格，输入以下公式，按 <Enter>键确认。

`=IF(G3=0,0,ROUND(H3/$G3,4))`

② 选中 Q3 单元格，拖曳右下角的填充柄至 T3 单元格。选中 Q3:T3 单元格区域，拖曳右下角的填充柄至 T9 单元格。

Step 7 计算本年总利润

① 选中 U3 单元格，输入以下公式，按 <Enter>键确认。

`=ROUND(T3*G3,2)`

② 选中 U3 单元格，拖曳右下角的填充柄至 U9 单元格。

Step 8 计算上年单位成本各项累计数

① 选中 L13 单元格，输入以下公式，按<Enter>键确认。

`=SUM(L3:L9)`

② 选中 L13 单元格，拖曳右下角的填充柄至 P13 单元格。

Step 9 计算本年单位成本各项累计数

① 选中 Q13 单元格，输入以下公式，按<Enter>键确认。

`=SUM(Q3:Q9)`

② 选中 Q13 单元格，拖曳右下角的填充柄至 U13 单元格。

本例公式说明：

L3 单元格中计算上年单位成本中的售价公式为：

`=IF($B3=0,0,ROUND(C3/$B3,4))`

B3 单元格中的上年销售数量是 IF 函数的条件判断依据，如果上年销售数量为 0，则上年单位成本中的售价为 0；否则用上年销售收入除以上年销售数量，并且用 ROUND 函数对计算结果四舍五入，并保留 4 位小数。

P3 单元格中的上年总利润公式为：

`=ROUND(O3*B3,2)`

函数对上年单位利润和上年销售数量的乘积四舍五入并保留 2 位小数。

Q3 单元格中计算上年单位成本中售价的公式为：

`=IF(G3=0,0,ROUND(H3/$G3,4))`

G3 单元格中的本年销售数量是 IF 函数的条件判断依据，如果本年销售数量为 0，则本年单位成本中售价为 0；否则用本年销售收入除以本年销售数量，用 ROUND 函数对计算结果四舍五入并保留 4 位小数。

U3 单元格中的上年总利润公式为：

`=ROUND(T3*G3,2)`

函数对本年单位利润和本年销售数量的乘积四舍五入并保留 2 位小数。

7.1.3 制作增减变化数据表

制作完成单位成本表，进一步制作单位成本增减变化数据表。

本例中使用到下列公式。

利润变化=本年实际总利润－上年同期总利润

销量影响=（本年实际销量－上年同期销量）×上年同期单位利润

售价影响=（本年实际售价－上年同期售价）×本年实际销量

税金影响=（上年同期单位税金 – 本年实际单位税金）× 本年实际销量

成本影响=（上年同期单位成本 – 本年实际单位成本）× 本年实际销量

品种影响：若上年同期销售数量为 0，等于本年实际利润；若本年实际销售数量为 0，等于上年同期利润的负值。

Step 1 输入表格标题、设置背景和边框

① 选中 V1:AA1 单元格区域，设置"合并后居中"，输入表格标题"增减变化分析"。

② 分别输入表格各字段的标题内容。

③ 设置"填充颜色"和所有框线。

Step 2 计算利润变化和销量影响

① 在 V3 单元格输入以下公式，按 <Enter>键确认。

`=U3-P3`

② 在 W3 单元格输入以下公式，按 <Enter>键确认。

`=IF(OR(B3=0,G3=0),0,ROUND((G3-B3)*O3,2))`

Step 3 计算售价影响和税金影响

① 在 X3 单元格输入以下公式，按<Enter>键确认。

`=IF(OR(B3=0,G3=0),0,ROUND((Q3-L3)*G3,2))`

② 在 Y3 单元格输入以下公式，按 <Enter>键确认。

`=IF(OR(B3=0,G3=0),0,ROUND((M3-R3)*G3,2))`

Step 4 计算成本影响和品种影响

① 在 Z3 单元格输入以下公式，按 <Enter>键确认。

`=IF(OR(B3=0,G3=0),0,ROUND((N3-S3)*G3,2))`

② 在 AA3 单元格输入以下公式，按 <Enter>键确认。

`=IF(B3=0,U3,IF(G3=0,-P3,0))`

③ 选中 V3:AA3 单元格区域，双击右下角的填充柄，在 V3:AA9 单元格区域中快速复制填充公式。

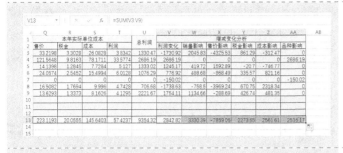

Step 5 计算总量变化

① 在 V13 单元格输入以下公式，按 <Enter>键确认。

`=SUM(V3:V9)`

② 拖曳 V13 单元格右下角的填充柄至 AA13 单元格。

Step 6 美化工作表

取消零值显示，美化工作表，效果如图所示。

关键知识点讲解

函数应用：OR 函数

▢ 函数用途
对多个参数分别进行判断，任何一个参数逻辑值为 TRUE，即返回 TRUE；任何一个参数的逻辑值为 FALSE，即返回 FALSE。

▢ 函数语法
OR(logical1,logical2,...)

▢ 参数说明
logical1,logical2,...是 1~255 个需要进行测试的条件，测试结果可以为 TRUE 或 FALSE。

▢ 函数说明
● 必须能计算为逻辑值，如 TRUE 或 FALSE，或者为包含逻辑值的数组或引用。

OR 函数相当于逻辑值之间的"或"运算。多个逻辑值在进行"或"运算时，具体结果为：

```
TRUE+TRUE=1+1=2
TRUE+FALSE=1+0=1
```

即真真得真，真假得真。

▢ 函数简单示例

示例	公式	说明	结果
1	=OR(1+1=1,2+2=5)	所有参数的逻辑值为 FALSE	FALSE
2	=OR(1>0,2>3)	至少一个参数结果为 TRUE	TRUE

▢ 本例公式说明
以下为 W3 单元格中销量影响的公式。

`=IF(OR(B3=0,G3=0),0,ROUND((G3-B3)*O3,2))`

公式中的 OR 函数判断 B3 单元格中上年销售数量和 G3 单元格中本年销售数量是否有一个为

0。如果有一个为 0，OR 函数结果为 TRUE，公式返回零值；如果两个都不为 0，OR 函数结果为 FALSE，公式返回销量影响数值。

X3 单元格中售价影响公式、Y3 单元格中税金影响公式和 Z3 单元格中成本影响公式都按照同样的原理进行分析。

以下为 AA1 单元格中品种影响的公式。

```
=IF(B3=0,U3,IF(G3=0,-P3,0))
```

B3 单元格中的上年销售数量是 IF 函数的条件判断依据，如果上年销售数量为 0，则品种影响等于本年利润。

如果上年销售数量不为 0，公式返回两个结果。

（1）G3 单元格中的本年销售数量为 0，则品种影响等于上年总利润的负值。

（2）G3 单元格中的本年销售数量不为 0，则品种影响为 0。

7.1.4 绘制销售利润变化图

本例利用增减变化数据表，绘制销售利润变化图。

Step 1 插入簇状柱形图

① 选中 W2:AA2 单元格区域，按住 <Ctrl>键不放，选中 W13:AA13 单元格区域。切换到"插入"选项卡，单击"图表"命令组中的"推荐的图表"按钮。

② 弹出"插入图表"对话框，在"推荐的图表"选项卡中选择第一个。在右侧可以预览"簇状柱形图"的效果。单击"确定"按钮。

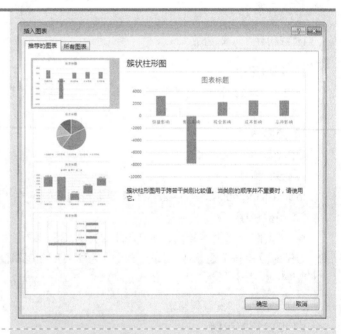

Step 2 调整图表位置和大小

① 在图表空白位置按住鼠标左键，将其拖曳至工作表合适位置。

② 将鼠标指针移至图表的右下角，待鼠标指针变成形状时，向外拖曳鼠标，当图表调整至合适大小时，释放鼠标。

Step 3 编辑图表标题

① 选中图表标题，将图表标题修改为"销售利润分析图"。

② 选中图表标题，单击"开始"选项卡，设置标题的字体为"隶书"，设置字号为"18"，设置字体颜色为"自动"。

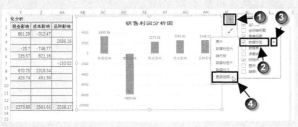

Step 4 设置数据标签格式

① 单击图表边框右侧的"图表元素"按钮，在打开的"图表元素"列表中勾选"数据标签"复选框，则图表中将添加数据标签。单击"数据标签"右侧的三角按钮，在打开的下级列表中选择"更多选项"。

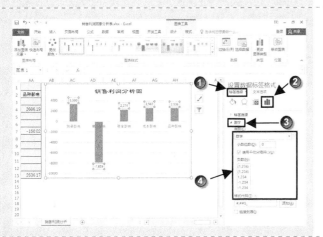

② 在打开的"设置数据标签格式"窗格中，依次单击"标签选项"选项→"标签选项"按钮→"数字"选项卡。单击"类别"下方右侧的下箭头按钮，在弹出的列表中选择"数字"，在"小数位数"文本框中输入"0"，勾选"使用千位分隔符"复选框，在"复数"列表框中选择第 4 个选项，即黑色字体的"–1,234"。

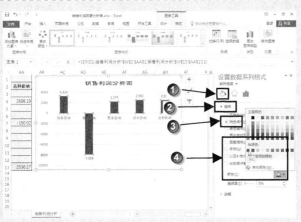

Step 5 设置数据系列格式

① 单击"标签选项"选项右侧的下箭头按钮，在弹出的列表中选择"系列1"。

② 在打开的"设置数据系列格式"窗格中，依次单击"填充与线条"按钮→"填充"选项卡→"纯色填充"单选钮。单击"颜色"右侧的下箭头按钮，在弹出的颜色面板中选择"深红"。

③ 在"填充"选项卡下，勾选"以互补色代表负值"复选框。单击"颜色"右侧的"逆转填充颜色"下箭头按钮，在弹出的颜色面板中选择"浅绿"。

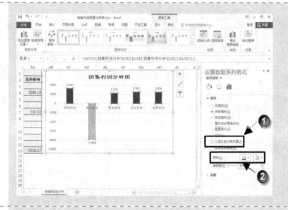

④ 依次单击"效果"按钮→"三维格式"选项卡，单击"顶部棱台"下方右侧的下箭头按钮，在弹出的样式列表中选择"棱台"下方的"圆"。

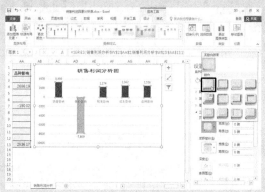

⑤ 依次单击"系列选项"按钮→"系列选项"选项卡，在"系列重叠"右侧的文本框中输入"0"，在"分类间距"右侧的文本框中输入"150%"。

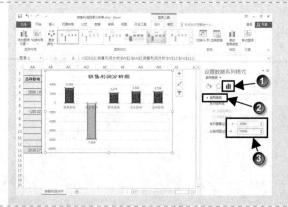

Step 6 设置水平轴的坐标轴格式

① 选中"水平轴"，在"设置坐标轴格式"窗格中，依次单击"坐标轴选项"选项→"填充与线条"按钮→"线条"选项卡。单击"颜色"右侧的下箭头按钮，在弹出的颜色面板中选择"灰色-50%,着色3"。

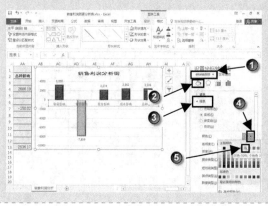

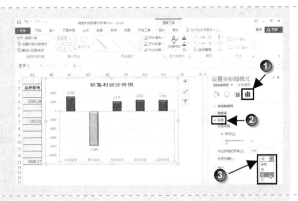

② 依次单击"坐标轴选项"按钮→"标签"选项卡，单击"标签位置"右侧的下箭头按钮，在弹出的列表中选择"低"。

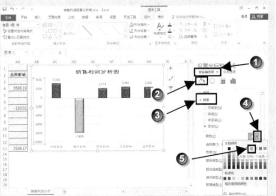

Step 7 设置垂直轴的坐标轴格式

① 选择"垂直轴"，在"设置坐标轴格式"窗格中，依次单击"坐标轴选项"选项→"填充与线条"按钮→"线条"选项卡。单击"颜色"右侧的下箭头按钮，在弹出的颜色面板中选择"灰色-50%,个性色 3"。

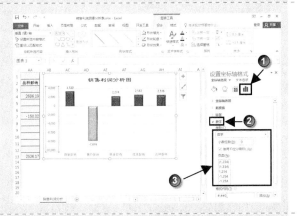

② 依次单击"坐标轴选项"按钮→"数字"选项卡。单击"类别"下方右侧的下箭头按钮，在弹出的列表中选择"数字"，在"小数位数"文本框中输入"0"，勾选"使用千位分隔符"复选框，在"复数"列表框中选择第 4 个选项，即黑色字体的"-1,234"。

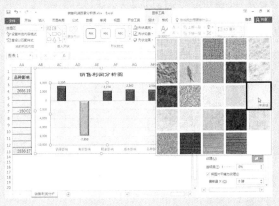

Step 8 设置绘图区格式

选中"绘图区"，在"设置绘图区格式"窗格中，依次单击"填充与线条"按钮→"填充"选项卡→"图片或纹理填充"单选钮，单击"纹理"右侧的下箭头按钮，在弹出的样式列表中选择"羊皮纸"。

Step 9 设置图表区格式

选中"图表区",在"设置图表区格式"窗格中,依次单击"图表选项"选项→"填充与线条"按钮→"边框"选项卡→"实线"单选钮,单击"颜色"右侧的下箭头按钮,在弹出的颜色面板中选择"橙色"。单击"宽度"右侧的调节旋钮 ▼ ,使得文本框中显示的数值为"2磅"。关闭"设置图表区格式"窗格。

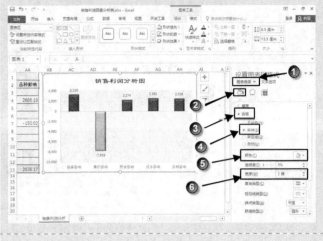

经过以上操作,就完成了图表的绘制和基本设置,其效果如图所示。

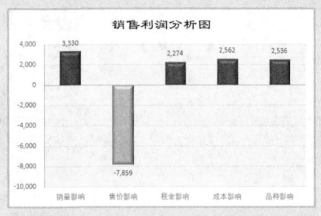

7.2 小技巧

最终效果展示

序号1	序号2	部门	姓名
1	1	综合办公室	余博文
1			林彩云
1			贾德强
2	2	财务部	丛新昆
2			张美明
2			周礼振
2			徐文
3	3	生产技术部	刘学芹
3			张晶
4	4	营销部	张帅
4			吴芳芳
4			赖春燕
4			陈冬青

智能序号

序号	部门	姓名	工资	部门合计
1	综合办公室	余博文	6,063	
2	综合办公室	林彩云	6,986	
3	综合办公室	贾德强	6,354	19,403
4	财务部	丛新昆	7,682	
5	财务部	张美明	5,471	
6	财务部	周礼振	5,989	
7	财务部	徐文	4,634	23,776
8	生产技术部	刘学芹	5,365	
9	生产技术部	张晶	4,137	9,502
10	营销部	张帅	4,100	
11	营销部	吴芳芳	5,759	
12	营销部	赖春燕	5,024	
13	营销部	陈冬青	5,030	19,913

分部门求和

刘东	84
只德超	85
许崇亭	84
郭星	85
冯学术	84
张亚南	85
张 玥	84
王艳辉	84
杨荣彪	87

刘东
84
只德超
85
许崇亭
84
郭星
85
冯学术
84
张亚南
85
张 玥
84
王艳辉
84
杨荣彪
87

刘东	aa	84
只德超	bb	85
许崇亭	cc	84
郭星	dd	85
冯学术	ee	84

刘东
aa
84
只德超
bb
85
许崇亭
cc
84
郭星
dd
85
冯学术
ee
84

两列转换为一列　　　　　　　　　　三列转换为一列

7.2.1 智能序号与分类求和

Step 1 编制第 1 个分类序号公式

① 打开工作簿“智能序号与分类求和”，在“智能序号”工作表中选择 B3 单元格，输入以下公式，按<Enter>键确认。

`=COUNTA(D$3:D3)`

② 选中 B3 单元格，拖曳右下角的填充柄至 B15 单元格。

Step 2 编制第 2 个分类序号公式

① 选中 C3 单元格，输入以下公式，按<Enter>键确认。

`=IF(D3="","",MAX($C$2:C2)+1)`

② 选中 C3 单元格，双击右下角的填充柄，在 C3:C15 单元格区域中快速复制填充公式。

Step 3 计算"部门合计"

① 切换到"分部门求和"工作表，选中 F3 单元格，输入以下公式，按<Enter>键确认。

```
=IF(C3<>C4,SUMPRODUCT(($C$3:$C$15=C3)*
$E$3:$D$15)),"")
```

② 选中 F3 单元格，拖曳右下角的填充柄至 F15 单元格。

📖 本例公式说明

以下为"智能序号"工作表 B3 单元格中第 1 个分类序号公式。

```
=COUNTA(D$3:D3)
```

COUNTA 函数计算 D$3:D3 单元格区域中非空单元格的个数。

以下为 C3 单元格中第 2 个分类序号公式。

```
=IF(D3="","",MAX($C$2:C2)+1)
```

公式中的第 3 个参数使用了 MAX 函数，参数利用绝对引用和相对引用，随着公式的向下复制，引用范围逐渐增加，最终返回单元格区域中的最大值。

D3 单元格为空是 IF 函数的判断依据，如果判断成立，则分类序号为空；否则分类序号等于 MAX 函数返回值加1。

7.2.2 批量填充

Step 1 定位空值

① 打开工作簿"批量填充部门名称"，选中 B3:C15 单元格区域，在"开始"选项卡的"编辑"命令组中单击"查找和选择"按钮，在弹出的下拉菜单中选择"定位条件"命令（或者按<Ctrl+G>组合键，或者按<F5>快捷键，弹出"定位"对话框，单击"定位条件"按钮）。

② 在弹出的"定位条件"对话框中单击"空值"单选钮。单击"确定"按钮。

此时选中了 B3:B15 单元格区域中的空白单元格。

Step 2 批量填充各部门类型

① 在编辑栏中输入等号"="。

② 单击活动单元格，即 B3 单元格，按<Ctrl+Enter>组合键。

B3:C15 单元格区域中的空单元格中就批量填充了各部门的具体类型。

7.2.3 多列转换成一列

Step

Step 1 将两列转换成一列

① 打开工作簿"多列数据转换为一列"，在"两列转换成一列"工作表中选择 D1 单元格，输入以下公式，按<Enter>键确认。

`=INDEX($A$1:$B$12,ROW(A2)/2,MOD(ROW(A2),2)+1)`

② 选中 D1 单元格，设置居中，设置边框。

③ 选中 D1 单元格，拖曳右下角的填充柄至 D24 单元格，此时 D1 单元格的格式也同样向下复制了。

Step 2 将两列转换成一列

① 切换到"三列转换成一列"工作表，选中 E1 单元格，输入以下公式，按<Enter>键确认。

`=INDEX($A$1:$C$5,ROW(A3)/3,MOD(ROW(A1)-1,3)+1)`

② 选中 E1 单元格，设置居中，设置边框。

③ 选中 E1 单元格，拖曳右下角的填充柄至 E15 单元格。

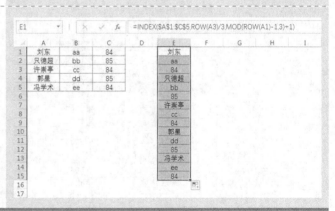

第 **8** 章　往来账分析

Excel 2016 高效办公

　　在企业的往来账管理中需要对不同账龄往来账户进行区分，便于企业根据账龄的长短采取不同的政策。本案例根据企业的往来账数据，通过使用公式和 Excel 的筛选功能，获得任意账龄时间段上的记录。在筛选中既有在原记录上筛选的，又有将筛选结果复制到原记录之外的表中的。

8.1 往来账分析之基础筛选

案例背景

"账龄分析"对每个财务人员来说都不陌生,无论是企业内部还是对外报表都需要编制账龄分析表。尤其是在法制观念不断增强的今天,各企业对应收账款的账龄数更为关心,账龄一旦超过诉讼时效将不受法律保护。因此,企业财务人员应当及时地创建账龄分析表,以提示经营者。账龄的长短是衡量应收账款质量的重要指标,而应收款的质量又是企业兼并、重组、股改等资本运作时的重要指标。做好账龄分析是每个管理会计的主要职责之一。

关键技术点

要实现本例中的功能,读者应当掌握以下的 Excel 技术点。

- 函数的应用:DATEDIF 函数和 SUBTOTAL 函数
- 自动筛选功能的应用

最终效果展示

单条件自动筛选

双条件"与"关系筛选

示例文件

\示例文件\第 8 章\往来账自动筛选分析.xlsx

8.1.1　制作往来账数据表

本案例主要使用 Excel 的自动筛选功能对账龄进行单条件和多条件关系的筛选。首先制作往来账数据表。

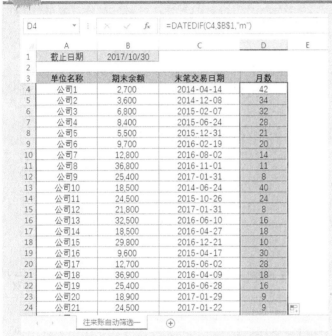

Step　计算账龄

打开工作簿"往来账自动筛选分析"，可以看到 B3:B34 单元格区域的数据被设置为"数值"格式，"小数位数"为"0"，且使用千位分隔符显示；C3:C33 单元格区域的数据被自定义为"yyyy-mm-dd"格式。

① 选中 D4 单元格，输入以下公式，按<Enter>键确认。

`=DATEDIF(C4,$B$1,"m")`

② 选中 D4 单元格，双击右下角的填充柄，快速复制填充公式。

关键知识点讲解

函数应用：DATEDIF 函数

□ **函数用途**

DATEDIF 函数比较特殊，它在 Excel 帮助中没有相关介绍，但是它的用途广泛，可以计算两个日期之间的天数、月数或年数。

□ **函数语法**

DATEDIF(start_date,end_date,unit)

□ **参数说明**

第一参数是必需参数，代表一段时期的第一个日期或起始日的日期。日期可以放在引号内作为文本字符串输入（如"2001-1-30"），也可以作为序列数（如 36921，如果使用的是 1900 日期系统，则它代表 2001 年 1 月 30 日（输入，或作为其他公式或函数的结果（如 DATEVALUE("2001-1-30")）输入。

第二参数是必需参数，代表一段时期的最后一个日期或结束日的日期。

第三参数是要返回的信息的类型：

unit	返回
"Y"	一段时期内完整的年数
"M"	一段时期内完整的月数
"D"	一段时期内的天数
"MD"	start_date 和 end_date 之间相差的天数，忽略日期的月数和年数
"YM"	start_date 和 end_date 之间相差的月数，忽略日期的天数和年数
"YD"	start_date 和 end_date 之间相差的天数，忽略日期的年数

▣ 函数说明

日期是作为有序序列数存储的，因此可将其用于计算。默认情况下，1900 年 1 月 1 日的序列数为 1，而 2008 年 1 月 1 日的序列数为 39448，因为它是 1900 年 1 月 1 日之后的第 39448 天。

DATEDIF 函数在需要计算年龄的公式中会经常使用。

▣ 函数简单示例

	A	B
1	2016/1/1	2018/1/1
2	2016/6/1	2017/8/15
3	2016/6/1	2017/8/15
4	2016/6/1	2017/8/15

示例	公式	说明	结果
1	=DATEDIF(A1,B1,"Y")	2016 年 1 月 1 日至 2018 年 1 月 1 日经历了两个完整年	2
2	=DATEDIF(A2,B2,"D")	2016 年 6 月 1 日和 2017 年 8 月 15 日之间有 440 天	440
3	=DATEDIF(A3,B3,"YD")	6 月 1 日和 8 月 15 日之间有 75 天，忽略日期的年数	75
4	=DATEDIF(A4,B4,"MD")	开始日期 1 和结束日期 15 之间相差的天数，忽略日期中的年数和月数	14

▣ 本例公式说明

以下为 D4 单元格中计算账龄的公式。

```
=DATEDIF(C4,$B$1,"m")
```

这一公式计算 C4 单元格末笔交易日期和截止日期的时间间隔，返回间隔的月数。

8.1.2 单条件自动筛选

创建完往来账数据表并且计算出账龄后，可以对账龄进行单条件自动筛选。

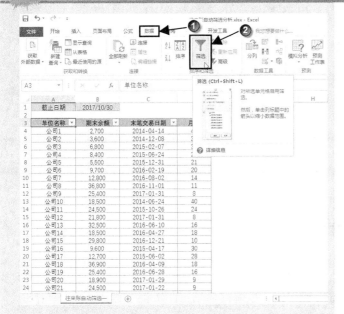

Step 1 单条件自动筛选

① 选中 A3 单元格，单击"数据"选项卡，在"排序和筛选"命令组中单击"筛选"按钮，完成自动筛选的设置。

此时，在 A3:D3 单元格区域的每个单元格的右侧会出现一个下箭头按钮。

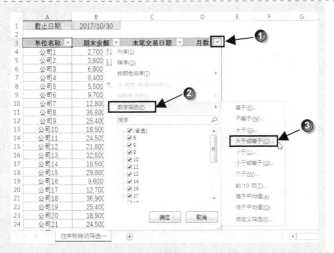

② 单击 D3 单元格"月数"右侧的下箭头按钮，在下拉菜单中选择"数字筛选"→"大于或等于"命令。

③ 弹出"自定义自动筛选方式"对话框，保留"月数"区域第一个文本框中的"大于或等于"，在右侧文本框中输入"36"。单击"确定"按钮，完成单条件筛选。

Step 2 应用 SUBTOTAL 函数计算期末余额合计数

① 选中 A34 单元格，输入"合计"。

② 选中 B34 单元格，单击"开始"选项卡的"编辑"命令组中的"求和"按钮，编辑栏中显示公式：

```
=SUBTOTAL(9,B4:B33)
```

按<Enter>键确认。

	A	B	C	D	E
	B34	: × ✓ fx	=SUBTOTAL(9,B4:B33)		
1	截止日期	2017/10/30			
2					
3	单位名称 ▾	期末余额 ▾	末笔交易日期 ▾	月数 ▾	
4	公司1	2,700	2014-04-14	42	
13	公司10	18,500	2014-06-24	40	
26	公司23	32,600	2014-06-20	40	
31	公司28	29,800	2014-06-30	40	
34	合计	83,600			
35					
36					

关键知识点讲解

函数应用：SUBTOTAL 函数的应用

☐ 函数用途

返回列表或数据库中的分类汇总。"数据"选项卡上的"分类汇总"命令更便于创建带有分类汇总的列表。列表一旦创建了分类汇总，就可以通过编辑 SUBTOTAL 函数对该列表进行修改。

☐ 函数语法

SUBTOTAL(function_num,ref1,[ref2],...)

☐ 参数说明

第一参数是必需参数，为 1~11（包含隐藏值）或 101~111（忽略隐藏值）之间的数字，指定使用何种函数在列表中进行分类汇总计算。

function_num （包含手动隐藏值）	function_num （忽略手动隐藏值）	函数
1	101	AVERAGE
2	102	COUNT
3	103	COUNTA
4	104	MAX
5	105	MIN
6	106	PRODUCT
7	107	STDEV
8	108	STDEVP
9	109	SUM
10	110	VAR
11	111	VARP

第二参数为要进行分类汇总计算的 1~254 个区域或引用。

☐ 函数说明

● 如果在第二参数中有其他的分类汇总（嵌套分类汇总），将忽略这些嵌套分类汇总，以避免重复计算。

● 当第一参数为 1~11 的常数时，SUBTOTAL 函数将包括通过手工隐藏行所隐藏的行中的值。当第一参数为 101~111 的常数时，SUBTOTAL 函数将忽略通过手工隐藏行所隐藏的行中的值。若只对列表中的可见数字进行分类汇总，则使用这些常数。

● SUBTOTAL 函数忽略任何不包括在筛选结果中的行，不论使用什么 function_num 值。

● SUBTOTAL 函数适用于数据列或垂直区域，不适用于数据行或水平区域。

📄 函数简单示例

	A
1	13
2	14
3	250
4	1024

示例	公式	说明	结果
1	=SUBTOTAL(9,A1:A4)	对 A1:A4 单元格区域使用 SUM 函数计算出的分类汇总	1301
2	=SUBTOTAL(1,A1:A4)	使用 AVERAGE 函数对 A1:A4 单元格区域计算出的分类汇总	325.25

📄 本例公式说明

以下为 B34 单元格中分类汇总公式。

```
=SUBTOTAL(9,B4:B33)
```

公式对 B4:B33 单元格区域中数值使用求和函数进行分类汇总，返回 149200。

8.1.3 双条件"与"关系筛选

对账龄进行单条件筛选以后，还可以设定双条件的自动筛选。

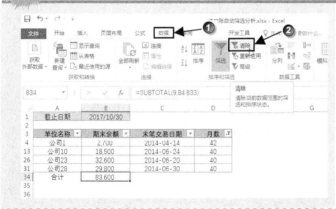

Step 1 复制表格数据

① 单击"数据"选项卡，在"排序和筛选"命令组中单击"清除"按钮，清除当前数据范围的自动筛选。

② 选中 A1:D34 单元格区域，按<Ctrl+C>组合键，复制该单元格区域中内容。

③ 插入一个新的工作表，重命名为"往来账自动筛选二"，在该工作表中选择A1 单元格，按<Ctrl+V>组合键"粘贴"，单击右下角的"粘贴选项" 📋(Ctrl)▾，在弹出的快捷菜单中单击"保留源列宽"按钮📋。

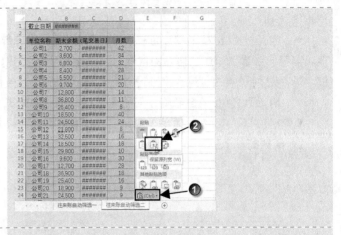

Step 2 双条件"与"关系的筛选

① 选中 D3 单元格，在"开始"选项卡的"编辑"命令组中单击"排序和筛选"按钮，在打开的下拉菜单中选择"筛选"命令，完成自动筛选的设置。

② 单击 D3 单元格"月数"右侧的下箭头按钮，在下拉菜单中选择"数字筛选"→"自定义筛选"命令，弹出"自定义自动筛选方式"对话框。

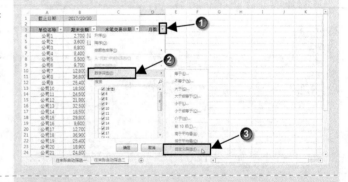

③ 在"自定义自动筛选方式"对话框中，单击"月数"区域第一个文本框右侧的下箭头按钮，从下拉列表中选择"大于或等于"，在右侧文本框中输入"12"。

④ 单击"月数"区域第二个文本框右侧的下箭头按钮，从下拉列表中选择"小于"，在右侧文本框中输入"24"。单击"确定"按钮，完成双条件"与"关系的筛选。

由于复制了"往来账自动筛选一"工作表的 A1:D34 单元格区域中的数据和格式,因此 B34 单元格中会显示新的汇总结果。

取消网格线显示。

8.2　往来账分析之高级筛选应用

案例背景

某公司利用编制好的往来账数据表,进一步实现下面的功能。

(1)筛选出满足单项目多条件的记录。

(2)筛选出满足多项目多条件的记录。

视频:高级筛选

关键技术点

要实现本例中的功能,读者应当掌握以下的 Excel 技术点。

● 高级筛选的应用

最终效果展示

截止日期	2017/10/30		
单位名称	期末余额	末笔交易日期	月数
公司1	2,700	2014-04-14	42
公司2	3,600	2014-12-08	34
公司3	6,800	2015-02-07	32
公司4	8,400	2015-06-24	28
公司5	5,500	2015-12-31	21
公司6	9,700	2016-02-19	20
公司7	12,800	2016-08-02	14
公司8	36,800	2016-11-01	11
公司9	25,400	2017-01-31	8
公司10	18,500	2014-06-24	40
公司11	24,500	2015-10-26	24
公司12	21,800	2017-01-31	8
公司13	32,500	2016-06-10	16
公司14	18,500	2016-04-27	18
公司15	29,800	2016-12-21	10
公司16	9,600	2015-04-17	30
公司17	12,700	2015-06-02	28
公司18	36,900	2016-04-09	18

月数	月数
>=24	<=36

单位名称	期末余额	末笔交易日期	月数
公司2	3,600	2014-12-08	34
公司3	6,800	2015-02-07	32
公司4	8,400	2015-06-24	28
公司11	24,500	2015-10-26	24
公司16	9,600	2015-04-17	30
公司17	12,700	2015-06-02	28

单项目多条件"与"筛选应用

截止日期	2017/10/30

单位名称	期末余额	末笔交易日期	月数
公司1	2,700	2014-04-14	42
公司2	3,600	2014-12-08	34
公司3	6,800	2015-02-07	32
公司4	8,400	2015-06-24	28
公司5	5,500	2015-12-31	21
公司6	9,700	2016-02-19	20
公司7	12,800	2016-08-02	14
公司8	36,800	2016-11-01	11
公司9	25,400	2017-01-31	8
公司10	18,500	2014-06-24	40
公司11	24,500	2015-10-26	24
公司12	21,800	2017-01-31	8
公司13	32,500	2016-06-10	16
公司14	18,500	2016-04-27	18
公司15	29,800	2016-12-21	10
公司16	9,600	2015-04-17	30
公司17	12,700	2015-06-02	28
公司18	36,900	2016-04-09	18

期末余额
3600
6800

单位名称	期末余额	末笔交易日期	月数
公司2	3,600	2014-12-08	34
公司3	6,800	2015-02-07	32

单项目多条件"或"筛选应用

截止日期	2017/10/30

单位名称	期末余额	末笔交易日期	月数
公司1	2,700	2014-04-14	42
公司2	3,600	2014-12-08	34
公司3	6,800	2015-02-07	32
公司4	8,400	2015-06-24	28
公司5	5,500	2015-12-31	21
公司6	9,700	2016-02-19	20
公司7	12,800	2016-08-02	14
公司8	36,800	2016-11-01	11
公司9	25,400	2017-01-31	8
公司10	18,500	2014-06-24	40
公司11	24,500	2015-10-26	24
公司12	21,800	2017-01-31	8
公司13	32,500	2016-06-10	16
公司14	18,500	2016-04-27	18
公司15	29,800	2016-12-21	10
公司16	9,600	2015-04-17	30
公司17	12,700	2015-06-02	28
公司18	36,900	2016-04-09	18

月数	期末余额
>=24	>=20000

单位名称	期末余额	末笔交易日期	月数
公司11	24,500	2015-10-26	24
公司23	32,600	2014-06-20	40
公司28	29,800	2014-06-30	40

多项目多条件筛选应用

示例文件

\示例文件\第 8 章\往来账高级筛选分析.xlsx

8.2.1 制作往来账数据表

本案例利用 Excel 的高级筛选功能对往来账中的单个字段和多个字段进行筛选。首先制作往来账数据表。

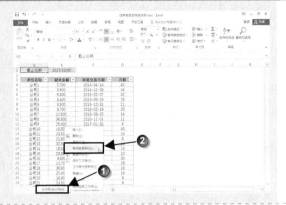

Step 1 复制工作表

① 打开上一节制作的"往来账自动筛选分析"工作簿，右键单击"往来账自动筛选一"工作表标签，在弹出的快捷菜单中选择"移动或复制"，弹出"移动或复制工作表"对话框。

② 在"将选定工作表移至工作簿"列表框中，单击右侧的下箭头按钮 ▼，在弹出的下拉列表中选择"(新工作簿)"。

③ 勾选"建立副本"复选框。单击"确定"按钮。

Step 2 保存工作簿

① 此时新建了"工作簿 1"工作簿，复制了"往来账自动筛选分析"工作簿中的"往来账自动筛选一"工作表，将该工作表重命名为"往来账高级筛选一"。

② 按<Ctrl+S>组合键保存，选择文件存放路径后，将该工作簿另存为为"往来账高级筛选分析"。

Step 3 复制工作表

① 右键单击"往来账高级筛选一"工作表标签，在弹出的快捷菜单中选择"移动或复制"命令。

② 弹出"移动或复制工作表"对话框，在"下列选定工作表之前"列表框中单击"(移至最后)"，勾选"建立副本"复选框。单击"确定"按钮。

此时，在"往来账高级筛选一"工作表右侧新建了一个"往来账高级筛选一(2)"的工作表，复制了第 1 个工作表的内容。

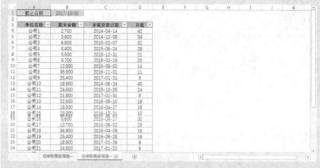

③ 采用同样的操作方法，在"往来账高级筛选一(2)"工作表右侧新建"往来账高级筛选一(3)"的工作表，再次复制第 1 个工作表的内容。

④ 双击"往来账高级筛选一(2)"工作表标签，选中"一(2)"两个字，输入"二"，将该工作表重命名为"往来账高级筛选二"。

⑤ 使用同样的方法，将第 3 个工作表重命名为"往来账高级筛选三"。

⑥ 分别设置这 3 个工作表标签颜色为红色、绿色和紫色。

8.2.2 单项目多条件"与"筛选应用

编制好往来账数据表后，对单项目多条件"与"的关系进行筛选。

Step 1 设置条件区域

① 切换到"往来账高级筛选一"工作表，选中 F1:G1 单元格区域，输入字段名"月数"，按<Ctrl+Enter>组合键输入。

② 选中 F2 单元格，输入"＞=24"。选中 G2 单元格，输入"＜=36"。

③ 选中 F1:G2 单元格区域，美化工作表。

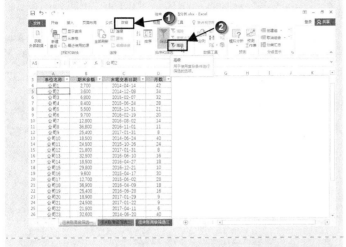

Step 2 设置高级筛选条件区域与筛选结果位置

① 选中 A3:D33 单元格区域中的任意单元格，如 A5 单元格，切换到"数据"选项卡，在"排序和筛选"命令组中单击"高级"按钮 ▼高级，弹出"高级筛选"对话框。

② 在"高级筛选"对话框中，单击"将筛选结果复制到其他位置"单选钮。

③ 单击"条件区域"右侧的按钮，在弹出的区域选择框中，选中条件 F1:G2 单元格区域，单击"关闭"按钮，返回"高级筛选"对话框。

④ 单击"复制到"右侧的按钮，在弹出的区域选择框中选中 F7 单元格，单击"关闭"按钮，返回"高级筛选"对话框。

⑤ 单击"确定"按钮，完成单项目多条件"与"的筛选。

调整 H 列的列宽。

8.2.3 单项目多条件"或"筛选应用

在了解了如何对单项目多条件"与"的关系进行筛选之后，现在进一步了解单项目多条件"或"关系的筛选。

Step

Step 1 设置条件区域

① 切换到"往来账高级筛选二"工作表，选中 F1 单元格，输入字段名"期末余额"。

② 选中 F2 单元格，输入"3600"，选中 F3 单元格，输入"6800"。

③ 选中 F1:F3 单元格区域，添加框线和填充颜色。

Step 2 设置高级筛选条件区域与筛选结果位置

① 选中 A3:D33 单元格区域中任意单元格，切换到"数据"选项卡，在"排序和筛选"命令组中单击"高级"按钮，弹出"高级筛选"对话框。

② 单击"将筛选结果复制到其他位置"单选钮。

③ 在"条件区域"右侧的文本框中单击一下，在工作表中选中 F1:F3 单元格区域。此时"条件区域"文本框中输入了"往来账高级筛选二!$F$1:$F$3"。

④ 在"复制到"右侧的文本框中单击一下，在工作表中选中 F7 单元格。此时"复制到"右侧的文本框中输入了"往来账高级筛选二!$F$7"。

⑤ 单击"确定"按钮，完成单项目多条件"或"的筛选。

调整 H 列的列宽。

8.2.4 多项目多条件筛选应用

除了对单个项目进行筛选以外，还可以使用高级筛选功能对多个项目的多个条件进行筛选。

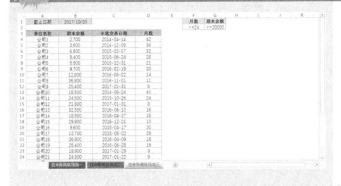

Step 1 设置条件区域

① 切换到"往来账高级筛选三"工作表，选中 F1 单元格，输入字段名"月数"；选中 G1 单元格，输入字段名"期末余额"。

② 选中 F2 单元格，输入">=24"。选中 G2 单元格，输入">=20000"。

③ 选中 F1:G2 单元格区域，设置加粗、居中、填充颜色和框线。

Step 2 设置高级筛选条件区域与筛选结果位置

① 选中 A3:D33 单元格区域中任意单元格，单击"数据"选项卡，在"排序和筛选"命令组中单击"高级"按钮，弹出"高级筛选"对话框。

② 单击"将筛选结果复制到其他位置"单选钮。

③ 在"条件区域"右侧的文本框中单击一下，在工作表中选中 F1:G2 单元格区域。

④ 在"复制到"右侧的文本框中单击一下，再在工作表中选中 F7 单元格。

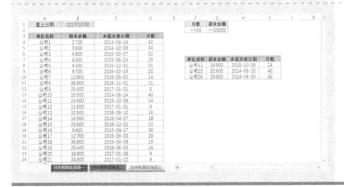

⑤ 单击"确定"按钮，完成单项目多条件"或"的筛选。

调整 H 列的列宽。

关键知识点讲解

高级筛选的应用

（1）高级筛选的条件区域

使用高级筛选之前，必须在建立一个条件区域，条件区域必须遵守下面的规定。

- 条件区域至少由两行组成，第一行中必须包含数据清单中的一些或者全部字段名称。
- 条件区域的另一行必须由筛选条件构成。

（2）高级筛选中使用多个条件

- 在条件区域中同一行的条件相当于 AND 条件，即"与"关系的筛选。
- 在条件区域中不同行的条件相当于 OR 条件，即"或"关系的筛选。

（3）高级筛选使用文字或值作为筛选条件

用户可以使用文字或者值条件制定哪些记录可以通过筛选，当然也可以使用比较操作符来进行筛选。

8.3 基础功能应用技巧

案例背景

在实际工作中经常需要对数据进行排序，排序又分为单条件排序和多条件排序。在有些工作中还需要在系数表中查找给定坐标对应的系数。

关键技术点

要实现本例中的功能，读者应当掌握以下的 Excel 技术点。

- 数据排序
- 函数的应用：MATCH 函数和 INDEX 函数
- 条件格式的应用

最终效果展示

序号	业务员	总销量	商品一销量	商品二销量	商品三销量
7	杨艳熙	1885	650	576	659
2	郑玉昕	1857	569	631	657
15	张广鑫	1746	479	660	607
5	吴再旺	1658	659	473	526
21	张杰	1626	552	547	527
26	张美明	1619	563	542	514
16	李军建	1618	540	450	628
28	徐 文	1609	532	554	523
24	贾德强	1605	570	513	522
10	赵灵芝	1577	518	554	505
27	周礼振	1547	503	522	522
11	吴芳芳	1545	541	459	545
14	郭宏超	1537	461	462	614
6	王超	1509	407	561	541
23	李向丽	1507	552	410	545
25	丛新昆	1502	518	521	463
29	刘学芹	1501	520	419	562
19	梁鑫	1466	427	490	549
4	刘瑶	1453	518	448	487

排序

	90.0	90.1	90.2	90.3	90.4	90.5	90.6	90.7	90.8	90.9	91.0	91.1	91.2	91.3
9.5	87.8	88.8	90.3	86.2	86.5	86.6	90.4	87.3	91.3	90.1	90.0	88.5	91.3	88.9
9.0	89.0	90.6	89.3	86.0	90.4	88.9	88.6	86.7	86.8	88.9	90.4	88.5	89.6	90.3
8.5	89.2	86.6	88.3	88.7	87.5	88.3	88.4	88.8	88.6	91.2	88.2	86.7	91.1	87.3
8.0	88.0	86.6	89.2	89.8	87.5	88.8	89.1	88.1	88.6	89.7	88.8	88.4	89.2	87.1
7.5	87.2	89.2	86.7	88.3	86.7	90.6	88.6	89.0	86.5	88.8	86.5	89.3	87.5	91.0
7.0	86.0	87.8	88.0	90.3	88.1	90.2	88.2	86.9	89.1	87.4	86.5	88.1	89.5	86.5
6.5	89.4	86.0	89.3	87.2	87.3	89.8	89.7	90.5	88.6	87.7	90.3	88.7	88.0	88.7
6.0	85.8	86.3	89.9	88.7	87.7	86.0	87.9	85.7	87.8	86.2	90.7	90.0	86.8	90.9
5.5	86.3	85.2	89.7	87.9	89.4	86.6	88.8	89.0	86.1	90.5	89.5	89.6	89.1	89.6
5.0	86.1	87.2	89.5	88.1	88.2	86.7	90.0	87.2	88.6	88.6	90.3	89.9	89.9	86.3
4.5	89.2	89.7	85.6	86.3	87.6	88.3	90.0	89.5	86.7	88.3	85.8	90.4	89.1	89.2
4.0	85.1	85.5	87.2	87.5	86.2	86.2	90.2	87.2	89.4	86.0	88.5	90.3	88.4	88.3
3.5	84.8	89.1	89.0	86.9	85.7	89.2	87.4	89.0	87.2	86.0	87.2	88.5	88.0	88.3
3.0	86.8	88.7	89.6	88.3	87.6	89.4	86.3	89.9	89.6	88.5	87.9	88.3	87.2	86.0
2.5	87.4	88.5	88.8	89.2	88.8	87.4	86.1	86.8	86.3	85.7	89.9	89.3	89.9	89.2
2.0	88.1	89.1	85.9	88.2	88.4	85.8	86.7	88.1	86.3	86.3	86.7	87.7	88.6	90.4

输入条件

行	列
8.5	90.5

结果

88.3

定位查找

示例文件

\示例文件\第 8 章\业务人员销量排序.xlsx，横纵坐标定位查找.xlsx

8.3.1　制作业务人员销量排序表

本案例主要展示 Excel 对多个字段进行排序的功能。首先创建排序表，然后进行排序。

Step

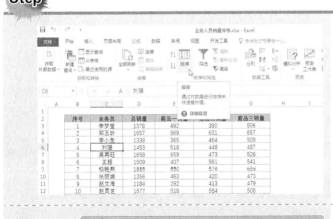

Step 1　对第 4 个关键字排序

① 打开工作簿 "业务人员销量排序"，选中 B2:G32 单元格区域中任意一个单元格，切换到 "数据" 选项卡，在 "排序和筛选" 命令组中单击 "排序" 按钮，弹出 "排序" 对话框。

② 单击 "列" 区域的 "主要关键字" 右侧的下箭头按钮，在弹出的下拉列表中选择 "商品三销量"。

③ 单击 "次序" 下方的右侧下箭头按钮，在弹出的下拉列表中选择 "降序"。单击 "确定" 按钮。

数据表中 G3:G32 单元格区域中的"商品三销量"按照降序排列,如图所示。

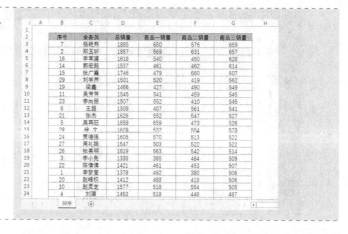

Step 2 对前 3 个主要关键字排序

① 选中 B2:G32 单元格区域中任意一个单元格,在"数据"选项卡的"排序和筛选"命令组中单击"排序"按钮,弹出"排序"对话框。

② 单击"列"区域的"主要关键字"右侧的下箭头按钮,在弹出的下拉列表中选择"总销量"。单击"次序"下方的右侧的下箭头按钮,在弹出的下拉列表中选择"降序"。

③ 单击"添加条件"按钮。单击"次要关键字"右侧的下箭头按钮,在弹出的下拉列表中选择"商品一销量"。单击"次序"下方右侧的下箭头按钮,在弹出的下拉列表中选择"降序"。

④ 采用同样的办法,设置其他次要关键字和次序。

完成以上设置后,数据表中,业务员成绩首先按照主要关键字"总销量"降序排列。

"总销量"相同时,按照第 2 关键字"商品一销量"降序排列。"总销量"和"商品一销量"成绩相同时,按照第 3 关键字"商品二销量"降序排列。"总销量"和"商品一销量"和"商品二销量"相同时,按照第 4 关键字"商品三销量"降序排列。

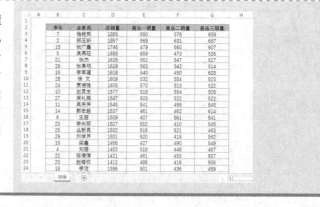

关键知识点讲解

数据排序

(1)简单排序

如果一次只对一个字段排序,可以使用简单排序。单击需要排序的数据区域,然后单击常用工具栏上的"升序排列"按钮 ↓ 或"降序排列"按钮 ↓，对该字段进行升序或者降序排列。

（2）复杂排序

如果需要对多个字段排序，就要使用"排序"对话框进行设定。Excel 提供的"排序"最多可以对 64 个关键字进行排序。

8.3.2 制作横纵坐标定位查找表

本案例主要实现定位查找系数并且使用条件格式在系数表中定位的功能。

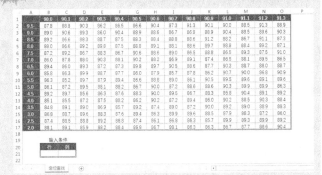

Step 1 添加查找条件

打开工作簿"横纵坐标定位查找"，在 B19:C21 单元格区域的各个单元格中分别输入查找条件，并美化工作表。

Step 2 设置行的数据验证

① 选中 B21 单元格，单击"数据"选项卡，然后单击"数据工具"命令组中的"数据验证"按钮，弹出"数据验证"对话框。

② 单击"设置"选项卡，在"允许"下拉列表中选择"序列"，在"来源"下方的文本框中单击一下，再选择 A2:A17 单元格区域。单击"确定"按钮。

Step 3 设置列的数据验证

选中 C21 单元格，冉次单击"数据验证"按钮，在弹出的"数据验证"对话框中，单击"设置"选项卡，在"允许"下拉列表中选择"序列"，在"来源"下方的文本框中单击一下，选择 B1:O1 单元格区域。单击"确定"按钮。

Step 4 编制显示结果公式

① 在 F20:F21 单元格区域中添加结果显示的表格，并美化工作表。

② 选中 F21 单元格，输入以下公式，按 <Enter> 键确认。

`=INDEX(B2:O17,MATCH(B21,A2:A17,0),MATCH(C21,B1:O1,0))`

此时，B21 和 C21 单元格中都没有数据，F21 单元格显示错误值"#N/A"。

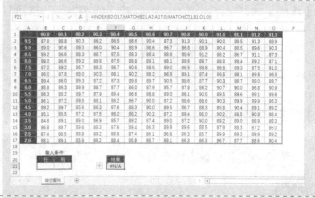

Step 5 设置条件格式

① 选中 B2:O17 单元格区域，单击"开始"选项卡，在"样式"命令组中单击"条件格式"→"新建规则"命令。

② 打开"新建格式规则"对话框，在"选择规则类型"列表框中选择"使用公式确定要设置格式的单元格"选项，在"编辑规则说明"文本框中输入"=($B$21=$A2)+($C$21=B$1)"，单击"格式"按钮。

③ 弹出"设置单元格格式"对话框，单击"填充"选项卡，单击"其他颜色"按钮，弹出"颜色"对话框，在"标准"选项卡中选择适合的淡紫色，单击"确定"按钮，返回"设置单元格格式"对话框。

④ 单击"确定"按钮返回"新建格式规则"对话框，单击"确定"按钮完成设置。

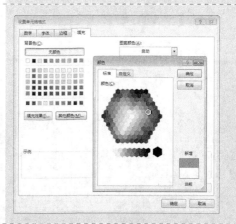

Step 6 查找某系数值

单击 B21 单元格右侧的下箭头按钮，弹出可选数据，选中"8.5"，单击 C21 单元格右侧的下箭头按钮，弹出可选数据，选中"90.5"，此时在数据表格中行为"8.5"的所有单元格、列为"90.5"的所有单元格显示为淡紫色，在"结果"中显示行列的交叉点处数值为"88.3"。

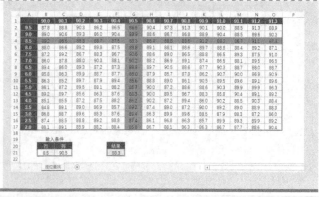

本例公式说明

以下为 F21 单元格中查找系数值的公式。

`=INDEX(B2:O17,MATCH(B21,A2:A17,0),MATCH(C21,B1:O1,0))`

公式中的两个 MATCH 函数分别返回系数值在系数表中的行位置和列位置，INDEX 函数利用行位置和列位置的返回值在 B2:O17 单元格区域中进行查询，并返回查询到的系数值。

在 F21 单元格输入 VLOOKUP 函数公式

`=VLOOKUP(B21,A1:O17,MATCH(C21,A1:O1,),,)`

或者 HLOOKUP 函数公式

`=HLOOKUP(C21,A1:O17,MATCH(B21,A1:A17,),,)`

也可以得到一样的查询结果。

以下为条件格式使用的公式。

`=($B$21=$A2)+($C$21=B$1)`

公式中有两个逻辑判断：

- B21 单元格中的数值和 A2 单元格中的行标题是否相同；
- C21 单元格中的数值和 B1 单元格中的列标题是否相同。

这两个逻辑判断中只要有一个成立，所在单元格就按设置的条件格式显示，即该单元格背景颜色改为"淡紫色"；否则不会按条件格式显示，即单元格背景颜色不变。

扩展知识点讲解

数据的行列转置

在如图所示的工作表中，A1:A5 单元格区域存放着 5 个数据，要对它们进行转置。

① 选中 A1:A5 单元格区域，按<Ctrl+C>组合键复制数据。

② 右键单击目标单元格，如 A7 单元格，在弹出的快捷菜单中选择"粘贴选项"下的"转置"按钮 。

转置后的数据显示在 A7:E7 单元格区域中，如图所示。

8.4 筛选数据源

案例背景

企业各部门的决策都需要参考相应的数据，而在数据表格统计项目较多和信息量巨大的情况下，无法及时一目了然地得到想要引用的数据，将影响企业各部门的工作效率。想要解决这方面的问题，可以应用 Excel 的数据筛选功能，应用相应的函数对原始数据表格按所需条件进行筛选，得到含有所需数据的表格，提供给相关部门，从而极大地提高工作效率。

关键技术点

要实现本例中的功能，读者应当掌握以下的 Excel 技术点。

● 函数的应用：LOOKUP 函数、SUBTOTAL 函数、OFFSET 函数、ROW 函数和 SUMPRODUCT 函数

最终效果展示

	A	B	C	D
1	产地	设备名称	型号	分类
2	北京	电视	GB-005	A
4	北京	音箱	GB-029	A
6	北京	冰箱	GB-037	B
10	北京	电吹风	GB-089	A

数据源

	A	B	C	D
1	产地	数量	A类统计	B类统计
2	北京	4	3	1

统计表

示例文件

\示例文件\第 8 章\跨表筛选统计表.xlsx

8.4.1 创建数据源

Step 1 创建工作簿

新建一个工作簿，保存并命名为"筛选统计表"，将"Sheet1"工作表重命名为"数据源"。

Step 2 输入表格数据

输入表格数据，美化工作表。

	A	B	C	D	E	F	G	H
1	产地	设备名称	型号	分类				
2	北京	电视	GB-005	A				
3	上海	电脑	GB-038	B				
4	北京	音箱	GB-029	A				
5	上海	吸尘器	GB-095	A				
6	北京	冰箱	GB-037	B				
7	重庆	空调	GB-033	B				
8	上海	台灯	GB-047	B				
9	重庆	电扇	GB-063	B				
10	北京	电吹风	GB-089	A				
11	重庆	手电筒	GB-061	A				
12								

8.4.2 创建统计表

Step 1 输入表格字段标题

① 插入一个新工作表，重命名为"统计表"，在 A1:D1 单元格区域中输入表格各字段标题。

② 选中 A1:D2 单元格区域，美化工作表。

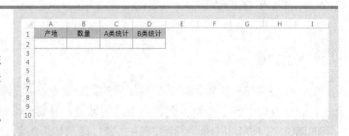

Step 2 输入数组公式

选中 A2 单元格，输入以下公式，按<Enter>键确认。

=LOOKUP(1,0/SUBTOTAL(3,OFFSET(数据源! A1,ROW(1:99)-1,)),数据源!A:A)

Step 3 输入数量公式

选中 B2 单元格，输入以下公式，按<Enter>键确认。

=SUBTOTAL(3,数据源!$A$2:A11)

Step 4 输入 A 类统计和 B 类统计公式

① 选中 C2 单元格，输入以下公式，按<Enter>键确认。

=SUMPRODUCT((数据源!A2:A11=A2)*(数据源!D2:D11="A"))

② 选中 D2 单元格，输入以下公式，按<Enter>键确认。

=SUMPRODUCT((数据源!A2:A11=A2)*(数据源!D2:D11="B"))

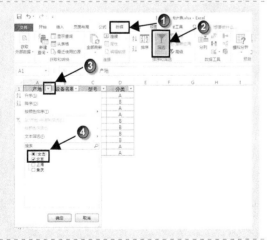

Step 5 查看筛选后的结果

① 切换到"数据源"工作表，选中 A1 单元格，单击"数据"选项卡下的"筛选"按钮。

② 单击 A1 单元格"产地"右侧的下箭头按钮，在弹出的菜单中取消勾选"(全选)"复选框，勾选"北京"复选框。单击"确定"按钮。

此时将筛选出"产地"为"北京"的相关数据。

③ 切换到"统计表"工作表，此时 A2:D2 单元格区域中显示的是"产地"为"北京"的"数量""A 类统计"和"B 类统计"的相关数据。

采用同样的方法，可以筛选其他产地的相关数据。

第 **9** 章　销售预测分析

Excel 2016 高效办公

　　本章以产品销售预测为例，讲解了多种预测计算方法。在财务管理中不仅限于对销售数量进行预测，对费用、成本、利润都需要进行科学的预测，并根据预测结果制定相应的决策。掌握多种预测计算方法是学习本章内容的主要目的。同时还介绍了绘制内插值应用表，分列及快速填充，制作销售百分比法分析资金需求表等内容。

9.1 销售预测分析表

案例背景

预测销售收入是制定企业经营计划的依据，合理科学地计算出预测值可以保障经营计划的顺利实施。销售预测分析是制定年度计划、年度考核指标的数据来源。

关键技术点

要实现本例中的功能，读者应当掌握以下的 Excel 技术点。

● 函数的应用：TREND 函数和 FORECAST 函数

最终效果展示

月份	销量
1	7,500
2	8,280
3	8,710
4	8,400
5	8,640
6	8,970
7	9,490
8	9,940
9	8,880
10	9,880
11	9,240
12	

销量预测分析
y = 177.64x + 7836.9

函数法	预测方法一：使用TREND函数预测12月份销量	9.968.55
	预测方法二：使用FORECAST函数预测12月份销量	9.968.55
线性法	使用线性趋势方程预测12月份销量	
	y=177.64*x+7836.9	y(12月销量)= 9968.58

销售预测

示例文件

\示例文件\第 9 章\销量预测.xlsx

9.1.1 创建销量历史数据表

在绘制销量数据折线图和进行预测之前，首先编制一个销量历史数据表。

Step 设置数据格式

① 打开工作簿"产品销量预测",选中 C3:C14 单元格区域,设置单元格格式为"数值","小数位数"为"0",勾选"使用千位分隔符"复选框。

② 美化工作表。

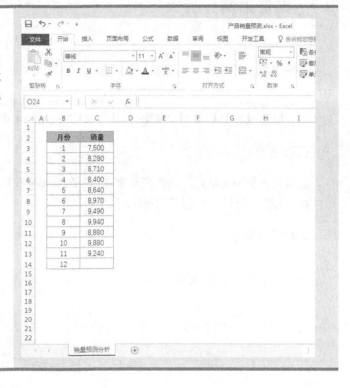

9.1.2 绘制销量历史数据折线图

排列在工作表的列或行中的数据可以绘制到折线图中。折线图可以显示随时间而变化的连续数据,因此非常适用于显示在相等时间间隔下数据的趋势。在折线图中,类别数据沿水平轴均匀分布,所有值数据沿垂直轴分布。

Step 1 插入折线图

选中 C2:C14 单元格区域,单击右下角的"快速分析"按钮。单击"图表"→"折线图"命令。

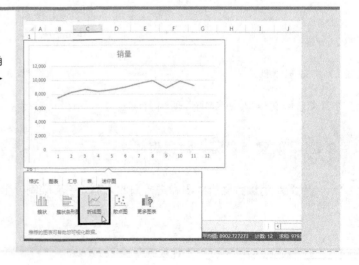

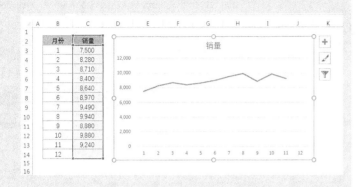

Step 2 调整图表位置

在图表空白位置按住鼠标左键，将其拖曳至表格合适位置。

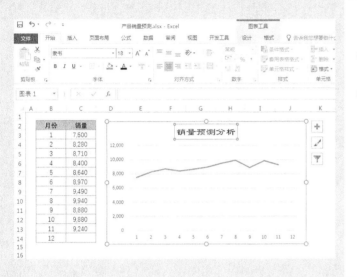

Step 3 编辑图表标题

① 将图表标题修改为"销量预测分析"。

② 选中图表标题，单击"开始"选项卡，设置标题的字体、字号和字体颜色。

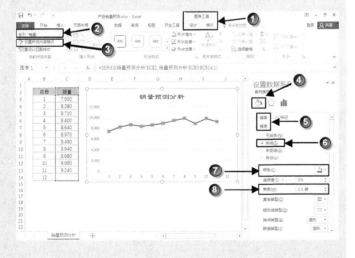

Step 4 设置数据系列格式

① 单击"图表工具—格式"选项卡，在"当前所选内容"命令组的"图表元素"下拉列表框中选择"系列'销量'"，单击"设置所选内容格式"按钮，打开"设置数据系列格式"窗格。

② 依次单击"填充与线条"按钮→"线条"选项→"线条"选项卡→"实线"单选钮。单击"颜色"右侧的下箭头按钮，在弹出的颜色面板中选择"红色"。单击"宽度"右侧的数值调节旋钮，使得文本框中显示的数值为"2.5磅"。

③ 单击"标记"选项→"数据标记选项"选项卡→单击"内置"单选钮。单击"类型"右侧的下箭头按钮，在弹出的列表中选择"▲"，在"大小"文本框中输入"6"。

单击"填充"选项卡，单击"颜色"右侧的下箭头按钮，在弹出的颜色面板中选择"深蓝"。

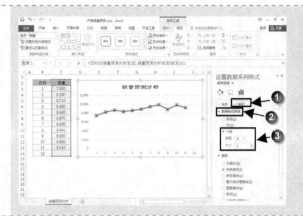

Step 5 设置"水平(类别)轴"坐标轴格式

① 选中"水平(类别)轴"，在"设置坐标轴格式"窗格中，依次单击"坐标轴选项"选项→"填充与线条"按钮→"线条"选项卡→"实线"单选钮，单击"颜色"右侧的下箭头按钮，在弹出的颜色面板中选择"白色,背景1,深色35%"。

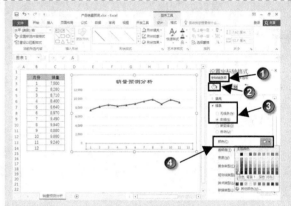

② 依次单击"坐标轴选项"按钮→"刻度线"选项卡，单击"主要类型"右侧的下箭头按钮，在弹出的列表中选择"内部"。

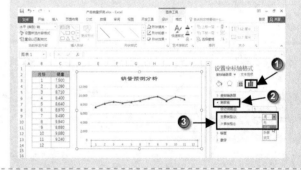

Step 6 设置"垂直(值)轴"坐标轴格式

① 选中"垂直(值)轴"，在"设置坐标轴格式"窗格中，依次单击"坐标轴选项"选项→"填充与线条"按钮→"线条"选项卡→"实线"单选钮。

② 依次单击"坐标轴选项"按钮→"坐标轴选项"选项卡，在"边界"区域下方"最小值"右侧的文本框中输入"6500"。

③ 单击"刻度线"选项卡，单击"主要类型"右侧的下箭头按钮，在弹出的列表中选择"内部"。

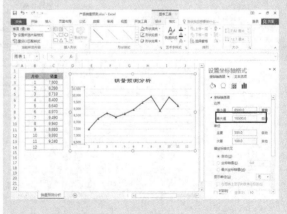

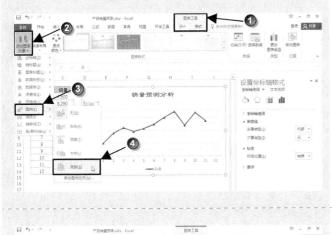

Step 7 设置图例格式

① 单击"图表工具—设计"选项卡，在"图表布局"命令组中依次单击"添加图表元素"→"图例"→"底部"命令。

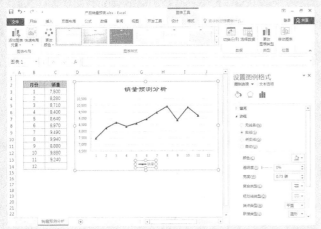

② 选中"图例"，在"设置图例格式"窗格中，依次单击"图例选项"选项→"填充与线条"按钮→"边框"选项卡→"实线"单选钮。

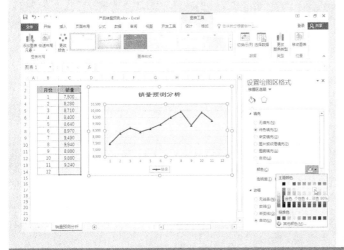

Step 8 设置绘图区格式

选中"绘图区"，在"设置绘图区格式"窗格中，依次单击"填充与线条"按钮→"填充"选项卡→"纯色填充"单选钮，单击"颜色"右侧的下箭头按钮，在弹出的颜色面板中选择"金色,着色4,淡色 80%"。

9.1.3 添加趋势线及趋势方程

绘制好销量历史数据折线图以后，接下来在折线图中添加线性趋势线和线性趋势方程。

Step

Step 1 添加趋势线

单击"图表工具—设计"选项卡，在"图表布局"命令组中单击"添加图表元素"→"趋势线"→"线性"命令。

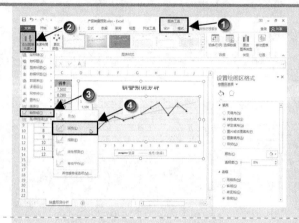

Step 2 设置趋势线格式

① 选中"系列'销量'趋势线1"，在"设置趋势线格式"窗格中，依次单击"填充与线条"按钮→"线条"选项卡→"实线"单选钮，单击"颜色"右侧的下箭头按钮，在弹出的颜色面板中选择"黑色"，单击"宽度"右侧的调节旋钮，使得文本框中显示的数值为"1.75磅"，单击"短划线类型"右侧的下箭头按钮，在弹出的列表中选择第一种"实线"。

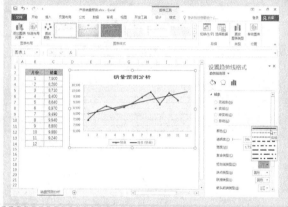

② 依次单击"趋势线选项"按钮→"趋势线选项"选项卡，向下拖动右侧的滚动条，勾选"显示公式"复选框。

关闭"设置趋势线格式"窗格。

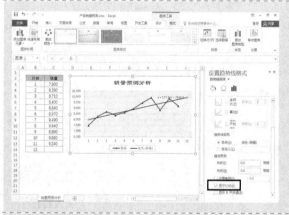

折线图中添加了线性趋势线和线性趋势方程表达式。选中该公式，拖动至合适的位置。

二元一次线性方程的表达式为：

y=177.64x+7836.9

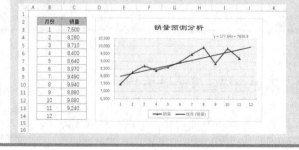

9.1.4 预测销售量

本案例最后利用 TREND 函数、FORECAST 函数、销量以及历史数据折线图中的线性趋势方程，对销量数据进行简单的预测。

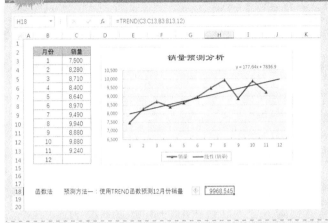

Step 1 使用TREND 函数预测销售量

① 选中 B18 单元格，输入"函数法"。

② 选中 C18 单元格，输入"预测方法一：使用 TREND 函数预测 12 月份销量"。

③ 选中 H18 单元格，输入以下公式，按<Enter>键确认。

`=TREND(C3:C13,B3:B13,12)`

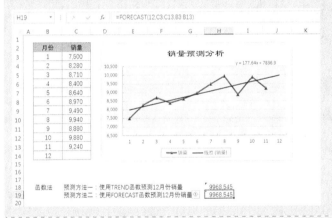

Step 2 使用FORECAST 函数预测销售量

① 选中 C19 单元格，输入"预测方法二：使用 FORECAST 函数预测 12 月份销量"。

② 选中 H19 单元格，输入以下公式，按<Enter>键确认。

`=FORECAST(12,C3:C13,B3:B13)`

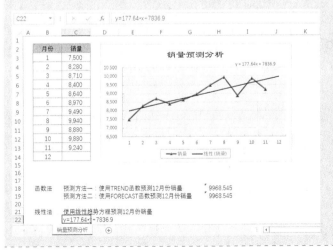

Step 3 使用趋势方程法预测销售量

① 选中 B21 单元格，输入"线性法"。选中 C21 单元格，输入"使用线性趋势方程预测 12 月份销量"。

② 选中 C22 单元格，输入以下公式，按<Enter>键确认。

`y=177.64*x+7836.9`

③ 选中 F22 单元格，输入"y(12 月销量)="。

④ 选中 H22 单元格，输入以下公式，按<Enter>键确认。

```
=177.64*12+7836.9
```

⑤ 按住<Ctrl>键，同时选中 H18:H19 单元格区域和 H23 单元格，设置单元格格式为"数值"，"小数位数"为"2"，勾选"使用千位分隔符"复选框。

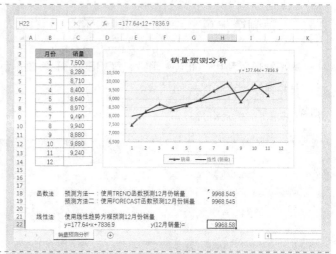

Step 4　美化工作表

美化工作表，效果如图所示。

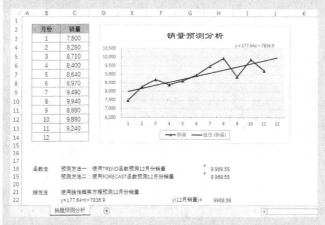

关键知识点讲解

1. 函数应用：TREND 函数

📖 函数用途

返回线性趋势值。找到适合已知数组 known_y's 和 known_x's 的直线（用最小二乘法）。返回指定数组 new_x's 在直线上对应的 y 值。

📖 函数语法

TREND(known_y's,known_x's,new_x's,[const])

📖 参数说明

第一参数是必需参数。关系表达式 $y=mx+b$ 中已知的 y 值集合。

第二参数是必需参数。关系表达式 $y=mx+b$ 中已知的可选 x 值集合。

第三参数是必需参数。表示给出的新的 x 值，也就是需要计算预测值的变量 x。如果省略该参数，则函数会默认其值等于第二参数。

第四参数是可选参数。一个逻辑值，用于指定是否将常量 b 强制设为 0。

- 如果第四参数为 TRUE 或省略，b 将按正常计算。
- 如果第四参数为 FALSE，b 将被设为 0（零），m 将被调整以使 *y*=m*x*。

☐ **函数说明**

- 可以使用 TREND 函数计算同一变量的不同乘方的回归值来拟合多项式曲线。例如，假设 A 列包含 *y* 值，B 列含有 *x* 值。可以在 C 列中输入 *x*2，在 D 列中输入 *x*3，等等，然后根据 A 列，对 B 列到 D 列进行回归计算。

☐ **函数简单示例**

第一个公式显示与已知值对应的值。如果线性趋势继续存在，第二个公式预测下个月的值。

	A	B	C	D
1	月	成本	公式（对应的资产原值）	
2	1	￥133,890	133953.3333	=TREND(B2:B13,A2:A13)
3	2	￥135,000	134971.5152	
4	3	￥135,790	135989.697	
5	4	￥137,300	137007.8788	
6	5	￥138,130	138026.0606	
7	6	￥139,100	139044.2424	
8	7	￥139,900	140062.4242	
9	8	￥141,120	141080.6061	
10	9	￥141,890	142098.7879	
11	10	￥143,230	143116.9697	
12	11	￥144,000	144135.1515	
13	12	￥145,290	145153.3333	
14				
15	月		公式（预测的资产原值）	
16	13		146171.5152	=TREND(B2:B13,A2:A13,A15:A19)
17	14		147189.697	
18	15		148207.8788	
19	16		149226.0606	
20	17		150244.2424	

注释：

示例中的公式必须以数组公式输入。请选中公式开始的 C2:C13 或 C16:C20 单元格区域，按 <Ctrl+Shift+Enter> 组合键。如果公式不是以数组公式的形式输入的，则单个结果为 133953.3333 和 146171.5152。

2. 函数应用：FORECAST 函数

☐ **函数用途**

根据现有值计算或预测未来值。预测值为给定 *x* 值后求得的 *y* 值。已知值为现有的 *x* 值和 *y* 值，并通过线性回归来预测新值。可以使用该函数来预测未来销售、库存需求或消费趋势等。

☐ **函数语法**

FORECAST(x,known_y's,known_x's)

☐ **参数说明**

第一参数是必需参数。为需要进行值预测的数据点。

第二参数是必需参数。为相关数组或数据区域。

第三参数是必需参数。为独立数组或数据区域。

☐ **函数说明**

- 如果第一参数为非数值型，则 FORECAST 返回错误值#VALUE!。
- 如果第二参数和第三参数为空或含有不同个数的数据点，函数 FORECAST 返回错误值 #N/A。
- 如果第三参数的方差为零，则 FORECAST 返回错误值#DIV/0!。

☐ 函数简单示例

	A	B
1	已知 Y	已知 X
2	6	14
3	8	28
4	11	56
5	15	84
6	20	112

示例	公式	说明	结果
1	=FORECAST(30,A2:A6,B2:B6)	基于给定的 x 值 30 为 y 预测一个值	7.986063

9.2 内插值应用

案例背景

制作内插值，先要制作一个系数表作为内插值计算的依据。例如，当产量分别是 100、200、300 时，电量消耗分别是 150、280、550，那么当产量等于 237 时电量消耗应该怎么计算呢？这就是内插值计算。内插值这个概念很少出现，但内插值的应用却非常广泛，它不仅应用于财务领域，还应用于各个领域中，尤其是在各类系数查询表中都离不开内插值的应用。

关键技术点

要实现本例中的功能，读者应当掌握以下的 Excel 技术点。

● 函数的应用：INDEX 函数、MATCH 函数、IF 函数和 TREND 函数

最终效果展示

系数表

X	Y
0	269.99
2	247.47
3	221.50
5	308.16
8	302.78
10	316.41
15	330.73
20	281.79
25	286.85
30	319.08
35	290.64
40	327.74
45	354.37
50	322.70
60	339.30
70	393.03
80	406.89

查找条件	
X=	26.4

	X	Y
上限	25	286.85
下限	30	319.08

查找结果	
Y=	295.8744

内插值应用

示例文件

\示例文件\第 9 章\内插值应用.xlsx

Step 1 添加查找条件

① 打开工作簿"内插值应用",在 E3:F4 单元格区域的各个单元格中分别输入查找条件。

② 在 E6:G8 单元格区域的各个单元格中分别输入上限和下限。

Step 2 添加结果显示

在 E10:E11 单元格区域的各个单元格中分别输入查找结果。美化工作表。

Step 3 编制显示上限公式

① 选中 F7 单元格,输入以下公式,按<Enter>键确认。

=INDEX(B$3:B$19,MATCH($F$4,$B$3:$B$19,1))

② 选中 F7 单元格,向右拖曳右下角的填充柄到 G7 单元格,并设置"不带格式填充"。

Step 4 编制显示下限公式

① 选中 F8 单元格,输入以下公式,按<Enter>键确认。

=INDEX(B$3:B$19,MATCH($F$4,$B$3:$B$19,1)+1)

② 选中 F8 单元格,向右拖曳右下角的填充柄到 G8 单元格,并设置"不带格式填充"。

Step 5 编制显示结果公式

选中 F11 单元格，输入以下公式，按
<Enter>键确认。

`=IF(F4>=80,C19,TREND(G7:G8,F7:F8,F4))`

此时由于 F4 单元格中未输入查找条件，
故F11 单元格中显示错误值"#VALUE!"。

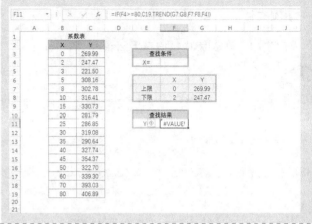

Step 6 进行查找

在 F4 单元格中输入查找条件，如
"26.4"，此时在 F7:G8 单元格区域出现
X 和 Y 的上限和下限。

在 F11 单元格出现查找结果。

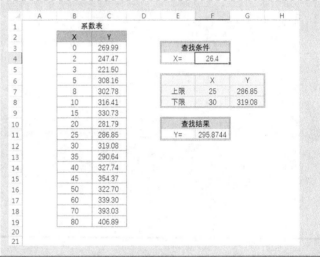

📖 本例公式说明

以下为 F7 单元格中查找 x 上限值公式。

`=INDEX(B$3:B$19,MATCH($F$4,$B$3:$B$19,1))`

公式中，MATCH 函数查找 B3:B19 单元格区域中小于或等于 F4 单元格中数值的最大值，并
返回该数值在单元格区域中的位置。INDEX 函数利用 MATCH 返回的位置值，返回 B3:B19 单元
格区域中相应的 x 值。

以下为 F8 单元格中查找 x 下限值公式。

`=INDEX(B$3:B$19,MATCH($F$4,$B$3:$B$19,1)+1)`

公式中，INDEX 函数利用 MATCH 返回的位置值加 1，返回 B3:B19 单元格区域中相应的
x 值。

以下为 G7 单元格中查找 y 上限值公式。

`=INDEX(C$3:C$19,MATCH($F$4,$B$3:$B$19,1))`

公式中，INDEX 函数利用 MATCH 返回的位置值，返回 C3:C19 单元格区域中相应的 y 值。

以下为 G8 单元格中查找 y 上限值公式。

`=INDEX(C$3:C$19,MATCH($F$4,$B$3:$B$19,1)+1)`

公式中，INDEX 函数利用 MATCH 返回的位置值加 1，返回 C3:C19 单元格区域中相应的
y 值。

以下为 F11 单元格中查找值公式。

```
=IF(F4>=80,C19,TREND(G7:G8,F7:F8,F4))
```

公式中使用了 IF 函数,如果 *x* 的查找值超过 80,则返回 C19 单元格中的 *y* 值。否则利用 TREND 函数计算 *y* 的内插值。

扩展知识点讲解

INDEX 函数和 LOOKUP 函数的应用

以下为本例中查找 *x* 上限值公式。

```
=INDEX(B$3:B$19,MATCH($F$4,$B$3:$B$19,1))
```

如果使用 LOOKUP 函数可以简化公式为:

```
=LOOKUP(F4,B$3:B$19,B$3:B$19)
```

以下为查找对应 *y* 值公式。

```
=LOOKUP(F4,B$3:B$19,C$3:C$19)
```

9.3　分列及快速填充

在 Excel 应用过程中,经常需要把数据进行拆分,如果手工拆分,既费时费力又容易出错,而使用分列功能进行拆分,既工整又迅速。

快速填充功能是基于示例填充数据,通常在识别数据中的某种模式后开始运行,当数据具有某种一致性时效果最佳。它可以提取数字和字符串、合并数据、调整字符串的顺序、整理数据、大小写转换和重组数据。

视频:分列与快速
填充

9.3.1　使用固定宽度分列

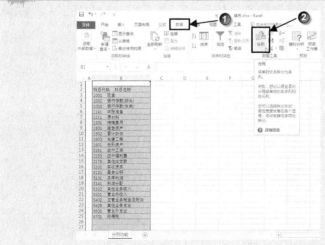

Step　文本分列

① 打开工作簿"分列及快速填充",单击 B 列列标,选中 B 列。单击"数据"选项卡,在"数据工具"命令组中单击"分列"按钮。

② 弹出"文本分列向导—第 1 步, 共 3 步"对话框, 单击"固定宽度"单选钮。单击"下一步"按钮。

③ 进入"文本分列向导—第 2 步, 共 3 步"对话框。

在"数据预览"框下方的"科目代码"中出现分列线, 按住分列线, 将它拖动到"科目代码"的右侧。单击"下一步"按钮。

按住分列线并拖动至此

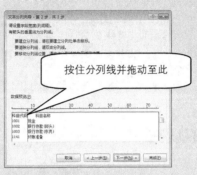

④ 进入"文本分列向导—第 3 步, 共 3 步"对话框, 单击"目标区域"右侧的按钮。

在弹出的区域选择框中选中 D2 单元格, 单击"关闭"按钮。

返回"文本分列向导—第 1 步, 共 3 步"对话框, 单击"完成"按钮。

分列后的科目代码和科目名称分别显示在 D2:D25 和 E2:E25 单元格区域中。美化工作表。

9.3.2　使用分隔符号分列

使用分隔符号分列的前提是每一个数据必须有明显的分隔标志。

Step 1　输入数据

在 G2:G25 单元格区域中输入日期数据，美化工作表。

Step 2　文本分列

① 单击 G 列列标，选中 G 列。单击"数据"选项卡，在"数据工具"命令组中单击"分列"按钮。

② 弹出"文本分列向导—第 1 步，共 3 步"对话框。在"原始数据类型"选项中，保留默认选中的"分隔符号"单选钮。单击"下一步"按钮。

③ 进入"文本分列向导—第2步，共3步"对话框。在"分隔符号"区域下方取消勾选默认的"Tab 键"复选框，再勾选"其他"复选框，在其后的文本框中输入"-"，并且勾选"连续分隔符号视为单个处理"复选框。

④ 单击"下一步"按钮，进入"文本分列向导—第3步，共3步"对话框，单击"目标区域"右侧的按钮。

在弹出的区域选择框中选中 I2 单元格，单击"关闭"按钮。

返回"文本分列向导—第1步，共3步"对话框，单击"完成"按钮。

分列后的开始日期和结束日期分别显示在 I 列和 J 列的单元格区域中。美化工作表。

9.3.3 快速填充

Step 1 插入工作表

① 插入一个新工作表，重命名为"快速填充"。

② 在 A1:D9 单元格区域输入"快速填充一"原始数据，并美化工作表。

Step 2 快速填充

① 选中 B4 单元格，单击"数据"选项卡，在"数据工具"命令中单击"快速填充"按钮图。

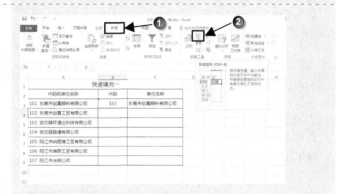

② 此时 B4:B9 单元格区域快速填充了代码。

③ 选中 C4 单元格，按<Ctrl+E>组合键快速填充，此时 C4:C9 单元格区域快速填充了单位名称。

Step 3 输入原始数据

在 F2:H9 单元格区域，输入"快速填充二"的原始数据，并美化工作表。

Step 4 快速填充

① 选中 F4 单元格，单击"数据"选项卡，在"数据工具"命令组中单击"快速填充"按钮▦，此时 F4:F9 单元格区域快速填充了开始时间。

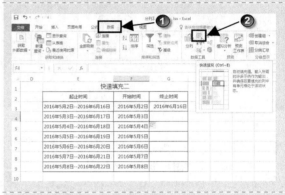

② 选中 G4 单元格，按<Ctrl+E>组合键快速填充，此时 G4:G9 单元格区域快速填充了终止时间。

9.4 销售百分比法分析资金需求

案例背景

销售百分比法，是指依据特定销售额（当期或预测数）的百分比或售价的一定比率决定公司促销预算。

销售百分比法的优点：根据公司的负担能力制订促销费用；促使管理者考虑促销成本、售价与单位劳动之间的关系；各竞争者若以近似或相同的比率编列促销预算，那么能促使市场竞争渐趋稳定。

关键技术点

要实现本例中的功能，读者应当掌握以下的 Excel 技术点。

● 绘制下标

最终效果展示

资产	金额	负债及股东权益	金额
货币资金	540.00	应付票据	1,700.00
应收账款（净额）	4,700.00	应付账款	3,500.00
存货	5,200.00	长期负债	2,700.00
固定资产	6,700.00	股本	18,000.00
长期投资	2,000.00	留存收益	800.00
无形资产	1,500.00		
资产总计	¥ 20,640.00	负债及权益合计	¥ 26,700.00

基期销售收入(S_0)	30,000.00	以上数据单位：	万元
销售利润率(P)	9.00%		
股利发放率(R)	30.00%		

基础数据

资产	金额	负债及股东权益	金额
货币资金	1.80%	应付票据	5.67%
应收账款（净额）	15.67%	应付账款	11.67%
存货	17.33%	长期负债	不变动
固定资产	22.33%	股本	不变动
长期投资	不变动	留存收益	不变动
无形资产	不变动		
合计A/S_0	57.13%	合计B/S_0	17.33%

过渡数据

计划期筹资需求量 $=(A/S_0-B/S_0)(S_1-S_0)-S_1P(1-R)$

A	随销售变化的资产
B	随销售变化的负债
S_0	基期销售收入总额
S_1	计划期销售收入总额
A/S_0	随销变动的资产占销售额的百分比
B/S_0	随销变动的负债占销售额的百分比
P	销售利润率
R	股利发放率

计算公式

利用销售百分比法测算资金需求量　　单位：万元

序号	预计销售额	测算资金需求量
1	38,000.00	790.00
2	42,000.00	2,130.00
3	45,000.00	3,135.00

计算结果

示例文件

\示例文件\第 9 章\销售百分比法分析资金需求.xlsx

9.4.1　创建基础数据表

Step

Step 1　输入表格数据

打开工作簿"销售百分比法分析资金需求"，按住<Ctrl>键，同时选中 B11 和 D11 单元格，在"开始"选项卡的"编辑"命令组中单击"求和"按钮。

Step 2 绘制下标

① 选中 A13 单元格，输入"基期销售收入(S0)"，在编辑栏中选中"0"，右键单击，在弹出的快捷菜单中选择"设置单元格格式"

② 弹出"设置单元格格式"对话框，在"特殊效果"组合框中勾选"下标"复选框，单击"确定"按钮。

③ 在 B13:D13 和 A14:B15 单元格区域中输入相关数据。

Step 3 设置单元格格式

① 按<Ctrl>键，同时选中 B2:B7、D2:D6 单元格区域和 B13 单元格，单击"开始"选项卡，在"数字"命令组中单击"千位分隔样式"按钮。

② 按住<Ctrl>键，同时选中 B11 和 D11 单元格，设置单元格格式为"会计专用"，小数位数为"2"，"货币符号"为"¥"。

③ 选中 B14:B15 单元格区域，设置单元格格式为"百分比"，小数位数为"2"。

④ 美化工作表。

	A	B	C	D	E
1	资产	金额	负债及股东权益	金额	
2	货币资金	540.00	应付票据	1,700.00	
3	应收账款（净额）	4,700.00	应付账款	3,500.00	
4	存货	5,200.00	长期负债	2,700.00	
5	固定资产	6,700.00	股本	18,000.00	
6	长期投资	2,000.00	留存收益	800.00	
7	无形资产	1,500.00			
8					
9					
10					
11	资产总计	￥ 20,640.00	负债及权益合计	￥ 26,700.00	
12					
13	基期销售收入(S_0)	30,000.00	以上数据单位：	万元	
14	销售利润率(P)	9.00%			
15	股利发放率(R)	30.00%			
16					
17					

9.4.2 创建过渡数据表

Step 1 输入基础数据

① 插入一个新的工作表，重命名为"过渡数据"，设置工作表标签颜色为黄色，选中A1:D1 单元格区域，输入表格字段标题。

② 选中 A2:A7 和 C2:C6 单元格区域，输入资产和负债及股东权益的内容。调整表格的列宽。

	A	B	C	D	E
1	资产	金额	负债及股东权益	金额	
2	货币资金		应付票据		
3	应收账款（净额）		应付账款		
4	存货		长期负债		
5	固定资产		股本		
6	长期投资		留存收益		
7	无形资产				
8					
9					

③ 选中 B2 单元格，设置单元格格式为"百分比"，小数位数为"2"，输入以下公式，按<Enter>键确认。

=基础数据!B2/基础数据!$B$13

④ 选中 B2 单元格，拖曳右下角的填充柄至 B5 单元格。

⑤ 选中 D2 单元格，，设置单元格格式为"百分比"，小数位数为"2"，输入以下公式，按<Enter>键确认。

=基础数据!D2/基础数据!$B$13

⑥ 选中 D2 单元格，拖曳右下角的填充柄至 D3 单元格。

Step 2 批量输入相同数据

按住<Ctrl>键，同时选中 B6:B7 和 D4:D6 单元格区域，在编辑栏中输入"不变动"，按<Ctrl+Enter>组合键同时输入。

Step 3 计算合计

① 选中 A11 单元格，输入"合计 A/S0"，在 A11 单元格中选中"0"，按<Ctrl+1>组合键弹出"设置单元格格式"对话框，在"特殊效果"组合框中勾选"下标"复选框。单击"确定"按钮。或者参阅9.4.1 小节的 Step 2，设置下标。

② 选中 C11 单元格，输入"合计 B/S0"，使用同样的方法设置下标。

③ 按住<Ctrl>键，同时选中 B11 和 D11 单元格，在"开始"选项卡的"编辑"命令组中单击"求和"按钮。

Step 4 美化工作表

美化工作表，效果如图所示。

	A	B	C	D	E
1	资产	金额	负债及股东权益	金额	
2	货币资金	1.80%	应付票据	5.67%	
3	应收账款（净额）	15.67%	应付账款	11.67%	
4	存货	17.33%	长期负债	不变动	
5	固定资产	22.33%	股本	不变动	
6	长期投资	不变动	留存收益	不变动	
7	无形资产	不变动			
8					
9					
10					
11	合计A/S₀	57.13%	合计B/S₀	17.33%	
12					
13					

9.4.3 创建计算公式表

Step 1 输入"计划期筹资需求量"

① 插入一个新的工作表，重命名为"计算公式"，设置工作表标签颜色为绿色。选中 A1:B1 单元格区域，设置"合并后居中"，输入"计划期筹资需求量"。

② 选择 C1 单元格，输入以下内容，按 \<Enter>键确认。

`'=(A/S₀-B/S₀)(S₁-S₀)-S₁P(1-R)`

参阅 9.4.1 小节的 Step 2，设置下标。

③ 选中 C1:G1 单元格区域，设置"合并单元格"。

Step 2 输入参数名称

选中 A3:A10 单元格区域，输入各参数名称，并参阅 9.4.1 小节的 Step 2，设置下标。

Step 3 输入参数含义

选中 B3:D10 单元格区域，输入参数含义。选中 B3:D10 单元格区域，依次单击"开始"选项卡→"合并后居中"下箭头按钮→"跨越合并"命令。

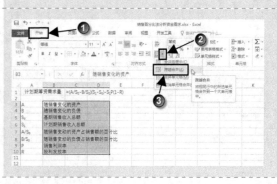

Step 4　美化工作表

美化工作表，效果如图所示。

9.4.4　创建计算结果表

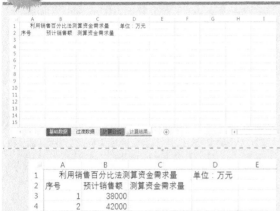

Step 1　输入表格标题和字段标题

① 插入一个新的工作表，重命名为"计算结果"，设置工作表标签颜色为蓝色。

② 选中 A1:C1 单元格区域，设置"合并后居中"，输入表格标题。

③ 输入基础数据，调整单元格的列宽。

Step 2　输入序号

在 A3 单元格中输入"1"。然后按住<Ctrl>键，拖曳右下角的填充柄至 A5 单元格。

Step 3　输入预计销售额

在 B3:B5 单元格中输入预计销售额。

Step 4　输入测算资金需求量公式

① 选中 C3 单元格，输入以下公式，按<Enter>键确认。

=(过渡数据!$B$11-过渡数据!$D$11)*(B3-基础数据!$B$13)-B3*基础数据!$B$14*(1-基础数据!$B$15)

② 拖曳 C3 单元格右下角的填充柄至 C5 单元格。

③ 选中 B3:C5 单元格区域，设置单元格格式为"数值"，小数位数为"0"，勾选"使用千位分隔符"复选框。

Step 5　美化工作表

美化工作表，效果如图所示。

第 **10** 章　资产负债表对比分析法

Excel 2016 高效办

　　本章以资产负债表为例，以其中的各项指标在总数中所占的份额为基础，对比分析本期与同期之间的差异与变动比率。同时对差异额的大小和变动比率的大小进行排名，对变化较大的前五名自动给出提示，便于使用者给予其更多的关注。本章案例适合与资产负债表组合在一起使用。

案例背景

资产负债表是企业三大对外报送报表之一，其指标均为时点指标，可反映企业某一时间资产和负债的分布，是反映企业拥有资产和承担负债情况的统计表。通过对两个会计期间的资产负债数据进行对比可以清楚地了解企业资产和负债的变化。变动幅度较大的指标即为企业决策者应当关注的方向。

关键技术点

要实现本例中的功能，读者应当掌握以下的 Excel 技术点。

- 函数的应用：ABS 函数和 RANK 函数
- 函数的应用：SUM 函数、IF 函数和 OR 函数

最终效果展示

资 产 负 债 表

2017年12月31日

单位名称　　　　　　　　　　　　　　　　　　　　　　　　　　　　　　金额单位：人民币元

资产	上年数	本年数	负债及所有者权益	上年数	本年数
货币资金	503,476.24	510,555.68	短期借款	29,000,000.00	28,000,000.00
短期投资			应付票据		
应收票据	1,500,000.00	1,910,000.00	应付账款	20,605,470.80	21,162,591.62
应收账款	6,349,531.24	8,839,751.39	预收账款		
减:坏帐准备			应付工资	487,080.03	640,459.34
应收账款净额	6,349,531.24	8,839,751.39	应付福利费	479,343.56	497,070.73
预付账款			应付股利	826,328.08	876,627.59
其他应收款	2,529,433.82	2,163,814.13	未交税金	160,417.22	1,238,929.74
存货	5,117,557.98	5,596,141.42	其他未交款	26,065.58	88,136.22
待摊费用		1,722.00	其他应付款	764,603.50	548,905.20
待处理流动资产净损失	23,523,930.33	24,286,083.41	预提费用	23,631.84	72,048.44
流动资产合计	39,523,929.61	43,308,068.03	一年内到期的长期负债		
长期投资	10,500,000.00	11,620,000.00	流动负债合计	52,372,940.61	53,124,768.88
固定资产原值	36,488,567.82	33,382,758.96	长期借款	9,770,481.36	9,770,481.36
减:累计折旧	2,097,292.50	1,181,857.49	应付债券		
固定资产净值	34,391,275.32	32,200,901.47	长期应付款		
固定资产清理		196,548.63	其他长期负债		
专项工程支出		399,518.45	长期负债合计	9,770,481.36	9,770,481.36
待处理固定资产净损失			递延税款贷项		
固定资产合计	34,391,275.32	32,796,968.55	负债合计	62,143,421.97	62,895,250.24
无形资产	13,625,543.14	13,348,221.00	实收资本	30,000,000.00	30,000,000.00
递延资产			资本公积	916,891.10	1,048,092.70
其他长期资产			盈余公积	564,719.60	1,265,546.34
固定及无形资产合计	48,016,818.46	46,145,189.55	其中:公益金		
递延税款借项			未分配利润	4,415,715.40	5,864,368.30
			所有者权益合计	35,897,326.10	38,178,007.34
资产总计	98,040,748.07	101,073,257.58	负债及所有者权益合计	98,040,748.07	101,073,257.58

资产负债表

资产负债表对比
2017年12月31日

单位名称　　金额单位：人民币元

资产	上年数	本年数	增加(减少) 金额	百分比	金额排序	比率排序	结果
资产资金	503,476.24	510,555.68	7,079.44	1.4%	12	10	
短期投资	0.00	0.00	0.00	0.0%			
应收票据	1,500,000.00	1,910,000.00	410,000.00	27.3%	7	3	
应收账款	6,349,531.24	8,839,751.39	2,490,220.15	39.2%	2	2	关注
减:坏账准备	0.00	0.00	0.00	0.0%			
应收账款净额	6,349,531.24	8,839,751.39	2,490,220.15	39.2%			
预付账款	0.00	0.00	0.00	0.0%			
其他应收款	2,529,433.82	2,163,814.13	-365,619.69	-14.5%	9	4	
存货	5,117,557.98	5,596,141.42	478,583.44	9.4%	6	6	
待摊费用	0.00	1,722.00	1,722.00	0.0%	13		
待处理流动资产净损失	23,523,930.33	24,286,083.41	762,153.08	3.2%	5	8	
流动资产合计	39,523,929.61	43,308,068.03	3,784,138.42	9.6%			
长期投资	10,500,000.00	11,620,000.00	1,120,000.00	10.7%	3	5	
固定资产原值	36,488,567.82	33,382,758.96	-3,105,808.86	-8.5%	1	7	关注
减:累计折旧	2,097,292.50	1,181,857.49	-915,435.01	-43.6%	4	1	关注
固定资产净值	34,391,275.32	32,200,901.47	-2,190,373.85	-6.4%			
固定资产清理	0.00	196,548.63	196,548.63	0.0%	11		
在建工程	0.00	399,518.45	399,518.45	0.0%	8		
待处理固定资产净损失	0.00	0.00	0.00	0.0%			
固定资产合计	34,391,275.32	32,796,968.55	-1,594,306.77	-4.6%			
无形资产	13,625,543.14	13,348,221.00	-277,322.14	-2.0%	10	9	
递延资产	0.00	0.00	0.00	0.0%			
其他长期资产	0.00	0.00	0.00	0.0%			
固定及无形资产合计	48,016,818.46	46,145,189.55	-1,871,628.91	-3.9%			
递延税款借项	0.00	0.00	0.00	0.0%			
资产总计	98,040,748.07	101,073,257.58	3,032,509.51	3.1%			

负债及所有者权益	上年数	本年数	增加(减少) 金额	百分比	金额排序	比率排序	结果
短期借款	29,000,000.00	28,000,000.00	-1,000,000.00	-3.4%	3	11	
应付票据	0.00	0.00	0.00	0.0%			
应付账款	20,605,470.80	21,162,591.62	557,120.82	2.7%	5	12	
预收账款	0.00	0.00	0.00	0.0%			
应付工资	487,080.03	640,459.34	153,379.31	31.5%	7	6	
应付福利费	479,343.56	497,070.73	17,727.17	3.7%	12	10	
应付股利	826,328.08	876,627.59	50,299.51	6.1%	10	9	
未交税金	160,417.22	1,238,929.74	1,078,512.52	672.3%	2	1	关注
其他未交款	26,065.58	88,136.22	62,070.64	238.1%	9	2	关注
其他应付款	764,603.50	548,905.20	-215,698.30	-28.2%	6	7	
预提费用	23,631.84	72,048.44	48,416.60	204.9%	11	3	
一年内到期的长期负债							
流动负债合计	52,372,940.61	53,124,768.88	751,828.27	1.4%			
长期借款	9,770,481.36	9,770,481.36	0.00	0.0%			
应付债券	0.00	0.00	0.00	0.0%			
长期应付款	0.00	0.00	0.00	0.0%			
其他长期负债	0.00	0.00	0.00	0.0%			
长期负债合计	9,770,481.36	9,770,481.36	0.00	0.0%			
递延税款贷项	0.00	0.00	0.00	0.0%			
负债合计	62,143,421.97	62,895,250.24	751,828.27	1.2%			
实收资本	30,000,000.00	30,000,000.00	0.00	0.0%			
资本公积	916,891.10	1,048,092.70	131,201.60	14.3%	8	8	
盈余公积	564,719.60	1,265,546.34	700,826.74	124.1%	4	4	
其中:公益金							
未分配利润	4,415,715.40	5,864,368.30	1,448,652.90	32.8%	1	5	关注
所有者权益合计	35,897,326.10	38,178,007.34	2,280,681.24	6.4%			
负债及所有者权益合计	98,040,748.07	101,073,257.58	3,032,509.51	3.1%			

资产负债表对比

资产负债表参数对比
2017年12月31日

单位名称　　金额单位：人民币元

资产	上年数	本年数	上年结构	本年结构	比例增减	结构排序	增减排序	结果
资产资金	503,476.24	510,555.68	0.5%	0.5%	0.0%	10	12	
短期投资	0.00	0.00	0.0%	0.0%	0.0%			
应收票据	1,500,000.00	1,910,000.00	1.5%	1.9%	0.4%	8	8	
应收账款	6,349,531.24	8,839,751.39	6.5%	8.7%	2.3%	5	2	关注
减:坏账准备	0.00	0.00	0.0%	0.0%	0.0%			
应收账款净额	6,349,531.24	8,839,751.39	6.5%	8.7%	2.3%			
预付账款	0.00	0.00	0.0%	0.0%	0.0%			
其他应收款	2,529,433.82	2,163,814.13	2.6%	2.1%	-0.4%	7	6	
存货	5,117,557.98	5,596,141.42	5.2%	5.5%	0.3%	6	9	
待摊费用	0.00	1,722.00	0.0%	0.0%	0.0%	13	11	
待处理流动资产净损失	23,523,930.33	24,286,083.41	24.0%	24.0%	0.0%	2	11	关注
流动资产合计	39,523,929.61	43,308,068.03	40.3%	42.8%	2.5%			
长期投资	10,500,000.00	11,620,000.00	10.7%	11.5%	0.8%	4	4	
固定资产原值	36,488,567.82	33,382,758.96	37.2%	33.0%	-4.2%	1	1	关注
减:累计折旧	2,097,292.50	1,181,857.49	2.1%	1.2%	-1.0%	9	3	
固定资产净值	34,391,275.32	32,200,901.47	35.1%	31.9%	-3.2%			
固定资产清理	0.00	196,548.63	0.0%	0.2%	0.2%	12	10	
在建工程	0.00	399,518.45	0.0%	0.4%	0.4%	11	7	
待处理固定资产净损失	0.00	0.00	0.0%	0.0%	0.0%			
固定资产合计	34,391,275.32	32,796,968.55	35.1%	32.4%	-2.6%			
无形资产	13,625,543.14	13,348,221.00	13.9%	13.2%	-0.7%	3	5	
递延资产	0.00	0.00	0.0%	0.0%	0.0%			
其他长期资产	0.00	0.00	0.0%	0.0%	0.0%			
固定及无形资产合计	48,016,818.46	46,145,189.55	49.0%	45.7%	-3.3%			
递延税款借项	0.00	0.00	0.0%	0.0%	0.0%			
资产总计	98,040,748.07	101,073,257.58	100.0%	100.0%	0.0%			

负债及所有者权益	上年数	本年数	上年结构	本年结构	比例增减	结构排序	增减排序	结果
短期借款	29,000,000.00	28,000,000.00	29.6%	27.7%	1.9%	2	1	关注
应付票据	0.00	0.00	0.0%	0.0%	0.0%			
应付账款	20,605,470.80	21,162,591.62	21.0%	20.9%	0.1%	3	10	
预收账款	0.00	0.00	0.0%	0.0%	0.0%			
应付工资	487,080.03	640,459.34	0.5%	0.6%	-0.1%	10	8	
应付福利费	479,343.56	497,070.73	0.5%	0.5%	0.0%	12	14	
应付股利	826,328.08	876,627.59	0.8%	0.9%	0.0%	9	13	
未交税金	160,417.22	1,238,929.74	0.2%	1.2%	-1.1%	7	3	
其他未交款	26,065.58	88,136.22	0.0%	0.1%	-0.1%	13	11	
其他应付款	764,603.50	548,905.20	0.8%	0.5%	0.2%	11	7	
预提费用	23,631.84	72,048.44	0.0%	0.1%	0.0%	14	12	
一年内到期的长期负债								
流动负债合计	52,372,940.61	53,124,768.88	53.4%	52.6%	0.9%			
长期借款	9,770,481.36	9,770,481.36	10.0%	9.7%	0.3%	4	6	
应付债券	0.00	0.00	0.0%	0.0%	0.0%			
长期应付款	0.00	0.00	0.0%	0.0%	0.0%			
其他长期负债	0.00	0.00	0.0%	0.0%	0.0%			
长期负债合计	9,770,481.36	9,770,481.36	10.0%	9.7%	0.3%			
递延税款贷项	0.00	0.00	0.0%	0.0%	0.0%			
负债合计	62,143,421.97	62,895,250.24	63.4%	62.2%	1.2%			
实收资本	30,000,000.00	30,000,000.00	30.6%	29.7%	0.9%	1	9	
资本公积	916,891.10	1,048,092.70	0.9%	1.0%	-0.1%	8	4	
盈余公积	564,719.60	1,265,546.34	0.6%	1.3%	-0.7%	6	5	
其中:公益金								
未分配利润	4,415,715.40	5,864,368.30	4.5%	5.8%	-1.3%	5	2	关注
所有者权益合计	35,897,326.10	38,178,007.34	36.6%	37.8%	-1.2%			
负债及所有者权益合计	98,040,748.07	101,073,257.58	100.0%	100.0%	0.0%			

资产负债表参数对比

示例文件

\示例文件\第 10 章\资产负债表对比分析.xlsx

10.1 创建资产负债表

在对本年和上年的资产负债表进行对比分析之前，用户先要制作两个年度的资产负债表。

Step 1 设置单元格数字格式

打开工作簿"资产负债表对比分析"，选中 C5:D31 单元格区域，按<Ctrl>键，同时选中 F5:G31 单元格区域，设置单元格格式为"数值"，小数位数为"2"，勾选"使用千位分隔符"复选框。

Step 2 美化工作表

① 选中 B4:G4 单元格区域，设置加粗、居中、字体颜色和填充颜色。

② 调整行高和列宽。

③ 选中 B4:G31 单元格区域，设置边框。

④ 取消网格线显示。

Step 3 设置合计项目单元格格式

① 选中 B10:D10 单元格区域，按住<Ctrl>键，依次同时选中 B16:D16、B24:D24、B28:D28、B31:D31、E17:G17、E22:G22、E24:G24 和 E30:G31 单元格区域，在"开始"选项卡的"字体"命令组中单击"填充颜色"按钮，在弹出的颜色面板中选择"蓝色，个性色 1，淡色 60%"。

② 选中 B16 单元格，按住<Ctrl>键，依次同时选中 B24、B28、B31、E17、E22、E24、E30 和 E31 单元格，设置"居中"。

Step 4 计算应收账款净额

① 选中 C10 单元格，输入以下公式，按<Enter>键确认。

=C8-C9

② 选中 C10 单元格，拖曳右下角的填充柄至 D10 单元格。

Step 5 计算流动资产合计

① 选中 C16 单元格，输入以下公式，按<Enter>键确认。

`=SUM(C5:C7)+SUM(C10:C15)`

② 选中 C16 单元格，拖曳右下角的填充柄至 D16 单元格。

Step 6 计算固定资产合计

① 选中 C24 单元格，输入以下公式，按<Enter>键确认。

`=SUM(C20:C23)`

② 选中 C24 单元格，拖曳右下角的填充柄至 D24 单元格。

Step 7 计算固定及无形资产合计

① 选中 C28 单元格，输入以下公式，按<Enter>键确认。

`=SUM(C24:C27)`

② 选中 C28 单元格，拖曳右下角的填充柄至 D28 单元格。

Step 8 计算资产总计

① 选中 C31 单元格，输入以下公式，按<Enter>键确认。

`=SUM(C16,C17,C28,C29)`

② 选中 C31 单元格，拖曳右下角的填充柄至 D31 单元格。

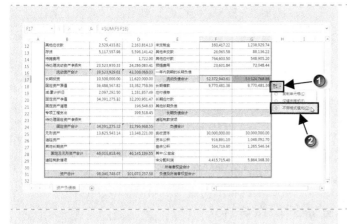

Step 9　计算流动负债合计

① 选中 F17 单元格，输入以下公式，按<Enter>键确认。

`=SUM(F5:F16)`

② 选中 F17 单元格，拖曳右下角的填充柄至 G17 单元格，单击 G17 单元格右下角的智能标记，也就是"自动填充选项"按钮，单击"不带格式填充"单选钮。

Step 10　计算长期负债合计

① 选中 F22 单元格，输入以下公式，按<Enter>键确认。

`=SUM(F18:F21)`

② 选中 F22 单元格，拖曳右下角的填充柄至 G22 单元格，并设置"不带格式填充"。

Step 11　计算负债合计

① 选中 F24 单元格，输入以下公式，按<Enter>键确认。

`=SUM(F17,F22:F23)`

② 选中 F24 单元格，拖曳右下角的填充柄至 G24 单元格，并设置"不带格式填充"。

Step 12　计算所有者权益合计

① 选中 F30 单元格，输入以下公式，按<Enter>键确认。

`=SUM(F25:F27,F29)`

② 选中 F30 单元格，拖曳右下角的填充柄至 G30 单元格，并设置"不带格式填充"。

Step 13 计算负债及所有者权益合计

① 选中 F31 单元格，输入以下公式，按<Enter>键确认。

`=SUM(F24,F30)`

② 选中 F31 单元格，拖曳右下角的填充柄至 G31 单元格，并设置"不带格式填充"。

扩展知识点讲解

自动填充时不带格式

在使用自动填充柄对公式进行复制时，如果原先的单元格或者单元格区域中设定了某种格式，直接填充时会将这种格式复制到目标单元格。使用自动填充柄拖拽操作后，会显示一个智能标记，也就是"自动填充选项"按钮。单击其右侧的下拉箭头会弹出选项对话框，这个对话框根据复制或者填充序列的内容不同而有所区别。只要单击"不带格式填充"，复制数据的时候，原单元格的格式就不会被复制到目标单元格区域中。

10.2 对比分析资产负债项目的绝对变化和变化幅度

创建好资产负债表以后，就可以对比分析本年和上年资产负债项目的绝对变化以及变化幅度。

10.2.1 设置资产负债对比分析表的标题和单元格格式

Step

Step 1 输入表格标题

① 插入一个新的工作表，重命名为"对比资产负债表"，选中 B1:Q1 单元格区域，设置"合并后居中"，输入表格标题"资产负债表对比"。

② 设置 B1:Q1 单元格区域的字体、字号、字体颜色、下划线和行高等格式。

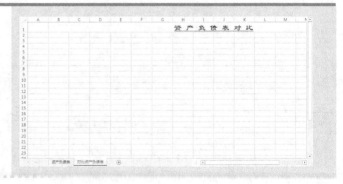

Step 2 输入制表日期及单位

① 选中 B2:Q2 单元格区域，设置"合并后居中"，输入"2017-12-31"，设置日期格式为"长日期"。

② 选中 B2:Q32 单元格区域，设置字体为"微软雅黑"，字号为"9"。

③ 在 B3 单元格中输入"单位名称"。选中 O3:Q3 单元格区域，设置"合并单元格"，输入"金额单位：人民币元"，再设置右对齐。

Step 3 输入表格各字段标题

① 在 B4:Q5 单元格区域中输入表格各字段标题。

② 选中 B4:B5 单元格区域，设置"合并后居中"。

③ 选中 B4:B5 单元格区域，在"开始"选项卡的"剪贴板"命令组中双击"格式刷"按钮，当鼠标指针变成❏➴形状时，拖动鼠标依次选中 C4、D4、G4、H4、I4、J4、K4、L4、O4、P4 及 Q4 单元格。

④ 再次单击"格式刷"按钮，取消"格式刷"状态。

⑤ 选中 E4:F4 单元格区域，设置"合并后居中"。选中 M4:N4 单元格区域，设置"合并后居中"。

⑥ 在 B6:B32 和 J6:J32 单元格区域中输入表格内容。

Step 4 设置单元格格式

① 按住<Ctrl>键，同时选中 C6:E32 和 K6:M32 单元格区域，设置单元格格式为"数值"，小数位数为"2"，勾选"使用千位分隔符"复选框。

② 按住<Ctrl>键，同时选中 F6:F32 和 N6:N32 单元格区域，设置单元格格式为"百分比"，小数位数为"1"。

③ 按住<Ctrl>键，同时选中 G6:H32 和 O6:P32 单元格区域，设置单元格格式为"数值"，小数位数为"0"。

Step 5 美化工作表

① 选中 B4:Q5 单元格区域，设置加粗、居中、字体颜色和填充颜色。

② 选中 B4:Q32 单元格区域，设置边框。

③ 调整列宽。

④ 取消网格线显示。

Step 6 设置合计项目单元格格式

① 选中 B11:I11 单元格区域，按住<Ctrl>键，依次选中 B17:I17、B25:I25、B29:I29、B32:I32、J18:Q18、J23:Q23、J25:Q25 和 J31:Q32 单元格区域。

② 单击"开始"选项卡，在"字体"命令组中单击"填充颜色"按钮，在弹出的颜色面板中选择"蓝色,个性色 1,淡色 60%"。

③ 单击 B11 单元格，按住<Ctrl>键，依次选中 B17、B25、B29、B32、J18、J23、J25、J31 和 J32 单元格，设置"居中"。

10.2.2 计算资产类和负债类项目的绝对变化和变化幅度

Step 1 导入资产类项目数据

① 选中 C6 单元格，输入以下公式，按<Enter>键确认。

`=资产负债表!C5`

② 选中 C6 单元格，拖曳右下角的填充柄向右至 D6 单元格，再向下至 D32 单元格，并设置"不带格式填充"。

③ 选中 C:D 列，在 D 列和 E 列的交界处双击，调整 C:D 列的列宽以完全显示数据。

④ 选中 C31:D31 单元格区域，按<Delete>键，删除这两个单元格中的数值。

Step 2 导入负债类项目数据

① 选中 K6 单元格，输入以下公式，按<Enter>键确认。

`=资产负债表!F5`

② 选中 K6 单元格，拖曳右下角的填充柄向右至 L6 单元格，再向下至 L32 单元格，并设置"不带格式填充"，调整列宽。

Step 3 计算资产类项目绝对数变化

① 选中 E6 单元格，输入以下公式，按<Enter>键确认。

`=D6-C6`

② 选中 E6 单元格，拖曳右下角的填充柄至 E32 单元格，并设置"不带格式填充"，调整列宽。

③ 选中 E31 单元格，按<Delete>键。

Step 4 计算资产类项目变化幅度

① 选中 F6 单元格，输入以下公式，按<Enter>键确认。

`=IF(C6=0,0,E6/C6)`

② 选中 F6 单元格，拖曳右下角的填充柄至 F32 单元格，并设置"不带格式填充"。

③ 选中 F31 单元格，按<Delete>键。

Step 5 计算负债类项目绝对数变化

① 选中 M6 单元格,输入以下公式,按<Enter>键确认。

=L6-K6

② 选中 M6 单元格,双击右下角的填充柄,在 M6:M32 单元格区域中快速复制填充公式,并设置"不带格式填充"。

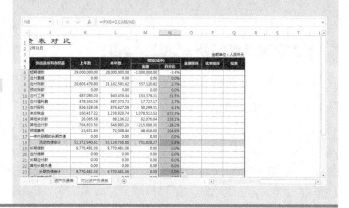

Step 6 计算负债类项目绝对数变化

① 选中 N6 单元格,输入以下公式,按<Enter>键确认。

=IF(K6=0,0,M6/K6)

② 选中 N6 单元格,双击右下角的填充柄,在 N6:N32 单元格区域中快速复制填充公式,并设置"不带格式填充"。

10.2.3 设置辅助区

Step 1 设置辅助区表格标题和表格各字段标题

① 选中 R3:U3 单元格区域,设置"合并后居中",输入辅助区表格标题"辅助区"。

② 在 R4:U5 单元格区域中输入负债表各字段标题。

③ 分别选中 R4:S4 和 T4:U4 单元格区域,设置"合并后居中",选中 R5:U5 单元格区域,设置"居中"。

④ 选中 R3:U32 单元格区域,设置"字体"为"微软雅黑",字号为"9"。

Step 2 设置辅助区中单元格格式

① 按住<Ctrl>键，同时选中 R6:R32 和 T6:T32 单元格区域，设置单元格格式为"数值"，小数位数为"2"，勾选"使用千位分隔符"复选框。

② 按住<Ctrl>键，同时选中 S6:S32 和 U6:U32 单元格区域，设置单元格格式为"百分比"，小数位数为"1"。

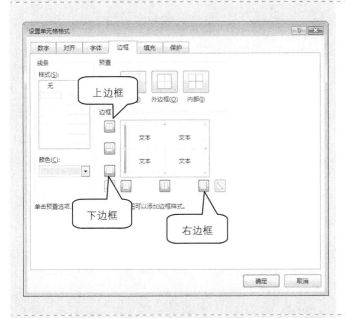

Step 3 设置辅助区单元格边框

选中 R4:U32 单元格区域，按<Ctrl+1>组合键，弹出"设置单元格格式"对话框，单击"边框"选项卡，在"样式"中选择第 3 种样式，单击"颜色"下方右侧的下箭头按钮，在弹出的颜色面板中选择"白色,背景 1,深色 15%",在"边框"下依次单击"上边框"、"下边框"和"右边框"，在"预置"下单击"内部"。单击"确定"按钮。

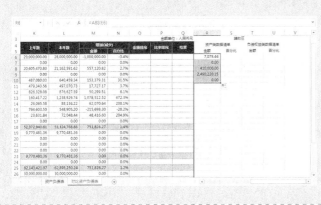

Step 4 计算资产类项目绝对数变化的绝对值

① 选中 R6 单元格，输入以下公式，按<Enter>键确认。

=ABS(E6)

② 选中 R6 单元格，拖曳右下角的填充柄至 R10 单元格。

③ 调整 R 列的列宽。

④ 选中 R11 单元格，输入以下公式，按<Enter>键确认。

=ABS(E12)

⑤ 选中 R11 单元格，拖曳右下角的填充柄至 R15 单元格。

⑥ 选中 R16 单元格，输入以下公式，按<Enter>键确认。

=ABS(E18)

⑦ 选中 R16 单元格，拖曳右下角的填充柄至 R18 单元格。

⑧ 选中 R19 单元格，输入以下公式，按<Enter>键确认。

=ABS(E22)

⑨ 选中 R19 单元格，拖曳右下角的填充柄至 R21 单元格。

⑩ 选中 R22 单元格，输入以下公式，按<Enter>键确认。

=ABS(E26)

⑪ 选中 R22 单元格，拖曳右下角的填充柄至 R24 单元格。

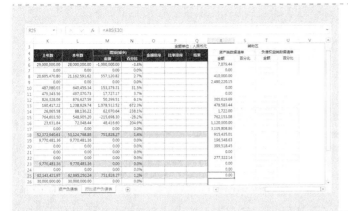

⑫ 选中 R25 单元格，输入以下公式，按<Enter>键确认。

=ABS(E30)

Step 5 计算资产类项目变化幅度的绝对值

① 选中 S6 单元格，输入以下公式，按<Enter>键确认。

=ABS(F6)

② 选中 S6 单元格，拖曳右下角的填充柄至 S10 单元格。

③ 选中 S11 单元格，输入以下公式，按<Enter>键确认。

=ABS(F12)

④ 选中 S11 单元格，拖曳右下角的填充柄至 S15 单元格。

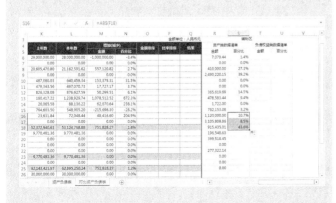

⑤ 选中 S16 单元格，输入以下公式，按<Enter>键确认。

=ABS(F18)

⑥ 选中 S16 单元格，拖曳右下角的填充柄至 S18 单元格。

⑦ 选中 S19 单元格，输入以下公式，按<Enter>键确认。

`=ABS(F22)`

⑧ 选中 S19 单元格，拖曳右下角的填充柄至 S21 单元格。

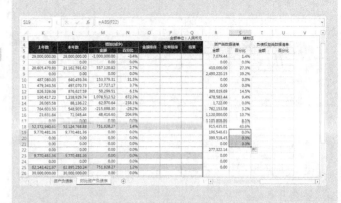

⑨ 选中 S22 单元格，输入以下公式，按<Enter>键确认。

`=ABS(F26)`

⑩ 选中 S22 单元格，拖曳右下角的填充柄至 S24 单元格。

⑪ 选中 S25 单元格，输入以下公式，按<Enter>键确认。

`=ABS(F30)`

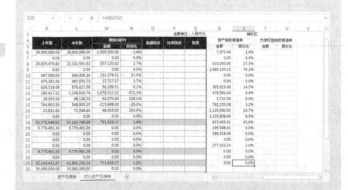

Step 6 计算负债类项目绝对数变化的绝对值

① 选中 T6 单元格，输入以下公式，按<Enter>键确认。

`=ABS(M6)`

② 选中 T6 单元格，拖曳右下角的填充柄至 T17 单元格。

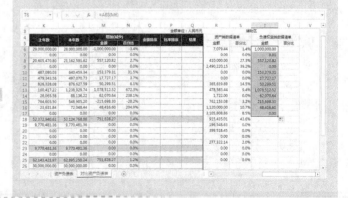

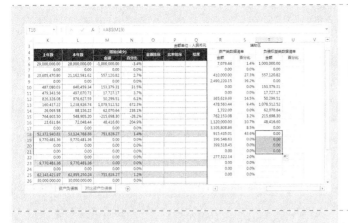

③ 选中 T18 单元格，输入以下公式，
按<Enter>键确认。

=ABS(M19)

④ 选中 T18 单元格，拖曳右下角的填
充柄至 T21 单元格。

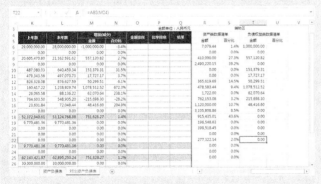

⑤ 选中 T22 单元格，输入以下公式，
按<Enter>键确认。

=ABS(M24)

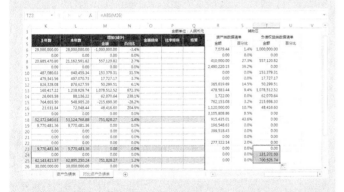

⑥ 选中 T23 单元格，输入以下公式，
按<Enter>键确认。

=ABS(M26)

⑦ 选中 T23 单元格，拖曳右下角的填
充柄至 T25 单元格。

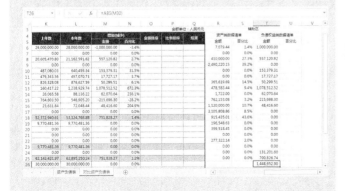

⑧ 选中 T26 单元格，输入以下公式，
按<Enter>键确认。

=ABS(M30)

Step 7 计算负债类项目变化幅度的绝对值

① 选中 U6 单元格，输入以下公式，按 <Enter> 键确认。

=ABS(N6)

② 选中 U0 单元格，拖曳右下角的填充柄至 U17 单元格。

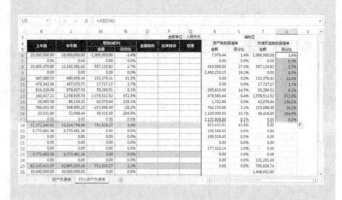

③ 选中 U18 单元格，输入以下公式，按 <Enter> 键确认。

=ABS(N19)

④ 选中 U18 单元格，拖曳右下角的填充柄至 U21 单元格。

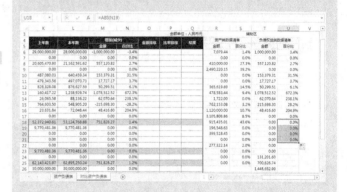

⑤ 选中 U22 单元格，输入以下公式，按 <Enter> 键确认。

=ABS(N24)

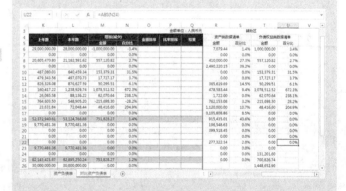

⑥ 选中 U23 单元格，输入以下公式，按 <Enter> 键确认。

=ABS(N26)

⑦ 选中 U23 单元格，拖曳右下角的填充柄至 U25 单元格。

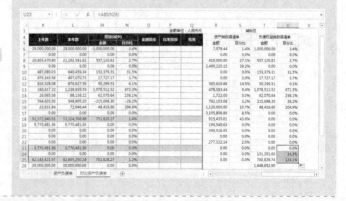

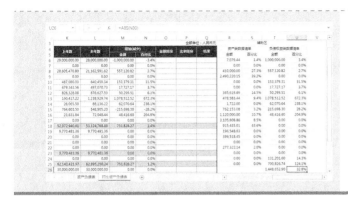

⑧ 选中 U26 单元格，输入以下公式，按<Enter>键确认。

`=ABS(N30)`

10.2.4 对资产类项目和负债类项目的金额和百分比排序

Step 1 对资产类项目绝对变化进行排序

① 选中 G6 单元格，输入以下公式，按<Enter>键确认。

`=IF(E6=0,"",RANK(ABS(E6),$R$6:$R$25))`

② 选中 G6 单元格，拖曳右下角的填充柄至 G30 单元格，并设置"不带格式填充"。

③ 选中 G11 单元格，按住<Ctrl>键，再选中 G17、G21、G25 和 G29 单元格，按<Delete>键，删除单元格中的值。

对资产类项目绝对变化排序后的结果见左图。

Step 2 对资产类项目变化幅度进行排序

① 选中 H6 单元格，输入以下公式，按<Enter>键确认。

`=IF(F6=0,"",RANK(ABS(F6),$S$6:$S$25))`

② 选中 H6 单元格，拖曳右下角的填充柄至 H30 单元格，并设置"不带格式填充"。

③ 选中 H11 单元格，按住<Ctrl>键，再选中 H17、H21、H25 和 H29 单元格，按<Delete>键，删除单元格中的值。

Step 3　显示资产类项目排序结果

① 选中 I6 单元格，输入以下公式，按<Enter>键确认。

`=IF(OR(G6<=2,H6<=2),"关注","")`

② 选中 I6 单元格，拖曳右下角的填充柄至 I30 单元格，并设置"不带格式填充"。

③ 选中 I11 单元格，按住<Ctrl>键，再选中 I17、I21、I25 和 I29 单元格，按<Delete>键删除单元格中的值。

I9、I19 和 I20 单元格中显示"关注"。

Step 4　设置条件格式

① 选中 I6:I30 单元格区域，在"开始"选项卡的"样式"命令组中单击"条件格式"→"新建规则"命令。

② 打开"新建格式规则"对话框后，在"选择规则类型"列表框中选择"只为包含以下内容的单元格设置格式"选项，在"编辑规则说明"区域中，第 1 个选项保持不变；单击第 2 个选项右侧的"下箭头"按钮▾，在弹出的列表中选择"等于"；在第 3 个选项的文本框中输入"关注"。单击"格式"按钮。

③ 弹出"设置单元格格式"对话框，单击"字体"选项卡，单击"颜色"右侧的下箭头，在弹出的颜色面板中选中"标准色"下的"红色"。单击"确定"按钮。

④ 返回"新建格式规则"对话框，单击"确定"按钮完成设置。

此时，I9、I19 和 I20 单元格中即显示为红色的"关注"。

由于本例中公式结果仅有"关注"和""（空值）两种结果，因此也可以直接设置字体颜色。

Step 5 对负债类项目绝对变化进行排序

① 选中 O6 单元格，输入以下公式，按 <Enter> 键确认。

`=IF(M6=0,"",RANK(ABS(M6),$T$6:$T$26))`

② 选中 O6 单元格，拖曳右下角的填充柄至 O30 单元格，并设置"不带格式填充"。

③ 选中 O18 单元格，按住 <Ctrl> 键，再选中 O23、O25 和 O29 单元格，按 <Delete> 键删除单元格的值。

Step 6 对负债类项目变化幅度进行排序

① 选中 P6 单元格，输入以下公式，按 <Enter> 键确认。

`=IF(N6=0,"",RANK(ABS(N6),$U$6:$U$26))`

② 选中 P6 单元格，拖曳右下角的填充柄至 P30 单元格，并设置"不带格式填充"。

③ 选中 P18 单元格，按住 <Ctrl> 键，再选中 P23、P25 和 P29 单元格，按 <Delete> 键删除单元格中的值。

Step 7 显示负债类排序结果

① 选中 Q6 单元格，输入以下公式，按 <Enter> 键确认。

`=IF(OR(O6<=2,P6<=2),"关注","")`

② 选中 Q6 单元格，拖曳右下角的填充柄至 Q30 单元格，并设置"不带格式填充"。

③ 选中 Q18 单元格，按住<Ctrl>键，再选中 Q23、Q25 和 Q29 单元格，按<Delete>键删除单元格中的值。

此时，Q13、Q14 和 Q30 单元格即显示为"关注"。

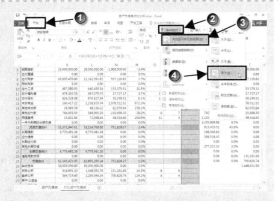

Step 8 设置条件格式

① 选中 Q6:Q30 单元格区域，在"开始"选项卡的"样式"命令组中单击"条件格式"→"突出显示单元格规则"→"等于"命令。

② 弹出"等于"对话框，在"为等于以下值的单元格设置格式"下方的文本框中输入"关注"，单击"设置为"右侧的下箭头按钮，在弹出的列表中选择"自定义格式"，弹出"设置单元格格式"对话框，单击"字体"选项卡，单击"颜色"右侧的下箭头，在弹出的颜色面板中选中"标准色"下的"红色"，单击"确定"按钮，返回"等于"对话框，再次单击"确定"按钮。

此时，Q13、Q14 和 Q30 单元格即显示为红色的"关注"。

也可以参阅 10.2.4 小节中 Step 4 的步骤，设置 Q6:Q30 单元格区域中的条件格式。

Step 9 美化工作表

① 选中 R3:U32 单元格区域，设置字体颜色为"白色,背景 1,深色 50%"。

② 选中 G4:H5 单元格区域，设置"自动换行"。选中 O4:P5 单元格区域，设置"自动换行"。

③ 调整 G:I 列的列宽，设置 G:I 列居中。调整 O:Q 列的列宽，设置 O:Q 列居中。

关键知识点讲解

1. 函数应用：ABS 函数

☐ **函数用途**

返回数字的绝对值。绝对值没有符号。

☐ **函数语法**

ABS(number)

☐ **参数说明**

number 为需要计算其绝对值的实数。

☐ **函数简单示例**

	A
1	数据
2	-15

示例	公式	说明	结果
1	=ABS(2)	2 的绝对值	2
2	=ABS(-2)	-2 的绝对值	2
3	=ABS(A2)	-15 的绝对值	15

2. 函数应用：RANK 函数

☐ **函数用途**

返回一列数字的数字排位。数字的排位是其相对于列表中其他值的大小。

☐ **函数语法**

RANK(number,ref,[order])

☐ **参数说明**

第一参数表示要找到其排位的数字。

第二参数表示对数字列表的引用，其中的非数字内容会被忽略。

第三参数为可选参数，是用于指定数字排位方式的数字。

● 如果第三参数为 0（零）或省略，则按照降序进行排序。

● 如果第三参数不为零，则按照升序进行排序。

☐ **函数说明**

RANK 函数赋予重复数相同的排位，重复数的存在将影响后续数值的排位。例如，在按升序排序的整数列表中，如果数字 10 出现两次，且其排位为 5，则 11 的排位为 7（没有排位为 6 的数值）。

☐ **函数简单示例**

	A
1	数据
2	14
3	4.5
4	4.5
5	5
6	3

示例	公式	说明	结果
1	=RANK(A2,A2:A6,1)	14 在上表中按照升序的排位	5
2	=RANK(A3,A2:A6,1)	4.5 在上表中按照升序的排位	2

本例公式说明

以下为 R6 单元格中公式。

```
=ABS(E6)
```

公式返回"货币基金"绝对值变化的绝对值。

以下为 G6 单元格对资产类项目绝对变化排序的公式。

```
=IF(E6=0,"",RANK(ABS(E6),$R$6:$R$25))
```

公式中使用了嵌套函数，E6 单元格中的数值是 IF 函数的条件判断依据。如果 E6 单元格数值为 0，则返回空值；否则返回 E6 单元格数值的绝对值在 R6:R25 单元格区域中按照降序排列的排位。

对 H6、O6 和 P6 单元格中的排序公式都可以按照同样的原理分析。

以下为 I6 单元格中显示结果的公式。

```
=IF(OR(G6<=2,H6<=2),"关注","")
```

公式中使用 OR 函数返回的值作为 IF 函数的条件判断依据。G6 单元格或者 H6 单元格中的数值只要有一个小于或者等于 2，如果判断成立，OR 函数返回 TRUE，此时公式返回"关注"，否则公式返回空值。

对 Q6 单元格中显示结果的公式可以按照同样的原理分析。

10.3 对比分析资产负债项目相对变化和相对变化幅度

接下来从相对变化的角度对比分析本年和上年资产负债的变化以及变化幅度。

10.3.1 设置资产负债参数对比表的标题和单元格格式

Step 1 输入表格标题

① 插入一个新工作表，重命名为"资产负债表参数对比"工作表，选中 B1 单元格，输入表格标题"资产负债表参数对比"。

② 切换到"对比资产负债表"，选中 B1:O1 单元格区域，在"开始"选项卡的"剪贴板"命令组中单击"格式刷"按钮，再切换到"资产负债表参数对比"工作表，单击 B1 单元格，将格式复制给该单元格。

③ 选中 B1:S1 单元格区域，在"开始"选项卡的"对齐方式"命令组中，单击"合并后居中"按钮。

Step 2 输入制表日期及单位

① 选中 B2:S2 单元格区域，设置"合并后居中"，输入"2017-12-31"，设置日期格式为"长日期"。

② 选中 B2:S32 单元格区域，设置字体为"微软雅黑"，宁号为"0"。

③ 在 B3 单元格中输入"单位名称"。选中 Q3:S3 单元格区域，设置"合并单元格"，输入"金额单位：人民币元"，再设置右对齐。

Step 3 输入表格各字段标题

① 在 B4:S4 单元格区域中输入表格各字段标题。② 选中 B4:B5 单元格区域，设置"合并后居中"。

③ 选中 B4:B5 单元格区域，在"开始"选项卡的"剪贴板"命令组中双击"格式刷"按钮，当鼠标指针变成 ➕🖌 形状时，拖动鼠标依次选中 C4、D4、E4、F4、G4、H4、I4、J4、K4、L4、M4、N4、O4、P4、Q4、R4 和 S4 单元格。

④ 再次单击"格式刷"按钮，取消"格式刷"状态。⑤ 在 B6:B32 和 K6:K32 单元格区域中输入表格内容。

Step 4 设置单元格格式

① 按住<Ctrl>键，同时选中 C6:D32 和 L6:M32 单元格区域，设置单元格格式为"数值"，小数位数为"2"，勾选"使用千位分隔符"复选框。

② 按住<Ctrl>键，同时选中 E6:G32 和 N6:P32 单元格区域，设置单元格格式为"百分比"，小数位数为"1"。

③ 按住<Ctrl>键，同时选中 H6:I32 和 Q6:R32 单元格区域，设置单元格格式为"数值"，小数位数为"0"。

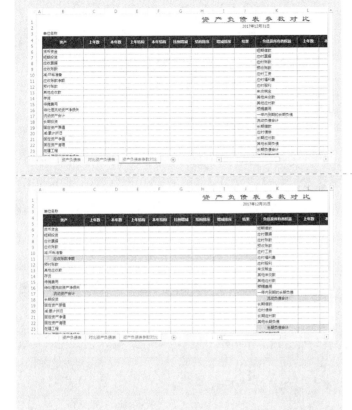

Step 5　美化工作表

① 选中 B4:S5 单元格区域，设置加粗、居中、字体颜色和填充颜色。

② 选中 B4:S32 单元格区域，设置边框。

③ 调整列宽。

④ 取消网格线显示。

Step 6　设置合计项目单元格格式

① 选中 B11:J11 单元格区域，按住 <Ctrl> 键，依次选中 B17:J17、B25:J25、B29:J29、B32:J32、K18:S18、K23:S23、K25:S25 和 K31:S32 单元格区域。

② 设置填充颜色为"蓝色,个性色 1,淡色 60%"。

③ 单击 B11 单元格，按住<Ctrl>键，依次选中 B17、B25、B29、B32、K18、K23、K25、K31 和 K32 单元格，设置"居中"。

10.3.2　计算资产类和负债类项目的相对变化和变化幅度

Step

Step 1　导入资产类项目数据

① 在"资产负债表参数对比"工作表中，选中 C6 单元格，输入以下公式，按 <Enter>键确认。

`=资产负债表!C5`

② 选中 C6 单元格，拖曳右下角的填充柄至 D6 单元格，再双击 D6 单元格右下角的填充柄，在 C6:D32 单元格区域中快速复制填充公式，并设置"不带格式填充"。

③ 调整列宽。

④ 选中 C31:D31 单元格区域，然后按 <Delete>键，删除这两个单元格中的数值。

Step 2 导入负债类项目数据

① 选中 L6 单元格，输入以下公式，按 <Enter>键确认。

=资产负债表!F5

② 选中 L6 单元格，拖曳右下角的填充柄至 M6 单元格，再双击 M6 单元格的右下角的填充柄，在 L6:M32 单元格区域中快速复制填充公式，并设置"不带格式填充"。

③ 调整列宽。

Step 3 计算上年资产类项目结构

① 选中 E6 单元格，输入以下公式，按 <Enter>键确认。

=IF($C$32=0,0,C6/$C$32)

② 选中 E6 单元格，双击右下角的填充柄，在 E6:E32 单元格区域中快速复制填充公式，并设置"不带格式填充"。

③ 选中 E31 单元格，按<Delete>键删除单元格中的值。

Step 4 计算本年资产类项目结构

① 选中 F6 单元格，输入以下公式，按 <Enter>键确认。

=IF($D$32=0,0,D6/$D$32)

② 选中 F6 单元格，双击右下角的填充柄，在 F6:F32 单元格区域中快速复制填充公式，并设置"不带格式填充"。

③ 选中 F31 单元格，按<Delete>键删除单元格中的值。

Step 5 计算资产类项目结构变化

① 选中 G6 单元格，输入以下公式，按 <Enter>键确认。

=F6-E6

② 选中 G6 单元格，双击右下角的填充柄，在 G6:G32 单元格区域中快速复制填充公式，并设置"不带格式填充"。

③ 选中 G31 单元格，按<Delete>键删除单元格中的值。

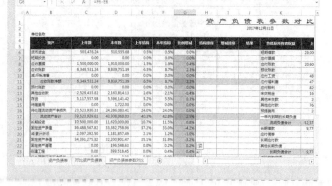

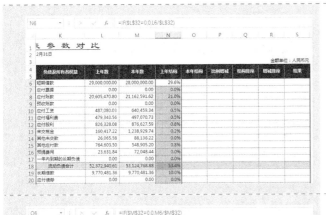

Step 6 计算上年负债类项目结构

① 选中 N6 单元格，输入以下公式，按 <Enter>键确认。

`=IF($L$32=0,0,L6/$L$32)`

② 选中 N6 单元格，双击右下角的填充柄，在 N6:N32 单元格区域中快速复制填充公式，并设置"不带格式填充"。

Step 7 计算本年负债类项目结构

① 选中 O6 单元格，输入以下公式，按 <Enter>键确认。

`=IF($M$32=0,0,M6/$M$32)`

② 选中 O6 单元格，双击右下角的填充柄，在 O6:O32 单元格区域中快速复制填充公式，并设置"不带格式填充"。

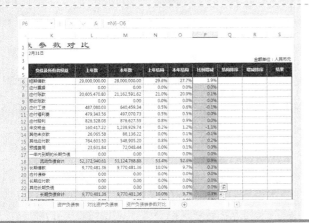

Step 8 计算负债类项目结构变化

① 选中 P6 单元格，输入以下公式，按 <Enter>键确认。

`=N6-O6`

② 选中 P6 单元格，双击右下角的填充柄，在 P6:P32 单元格区域中快速复制填充公式，并设置"不带格式填充"。

10.3.3 设置辅助区

Step 1 设置辅助区表格标题和各字段标题

① 选中 T3:W3 单元格区域，设置"合并后居中"，输入辅助区表格标题"辅助区"。

② 在 T4:W5 单元格区域中输入负债表各字段标题。

③ 分别选中 T4:U4 和 V4:W4 单元格区域，设置"合并后居中"，选中 T5:W5 单元格区域，设置"居中"。

④ 选中 T3:W32 单元格区域，设置字体为"微软雅黑"，字号为"9"。

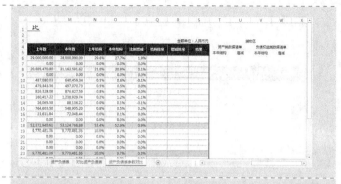

Step 2 设置辅助区单元格格式

① 按住<Ctrl>键，同时选中 T6:U25 和 V6:W26 单元格区域，设置单元格格式为"百分比"，小数位数为"1"。

② 选中 T4:W32 单元格区域，添加边框。

Step 3 计算资产类项目本年结构的绝对值

① 选中 T6 单元格，输入以下公式，按<Enter>键确认。

```
=ABS(F6)
```

② 选中 T6 单元格，拖曳右下角的填充柄至 T10 单元格。

③ 选中 T11 单元格，输入以下公式，按<Enter>键确认。

```
=ABS(F12)
```

④ 选中 T11 单元格，拖曳右下角的填充柄至 T15 单元格。

⑤ 选中 T16 单元格，输入以下公式，按<Enter>键确认。

```
=ABS(F18)
```

⑥ 选中 T16 单元格，拖曳右下角的填充柄至 T18 单元格。

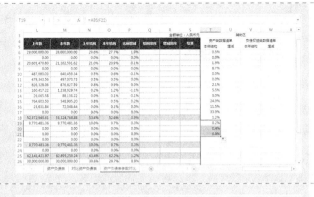

⑦ 选中 T19 单元格，输入以下公式，按<Enter>键确认。

=ABS(F22)

⑧ 选中 T19 单元格，拖曳右下角的填充柄至 T21 单元格。

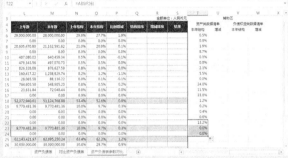

⑨ 选中 T22 单元格，输入以下公式，按<Enter>键确认。

=ABS(F26)

⑩ 选中 T22 单元格，拖曳右下角的填充柄至 T24 单元格。

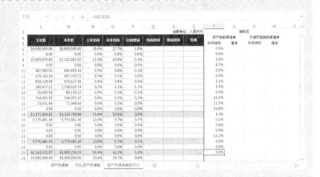

⑪ 选中 T25 单元格，输入以下公式，按<Enter>键确认。

=ABS(F30)

Step 4 计算资产类增减的绝对值

① 选中 U6 单元格，输入以下公式，按<Enter>键确认。

=ABS(G6)

② 选中 U6 单元格，拖曳右下角的填充柄至 U10 单元格。

③ 选中 U11 单元格，输入以下公式，按<Enter>键确认。

=ABS(G12)

④ 选中 U11 单元格，拖曳右下角的填充柄至 U15 单元格。

⑤ 选中 U16 单元格，输入以下公式，按<Enter>键确认。

=ABS(G18)

⑥ 选中 U16 单元格，拖曳右下角的填充柄至 U18 单元格。

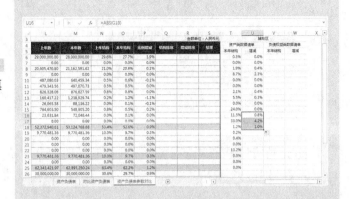

⑦ 选中 U19 单元格，输入以下公式，按<Enter>键确认。

=ABS(G22)

⑧ 选中 U19 单元格，拖曳右下角的填充柄至 U21 单元格。

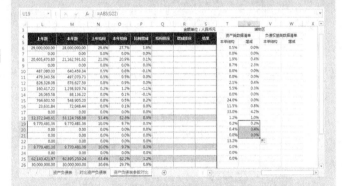

⑨ 选中 U22 单元格，输入以下公式，按<Enter>键确认。

=ABS(G26)

⑩ 选中 U22 单元格，拖曳右下角的填充柄至 U24 单元格。

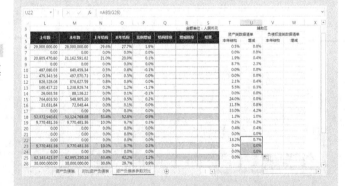

⑪ 选中 U25 单元格，输入以下公式，按<Enter>键确认。

=ABS(G30)

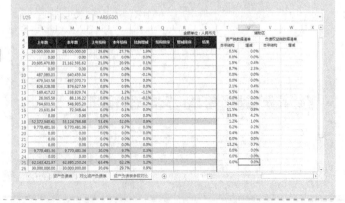

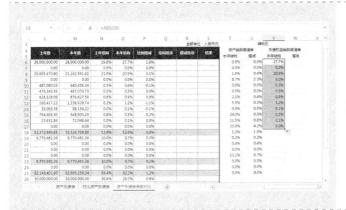

Step 5 计算负债类项目本年结构的绝对值

① 选中 V6 单元格，输入以下公式，按 <Enter>键确认。

=ABS(O6)

② 选中 V6 单元格，拖曳右下角的填充柄至 V17 单元格。

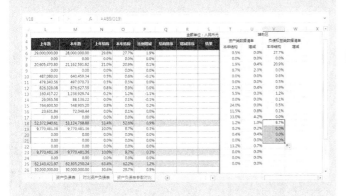

③ 选中 V18 单元格，输入以下公式，按<Enter>键确认。

=ABS(O19)

④ 选中 V18 单元格，拖曳右下角的填充柄至 V21 单元格。

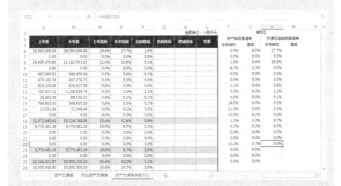

⑤ 选中 V22 单元格，输入以下公式，按<Enter>键确认。

=ABS(O24)

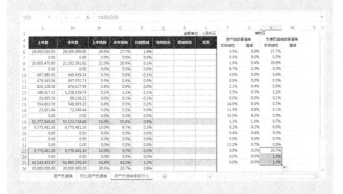

⑥ 选中 V23 单元格，输入以下公式，按<Enter>键确认。

=ABS(O26)

⑦ 选中 V23 单元格，拖曳右下角的填充柄至 V25 单元格。

⑧ 选中 V26 单元格，输入以下公式，按<Enter>键确认。

`=ABS(O30)`

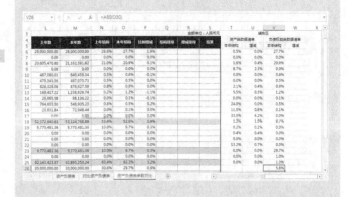

Step 6 计算负债类增减的绝对值

① 选中 W6 单元格，输入以下公式，按<Enter>键确认。

`=ABS(P6)`

② 选中 W6 单元格，拖曳右下角的填充柄至 W17 单元格。

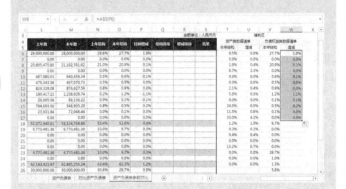

③ 选中 W18 单元格，输入以下公式，按<Enter>键确认。

`=ABS(P19)`

④ 选中 W18 单元格，拖曳右下角的填充柄至 W21 单元格。

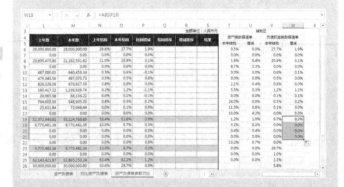

⑤ 选中 W22 单元格，输入以下公式，按<Enter>键确认。

`=ABS(P24)`

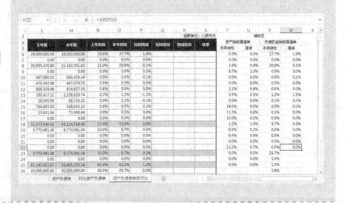

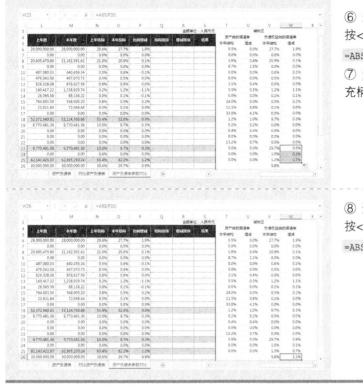

⑥ 选中 W23 单元格，输入以下公式，
按<Enter>键确认。

=ABS(P26)

⑦ 选中 W23 单元格，拖曳右下角的填
充柄至 W25 单元格。

⑧ 选中 W26 单元格，输入以下公式，
按<Enter>键确认。

=ABS(P30)

10.3.4 对资产类项目和负债类项目的结构和结构增减排序

Step

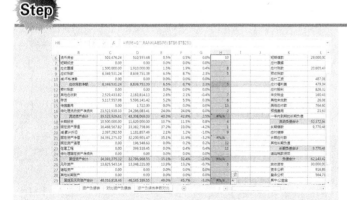

Step 1 对资产类项目结构变化进行排序

① 选中 H6 单元格，输入以下公式，按
<Enter>键确认。

=IF(F6=0,"",RANK(ABS(F6),$T$6:$T$25))

② 选中 H6 单元格，拖曳右下角的填
充柄至 H30 单元格，并设置"不带格
式填充"。

③ 选中 H11 单元格，按住<Ctrl>键，
同时选中 H17、H21、H25 和 H29 单元
格，按<Delete>键删除单元格中的值。

Step 2　对资产类项目变化幅度进行排序

① 选中 I6 单元格，输入以下公式，按 <Enter>键确认。

`=IF(G6=0,"",RANK(ABS(G6),$U$6:$U$25))`

② 选中 I6 单元格，拖曳右下角的填充柄至 I30 单元格，并设置"不带格式填充"。

③ 选中 I11 单元格，按住<Ctrl>键，再选中 I17、I21、I25 和 I29 单元格，按 <Delete>键，删除单元格中的值。

Step 3　显示资产类结构排序结果

① 选中 J6 单元格，输入以下公式，按 <Enter>键确认。

`=IF(OR(H6<=2,I6<=2),"关注","")`

② 选中 J6 单元格，拖曳右下角的填充柄至 J30 单元格，并设置"不带格式填充"。

③ 选中 J11 单元格，按住<Ctrl>键，再选中 J17、J21、J25 和 J29 单元格，按<Delete>键，删除单元格中的值。

此时 J9、J16 和 J19 单元格中就会显示"关注"。

Step 4　设置条件格式

选中 J6:J30 单元格区域，参阅 10.2.4 小节中的 Step 4 步骤，设置 J6:J30 单元格区域中的条件格式。

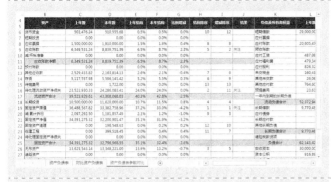

此时，J9、J16 和 J19 单元格中即显示为红色的"关注"。

本例中也可以直接设置 J6:J30 单元格区域的字体颜色。

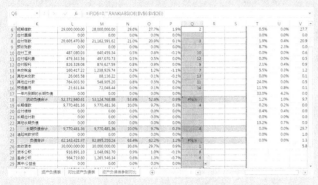

Step 5　对负债类项目结构变化进行排序

① 选中 Q6 单元格，输入以下公式，按 <Enter>键确认。

=IF(O6=0,"",RANK(ABS(O6),$V$6:$V$26))

② 选中 Q6 单元格，拖曳右下角的填充柄至 Q30 单元格，并设置"不带格式填充"。

③ 选中 Q18 单元格，按住<Ctrl>键，再选中 Q23、Q25 和 Q29 单元格，按 <Delete>键删除单元格中的值。

Step 6　对负债类结构增减进行排序

① 选中 R6 单元格，输入以下公式，按 <Enter>键确认。

=IF(P6=0,"",RANK(ABS(P6),$W$6:$W$26))

② 选中 R6 单元格，拖曳右下角的填充柄至 R30 单元格，并设置"不带格式填充"。

③ 选中 R18 单元格，按住<Ctrl>键，再选中 R23、R25 和 R29 单元格，按 <Delete>键删除单元格中的值。

Step 7　显示负债类关注结果

① 选中 S6 单元格，输入以下公式，按 <Enter>键确认。

=IF(OR(Q6<=2,R6<=2),"关注","")

② 选中 S6 单元格，拖曳右下角的填充柄至 S30 单元格，并设置"不带格式填充"。

③ 选中 S18 单元格，按住<Ctrl>键，再选中 S23、S25 和 S29 单元格，按 <Delete>键删除单元格中的值。

Step 8 设置条件格式

选中 S6:S30 单元格区域，参阅 10.2.4 小节 Step 4 中的步骤，设置 S6:S30 单元格区域中的条件格式，或是直接设置字体颜色。

此时 S6、S26 和 S30 单元格即显示为红色的"关注"。

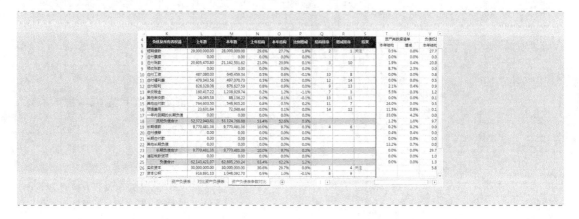

Step 9 美化工作表

① 选中 T3:W32 单元格区域，设置字体颜色为"白色,背景 1,深色 35%"。

② 选中 H4:I5 单元格区域，设置"自动换行"。选中 Q4:R5 单元格区域，设置"自动换行"。

③ 调整 H:J 列的列宽，设置 H:J 列居中。调整 Q:S 列的列宽，设置 Q:S 列居中。

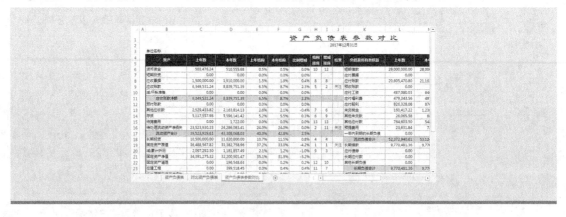

第 **11** 章 损益表对比分析法

Excel 2016 高效办公

　　本章案例以损益表为基础，采用第 10 章中使用的份额变化
分析方法，对损益数据进行对比分析。

案例背景

损益表是企业三大对外报送报表之一，是企业一个时期内损益情况的统计表。通过对比分析可以得出企业的经营成果是增加还是减少，增加的原因是收入增加还是费用降低，减少的原因是收入降低还是费用增加等结论。进行损益对比分析不仅可以分析出变化的项目，而且能计算出变化的数量和变动的幅度，是企业经营好坏的主要指标。

关键技术点

要实现本例中的功能，读者应当掌握以下的 Excel 技术点。

● 函数的应用：SUM 函数、IF 函数、ABS 函数、RANK 函数和 OR 函数

最终效果展示

损 益 表
2017年12月

单位名称：　　　　　　　　　　　　　　　　　　　　　　金额单位：人民币元

项目名称	上年数	本年数
一、主营业务收入	36,373,287.25	41,126,994.12
减：主营业务成本	30,623,993.93	34,366,935.28
主营业务税金及附加	1,248,989.86	2,190,978.90
二、主营业务利润	4,500,303.46	4,569,079.94
加：其他业务利润	65,248.91	
减：营业费用		
管理费用	2,404,250.41	1,659,257.76
财务费用	1,058,200.89	539,564.24
三、营业利润	1,103,101.07	2,370,257.94
加：投资收益		
补贴收入		
营业外收入		
减：营业外支出	126,521.97	179,326.12
四、利润总额	976,579.10	2,190,931.82
减：所得税	244,144.78	547,732.95
五、净利润	732,434.33	1,643,198.87
加：年初未分配利润		
其他转入		
六、可供分配的利润	732,434.33	1,643,198.87
减：提取法定盈余公积		
提取法定公益金		
提取职工奖励及福利基金		
提取储备基金		
提取企业发展基金		
利润归还投资		
七、可供投资者分配的利润	732,434.33	1,643,198.87
减：应付优先股股利		
提取任意盈余公积		
应付普通股股利		
转作资本的普通股股利		
八、未分配利润	732,434.33	1,643,198.87

损益表

对 比 损 益 表
2017年12月

单位名称：　　　　　　　　　　　　　　　　　　　　　金额单位：人民币元

项目名称	上年数	本年数	增加(减少) 金额	增加(减少) 百分比	金额排序	比率排序	结果
一、主营业务收入	36,373,287.25	41,126,994.12	4,753,706.87	13.1%	1	7	关注
减：主营业务成本	30,623,993.93	34,366,935.28	3,742,941.35	12.2%	2	8	关注
主营业务税金及附加	1,248,989.86	2,190,978.90	941,989.04	75.4%	3	3	
二、主营业务利润	4,500,303.46	4,569,079.94	68,776.48	1.5%			
加：其他业务利润	65,248.91	0.00	-65,248.91	-100.0%	7	2	关注
减：营业费用	0.00	0.00	0.00	0.0%			
管理费用	2,404,250.41	1,659,257.76	-744,992.65	-31.0%	4	6	
财务费用	1,058,200.89	539,564.24	-518,636.65	-49.0%	5	4	
三、营业利润	1,103,101.07	2,370,257.94	1,267,156.87	114.9%			
加：投资收益	0.00	0.00	0.00	0.0%			
补贴收入	0.00	0.00	0.00	0.0%			
营业外收入	0.00	0.00	0.00	0.0%			
减：营业外支出	126,521.97	179,326.12	52,804.15	41.7%	8	5	
四、利润总额	976,579.10	2,190,931.82	1,214,352.72	124.3%			
减：所得税	244,144.78	547,732.95	303,588.18	124.3%	6	1	关注
五、净利润	732,434.33	1,643,198.87	910,764.54	124.3%			
加：年初未分配利润	0.00	0.00	0.00	0.0%			
其他转入	0.00	0.00	0.00	0.0%			
六、可供分配的利润	732,434.33	1,643,198.87	910,764.54	124.3%			
减：提取法定盈余公积	0.00	0.00	0.00	0.0%			
提取法定公益金	0.00	0.00	0.00	0.0%			
提取职工奖励及福利基金	0.00	0.00	0.00	0.0%			
提取储备基金	0.00	0.00	0.00	0.0%			
提取企业发展基金	0.00	0.00	0.00	0.0%			
利润归还投资	0.00	0.00	0.00	0.0%			
七、可供投资者分配的利润	732,434.33	1,643,198.87	910,764.54	124.3%			
减：应付优先股股利	0.00	0.00	0.00	0.0%			
提取任意盈余公积	0.00	0.00	0.00	0.0%			
应付普通股股利	0.00	0.00	0.00	0.0%			
转作资本的普通股股利	0.00	0.00	0.00	0.0%			
八、未分配利润	732,434.33	1,643,198.87	910,764.54	124.3%			

对比损益表

损 益 表 参 数 对 比
2017年12月

单位名称：　　　　　　　　　　　　　　　　　　　　　金额单位：人民币元

项目名称	上年数	本年数	上年结构	本年结构	比例增减	结构排序	增减排序	结果
一、主营业务收入	36,373,287.25	41,126,994.12	100.0%	100.0%	0.0%	1		关注
减：主营业务成本	30,623,993.93	34,366,935.28	84.2%	83.6%	-0.6%	2	5	关注
主营业务税金及附加	1,248,989.86	2,190,978.90	3.4%	5.3%	1.9%	3	2	关注
二、主营业务利润	4,500,303.46	4,569,079.94	12.4%	11.1%	-1.3%			
加：其他业务利润	65,248.91	0.00	0.2%	0.0%	-0.2%		6	
减：营业费用	0.00	0.00	0.0%	0.0%	0.0%			
管理费用	2,404,250.41	1,659,257.76	6.6%	4.0%	-2.6%	4	1	关注
财务费用	1,058,200.89	539,564.24	2.9%	1.3%	-1.6%	6	3	
三、营业利润	1,103,101.07	2,370,257.94	3.0%	5.8%	2.7%			
加：投资收益	0.00	0.00	0.0%	0.0%	0.0%			
补贴收入	0.00	0.00	0.0%	0.0%	0.0%			
营业外收入	0.00	0.00	0.0%	0.0%	0.0%			
减：营业外支出	126,521.97	179,326.12	0.3%	0.4%	0.1%	7	7	
四、利润总额	976,579.10	2,190,931.82	2.7%	5.3%	2.6%			
减：所得税	244,144.78	547,732.95	0.7%	1.3%	0.7%	5	4	
五、净利润	732,434.33	1,643,198.87	2.0%	4.0%	2.0%			
加：年初未分配利润	0.00	0.00	0.0%	0.0%	0.0%			
其他转入	0.00	0.00	0.0%	0.0%	0.0%			
六、可供分配的利润	732,434.33	1,643,198.87	2.0%	4.0%	2.0%			
减：提取法定盈余公积	0.00	0.00	0.0%	0.0%	0.0%			
提取法定公益金	0.00	0.00	0.0%	0.0%	0.0%			
提取职工奖励及福利基金	0.00	0.00	0.0%	0.0%	0.0%			
提取储备基金	0.00	0.00	0.0%	0.0%	0.0%			
提取企业发展基金	0.00	0.00	0.0%	0.0%	0.0%			
利润归还投资	0.00	0.00	0.0%	0.0%	0.0%			
七、可供投资者分配的利润	732,434.33	1,643,198.87	2.0%	4.0%	2.0%			
减：应付优先股股利	0.00	0.00	0.0%	0.0%	0.0%			
提取任意盈余公积	0.00	0.00	0.0%	0.0%	0.0%			
应付普通股股利	0.00	0.00	0.0%	0.0%	0.0%			
转作资本的普通股股利	0.00	0.00	0.0%	0.0%	0.0%			
八、未分配利润	732,434.33	1,643,198.87	2.0%	4.0%	2.0%			

损益表参数对比

示例文件

\示例文件\第 11 章\损益表对比分析.xlsx

11.1　创建损益对比表

在对本年和上年的损益表进行对比分析之前，先要创建两个年度的损益表。

Step 1　设置项目标题的缩进形式

打开工作簿"损益表对比分析"，选中 B6 单元格，按住<Ctrl>键，同时选中 B9:B10 单元格区域和 B14、B17、B19、B21、B24、B31 单元格，在"开始"选项卡的"对齐方式"命令组中单击两次"增加缩进量"按钮 ≣。

Step 2　设置具体项目的缩进形式

① 选中 B7 单元格，按住<Ctrl>键，同时选中 B11:B12、B15:B16、B22、B25:B29 和 B32:B34 单元格区域，按<Ctrl+1>组合键，弹出"设置单元格格式"对话框，单击"对齐"选项卡。

② 单击"水平对齐"下方"缩进"文本框中向上的数字调节钮 ▲，将缩进单位改为"4"。单击"确定"按钮。

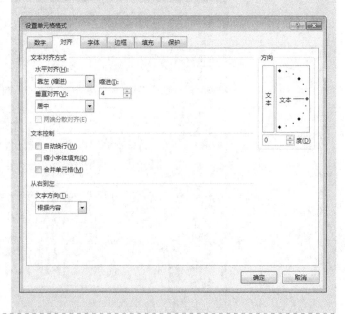

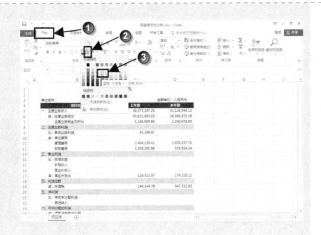

Step 3 设置主要项目单元格的填充颜色

选中 B8:D8 单元格区域，按住<Ctrl>键，同时选中 B13:D13、B18:D18、B20:D20、B23:D23、B30:D30 和 B35:D35 单元格区域，在"开始"选项卡的"字体"命令组中单击"填充颜色"右侧的下箭头按钮，并在弹出的颜色面板中选择"蓝色,个性色 1,淡色 60%"。

Step 4 计算主营业务利润

① 选中 C8 单元格，输入以下公式，按<Enter>键确认。

=C5-C6-C7

② 选中 C8 单元格，拖曳右下角的填充柄至 D8 单元格。

Step 5 计算营业利润

① 选中 C13 单元格，输入以下公式，按<Enter>键确认。

=SUM(C8:C9)-SUM(C10:C12)

② 选中 C13 单元格，拖曳右下角的填充柄至 D13 单元格。

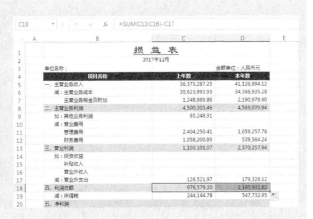

Step 6 计算利润总额

① 选中 C18 单元格，输入以下公式，按<Enter>键确认。

=SUM(C13:C16)-C17

② 选中 C18 单元格，拖曳右下角的填充柄至 D18 单元格。

Step 7 计算净利润

① 选中 C20 单元格，输入以下公式，按<Enter>键确认。

`=C18-C19`

② 选中 C20 单元格，拖曳右下角的填充柄至 D20 单元格。

Step 8 计算可供分配利润

① 选中 C23 单元格，输入以下公式，按<Enter>键确认。

`=SUM(C20:C22)`

② 选中 C23 单元格，拖曳右下角的填充柄至 D23 单元格。

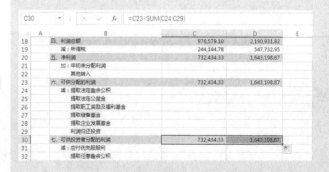

Step 9 计算可供投资者分配的利润

① 选中 C30 单元格，输入以下公式，按<Enter>键确认。

`=C23-SUM(C24:C29)`

② 选中 C30 单元格，拖曳右下角的填充柄至 D30 单元格。

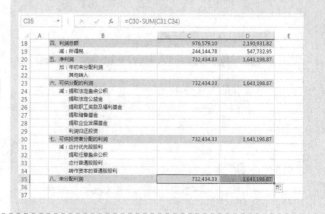

Step 10 计算未分配利润

① 选中 C35 单元格，输入以下公式，按<Enter>键确认。

`=C30-SUM(C31:C34)`

② 选中 C35 单元格，拖曳右下角的填充柄至 D35 单元格。

Step 11 美化工作表

① 选中 B4:D35 单元格区域，调整行高。

② 绘制边框。

③ 取消网格线显示。

11.2 对比分析损益表项目的绝对变化和变化幅度

创建好损益表以后，接下来可以对比分析本年和上年损益类项目的绝对变化以及变化幅度。

11.2.1 设置损益对比分析表的标题和单元格格式

Step

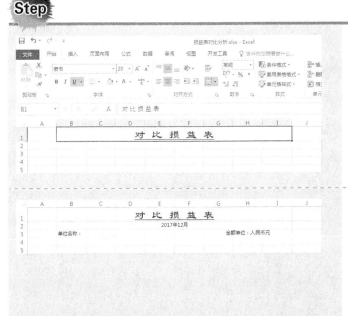

Step 1 输入表格标题

① 插入一个新的工作表，重命名为"对比损益表"，选中 B1:I1 单元格区域，设置"合并后居中"，输入表格标题"对比损益表"。

② 选中 B1:I1 单元格区域，设置字体、字号、字体颜色和下划线。

Step 2 输入制表日期及单位

① 选中 B2:I2 单元格区域，设置"合并后居中"，输入"2017-12-31"，设置日期格式为"长日期"。

② 选中 B2:I36 单元格区域，设置字体为"微软雅黑"，字号为"9"。

③ 在 B3 单元格中输入"单位名称"。选中 G3:I3 单元格区域，设置"合并后居中"，输入"金额单位:人民币元"。

Step 3 输入表格各字段标题

① 在 B4:I5 单元格区域中输入表格各字段标题。

② 合并部分单元格。

Step 4 复制项目名称

① 切换到"损益表"工作表，选中 B5:B35 单元格区域，按<Ctrl+C>组合键复制，切换到"对比损益表"，选中 B6 单元格，按<Ctrl+V>组合键粘贴。

② 调整 A:B 列的列宽。

Step 5 设置单元格格式

① 选中 C6:E36 单元格区域，设置单元格格式为"数值"，小数位数为"2"，勾选"使用千位分隔符"复选框。

② 选中 F6:F36 单元格区域，设置单元格格式为"百分比"，小数位数为"1"。

③ 选中 G6:H36 单元格区域，设置单元格格式为"数值"，小数位数为"0"。

Step 6 美化工作表

① 选中 B4:I5 单元格区域，设置填充颜色和字体颜色，设置加粗。

② 选中 B9:I9 单元格区域，按住<Ctrl>键，同时选中 B14:I14、B19:I19、B21:I21、B24:I24、B31:I31 和 B36:I36 单元格区域，设置填充颜色为"蓝色，个性色 1,淡色 60%"。

③ 选中 B4:I36 单元格区域，调整行高为"16.5"，绘制边框。

④ 取消网格线显示。

11.2.2　计算损益类项目的绝对变化和变化幅度

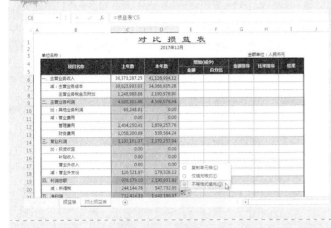

Step 1　导入资产类项目数据

① 选中 C6 单元格，输入以下公式，按<Enter>键确认。

`=损益表!C5`

② 选中 C6 单元格，拖曳右下角的填充柄至 D6 单元格，再双击 D6 单元格右下角的填充柄，在 C6:D36 单元格区域中快速复制填充公式，并设置"不带格式填充"。

③ 调整列宽。

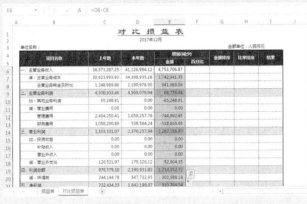

Step 2　计算损益类项目绝对数变化

① 选中 E6 单元格，输入以下公式，按<Enter>键确认。

`=D6-C6`

② 选中 E6 单元格，双击右下角的填充柄，在 E6:E36 单元格区域中快速复制填充公式，并设置"不带格式填充"。

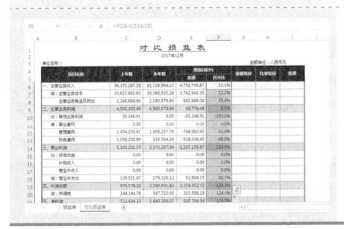

Step 3　计算损益类项目变化幅度

① 选中 F6 单元格，输入以下公式，按<Enter>键确认。

`=IF(C6=0,0,E6/C6)`

② 选中 F6 单元格，双击右下角的填充柄，在 F6:F36 单元格区域中快速复制填充公式，并设置"不带格式填充"。

11.2.3 设置辅助区

Step 1 设置辅助区表格标题及各字段标题

① 选中 J3:K3 单元格区域,设置"合并后居中",输入"辅助区"。

② 选中 J4:J5 单元格区域,设置"合并后居中",输入"金额"。

③ 选中 K4:K5 单元格区域,设置"合并后居中",输入"百分比"。

④ 选中 J3:K36 单元格区域,设置字体为"微软雅黑",设置字号为"9"。

Step 2 设置辅助区单元格格式

① 选中 J6:J36 单元格区域,设置单元格格式为"数值",小数位数为"2",勾选"使用千位分隔符"复选框。

② 选中 K6:K36 单元格区域,设置单元格格式为"百分比",小数位数为"1"。

③ 选中 J4:K36 单元格区域,绘制边框。

Step 3 计算主营业务收入绝对数变化的绝对值

① 选中 J6 单元格,输入以下公式,按 <Enter> 键确认。

`=ABS(E6)`

② 选中 J6 单元格,拖曳右下角的填充柄至 K6 单元格,并设置"不带格式填充"。

③ 选中 J6:K6 单元格区域,拖曳右下角的填充柄至 K8 单元格。

Step 4 计算主营业务利润绝对数变化的绝对值

① 选中 J9 单元格，输入以下公式，按<Enter>键确认。

=ABS(E10)

② 选中 J9 单元格，拖曳右下角的填充柄至 K9 单元格，并设置"不带格式填充"。

③ 选中 J9:K9 单元格区域，拖曳右下角的填充柄至 K12 单元格。

④ 选中 J13 单元格，输入以下公式，按<Enter>键确认。

=ABS(E15)

⑤ 选中 J13 单元格，拖曳右下角的填充柄至 K13 单元格，并设置"不带格式填充"。

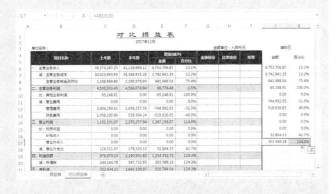

Step 5 计算营业利润变化的绝对值

① 选中 J13:K13 单元格区域，拖曳右下角的填充柄至 K16 单元格。

② 选中 J17 单元格，输入以下公式，按<Enter>键确认。

=ABS(E20)

③ 选中 J17 单元格，拖曳右下角的填充柄至 K17 单元格，并设置"不带格式填充"。

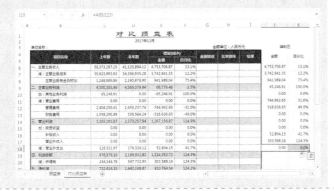

④ 选中 J18 单元格，输入以下公式，按<Enter>键确认。

=ABS(E23)

⑤ 选中 J18 单元格，拖曳右下角的填充柄至 K18 单元格，并设置"不带格式填充"。

Step 6 计算利润总额变化的绝对值

① 选中 J19 单元格，输入以下公式，按<Enter>键确认。

`=ABS(E25)`

② 选中 J19 单元格，拖曳右下角的填充柄至 K19 单元格，并设置"不带格式填充"。

③ 选中 J20 单元格，输入以下公式，按<Enter>键确认。

`=ABS(E26)`

④ 选中 J20 单元格，拖曳右下角的填充柄至 K20 单元格，并设置"不带格式填充"。

Step 7 计算净利润绝对数变化的绝对值

选中 J20:K20 单元格区域，拖曳右下角的填充柄至 K24 单元格。

Step 8 计算可供分配的利润绝对数变化的绝对值

① 选中 J25 单元格，输入以下公式，按<Enter>键确认。

`=ABS(E32)`

② 选中 J25 单元格，拖曳右下角的填充柄至 K25 单元格，并设置"不带格式填充"。

③ 选中 J25:K25 单元格区域，拖曳右下角的填充柄至 K28 单元格。

11.2.4 对损益类项目的金额和百分比排序

Step 1 对损益类项目绝对变化进行排序

① 选中 G6 单元格，输入以下公式，按<Enter>键确认。

`=IF(E6=0,"",RANK(ABS(E6),$J$6:$J$28))`

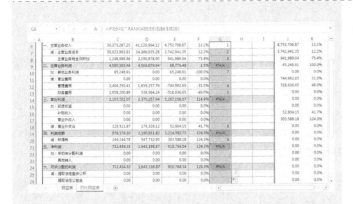

② 选中 G6 单元格，拖曳右下角的填充柄至 G30 单元格，并设置"不带格式填充"。

③ 选中 G9 单元格，按住<Ctrl>键，同时选中 G14、G19、G21 和 G24 单元格，按<Delete>键删除单元格中的值。

对资产类项目绝对变化排序后的结果如图所示。

Step 2 对损益类项目变化幅度进行排序

① 选中 H6 单元格，输入以下公式，按<Enter>键确认。

```
=IF(F6=0,"",RANK(ABS(F6),$K$6:$K$28))
```

② 选中 H6 单元格，拖曳右下角的填充柄至 H30 单元格，并设置"不带格式填充"。

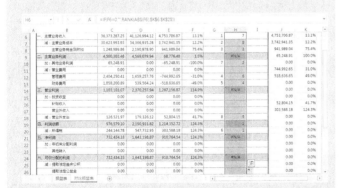

③ 选中 H9 单元格，按住<Ctrl>键，再同时选中 H14、H19、H21 和 H24 单元格，按<Delete>键删除单元格中的值。

对损益类项目绝对变化排序后的结果如图所示。

Step 3 显示损益类项目排序结果

① 选中 I6 单元格，输入以下公式，按 <Enter> 键确认。

`=IF(OR(G6<=2,H6<=2),"关注","")`

② 选中 I6 单元格，拖曳右下角的填充柄至 I30 单元格，并设置"不带格式填充"。

③ 选中 I9 单元格，按住 <Ctrl> 键，再同时选中 I14、I19、I21 和 I24 单元格，按 <Delete> 键删除单元格中的值。

此时 I6、I7、I10 和 I20 单元格中显示"关注"。

Step 4 设置条件格式

选中 I6:I36 单元格区域。参阅 10.2.4 小节 Step 4 的操作，设置 I6:I36 单元格区域中的条件格式，或是直接设置字体颜色。

此时 I6、I7、I10 和 I20 单元格中显示红色"关注"。

Step 5 美化工作表

① 选中 J3:K36 单元格区域，设置字体颜色为"白色,背景 1,深色 35%"。

② 选中 G4:H5 单元格区域，设置"自动换行"。

③ 调整 G:I 列的列宽，设置 G:I 列居中。

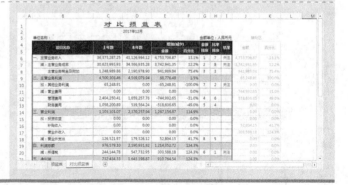

11.3 对比分析损益类项目相对变化和相对变化幅度

接下来从相对变化的角度对比分析本年和上年损益类项目的变化以及变化幅度。

11.3.1 设置损益类项目参数对比表的标题和单元格格式

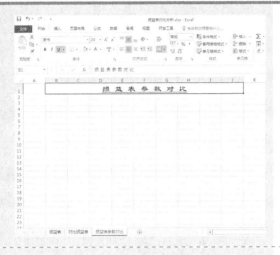

Step 1 输入表格标题

① 插入一个新的工作表,重命名为"损益表参数对比",选中 B1:J1 单元格区域,设置"合并后居中",输入表格标题"损益表参数对比"。

② 选中 B1:J1 单元格区域,设置字体、字号、字体颜色和下划线。

Step 2 输入制表日期及单位

① 选中 B2:J2 单元格区域,设置"合并后居中",输入"2017-12-31",设置日期格式为"长日期"。

② 选中 B2:J36 单元格区域,设置字体为"微软雅黑",字号为"9"。

③ 在 B3 单元格中输入"单位名称"。选中 H3:J3 单元格区域,设置"合并后居中",输入"金额单位:人民币元"。

Step 3 输入表格各字段标题

① 在 B4:J5 单元格区域中输入表格各字段标题。

② 合并部分单元格。

Step 4 复制项目名称

① 切换到"对比损益表"工作表,选中 B6:B36 单元格区域,按<Ctrl+C>组合键复制,切换到"损益表参数对比",选中 B6 单元格,按<Ctrl+V>组合键粘贴。

② 调整 A:B 列的列宽。

Step 5 设置单元格格式

① 选中 C6:D36 单元格区域,设置单元格格式为"数值",小数位数为"2",勾选"使用千位分隔符"复选框。

② 选中 E6:G36 单元格区域,设置单元格格式为"百分比",小数位数为"1"。

③ 选中 H6:I36 单元格区域,设置单元格格式为"数值",小数位数为"0"。

Step 6 美化工作表

① 选中 B4:J4 单元格区域,设置填充颜色和字体颜色,设置加粗。

② 选中 B9:J9 单元格区域,按住<Ctrl>键,同时选中 B14:J14、B19:J19、B21:J21、B24:J24、B31:J31 和 B36:J36 单元格区域,设置填充颜色为"深蓝,文字 2,淡色 60%"。

③ 选中 B4:J36 单元格区域,设置边框。

④ 取消网格线显示。

11.3.2 计算资产类和负债类项目的相对变化和变化幅度

Step 1 导入资产类项目数据

① 选中 C6 单元格,输入以下公式,按<Enter>键确认。

=损益表!C5

② 选中 C6 单元格,拖曳右下角的填充柄至 D6 单元格,再双击 D6 单元格右下角的填充柄,在 C6:D36 单元格区域中快速复制填充公式,并设置"不带格式填充"。

③ 调整 D 列的列宽。

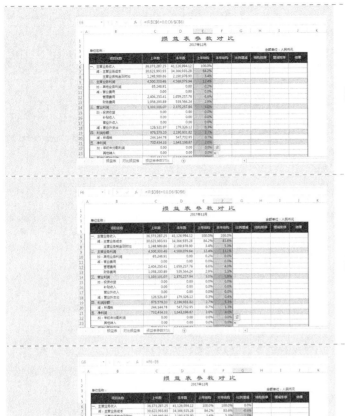

Step 2 计算上年项目结构

① 选中 E6 单元格，输入以下公式，按<Enter>键确认。

`=IF($C$6=0,0,C6/$C$6)`

② 选中 E6 单元格，双击右下角的填充柄，在 E6:E36 单元格区域中快速复制填充公式，并设置"不带格式填充"。

Step 3 计算本年资产类项目结构

① 选中 F6 单元格，输入以下公式，按<Enter>键确认。

`=IF($D$6=0,0,D6/$D$6)`

② 选中 F6 单元格，双击右下角的填充柄，在 F6:F36 单元格区域中快速复制填充公式，并设置"不带格式填充"。

Step 4 计算资产类项目结构变化

① 选中 G6 单元格，输入以下公式，按<Enter>键确认。

`=F6-E6`

② 选中 G6 单元格，拖曳右下角的填充柄至 G36 单元格，并设置"不带格式填充"。

11.3.3 设置辅助区

Step

Step 1 设置辅助区表格标题及表格各字段标题

① 选中 K3:L3 单元格区域，设置"合并后居中"，输入"辅助区"。

② 选中 K4:K5 单元格区域，设置"合并后居中"，输入"结构"。

③ 选中 L4:L5 单元格区域，设置"合并后居中"，输入"比例"。

④ 选中 K3:L36 单元格区域，设置字体为"微软雅黑"，设置字号为"9"。

Step 2 设置辅助区单元格格式

① 选中 K6:L36 单元格区域,设置单元格格式为"百分比",小数位数为"1"。

② 选中 K4:L36 单元格区域,绘制边框。

Step 3 计算主营业务收入绝对数变化的绝对值

① 选中 K6 单元格,输入以下公式,按 <Enter>键确认。

`=ABS(F6)`

② 选中 K6 单元格,拖曳右下角的填充柄至 L6 单元格。

③ 选中 K6:L6 单元格区域,拖曳右下角的填充柄至 L8 单元格。

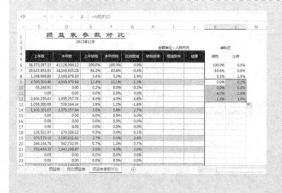

Step 4 计算主营业务利润绝对数变化的绝对值

① 选中 K9 单元格,输入以下公式,按 <Enter>键确认。

`=ABS(F10)`

② 选中 K9 单元格,拖曳右下角的填充柄至 L9 单元格。

③ 选中 K9:L9 单元格区域,拖曳右下角的填充柄至 L12 单元格。

Step 5 计算营业利润绝对数变化的绝对值

① 选中 K13 单元格,输入以下公式,按<Enter>键确认。

`=ABS(F15)`

② 选中 K13 单元格,拖曳右下角的填充柄至 L13 单元格。

③ 选中 K13:L13 单元格区域,拖曳右下角的填充柄至 L16 单元格。

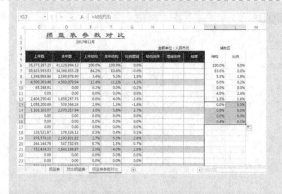

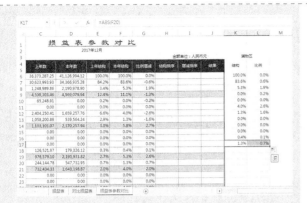

Step 6 计算所得税变化的绝对值

① 选中 K17 单元格，输入以下公式，按<Enter>键确认。

=ABS(F20)

② 选中 K17 单元格，拖曳右下角的填充柄至 L17 单元格。

Step 7 计算其他收入变化的绝对值

① 选中 K18 单元格，输入以下公式，按<Enter>键确认。

=ABS(F23)

② 选中 K18 单元格，拖曳右下角的填充柄至 L18 单元格。

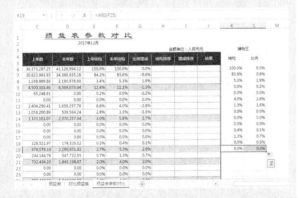

Step 8 计算其他收入变化的绝对值

① 选中 K19 单元格，输入以下公式，按<Enter>键确认。

=ABS(F25)

② 选中 K19 单元格，拖曳右下角的填充柄至 L19 单元格。

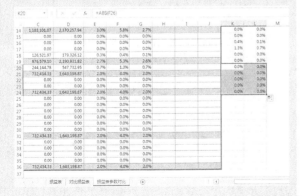

Step 9 计算营业利润绝对数变化的绝对值

① 选中 K20 单元格，输入以下公式，按<Enter>键确认。

=ABS(F26)

② 选中 K20 单元格，拖曳右下角的填充柄至 L20 单元格。

③ 选中 K20:L20 单元格区域，拖曳右下角的填充柄至 L24 单元格。

Step 10 计算营业利润绝对数变化的绝对值

① 选中 K25 单元格，输入以下公式，按 <Enter>键确认。

`=ABS(F32)`

② 选中 K25 单元格，拖曳右下角的填充柄至 L25 单元格。

③ 选中 K25:L25 单元格区域，拖曳右下角的填充柄至 L28 单元格。

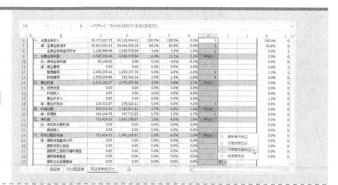

11.3.4 对损益类项目的结构和结构增减排序

Step 1 对损益类项目绝对变化进行排序

① 选中 H6 单元格，输入以下公式，按 <Enter>键确认。

`=IF(F6=0,"",RANK(ABS(F6),$K$6:$K$28))`

② 选中 H6 单元格，拖曳右下角的填充柄至 H30 单元格，并设置"不带格式填充"。

③ 选中 H9 单元格，按住<Ctrl>键，再同时选中 H14、H19、H21 和 H24 单元格，按<Delete>键删除单元格中的值。

损益类项目结构变化排序后的结果见右图。

Step 2 对损益类项目变化幅度进行排序

① 选中 I6 单元格，输入以下公式，按 <Enter>键确认。

`=IF(G6=0,"",RANK(ABS(G6),$L$6:$L$28))`

② 选中 I6 单元格，拖曳右下角的填充柄至 I30 元格，并设置"不带格式填充"。

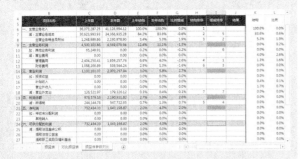

③ 选中 I9 单元格，按住<Ctrl>键，同时选中 I14、I19、I21、I24 单元格，按<Delete>键删除单元格中的值。

损益类项目结构增减排序后的结果见左图。

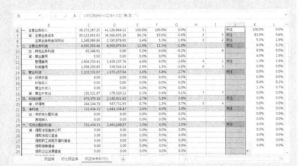

Step 3 显示损益类项目排序结果

① 选中 J6 单元格，输入以下公式，按<Enter>键确认。

`=IF(OR(H6<=2,I6<=2),"关注","")`

② 选中 J6 单元格，拖曳右下角的填充柄至 J30 单元格，并设置"不带格式填充"。

③ 选中 J9 单元格，按住<Ctrl>键，同时选中 J14、J19、J21、J24 单元格，按<Delete>键删除单元格中的值。

此时 J6、J7、J8 和 J12 单元格中显示"关注"。

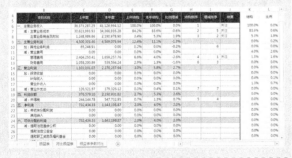

Step 4 设置条件格式

选中 J6:J30 单元格区域。参阅 10.2.4 小节 Step 4 的操作，设置 J6:J30 单元格区域中的条件格式，或是直接字体颜色。

此时 J6、J7、J8 和 J12 单元格中显示红色"关注"。

Step 5 美化工作表

① 选中 K3:L36 单元格区域，设置字体颜色为"白色,背景 1,深色 35%"。

② 选中 H4:I5 单元格区域，设置"自动换行"。调整 H:J 列的列宽，设置 H:J 列居中。

③ 调整行高。

第 **12** 章 现金流量表对比分析法

Excel 2016 高效办公

　　本章案例以现金流量表为基础，同样采用了第 10、11 章中的对比分析方法，对现金流量表中的各个数据进行对比分析。

案例背景

现金流量表是企业三大对外报送报表之一，是反映企业现金流的报表。有的企业有利润，但资金状况非常差，捉襟见肘；有的企业亏损，但资金状况却非常好。这是为什么呢？主要原因是资金流问题。对比分析资金流量可以找出企业资金紧张的真正原因，同时也能发现资金宽松的问题所在。

关键技术点

要实现本例中的功能，读者应当掌握以下的 Excel 技术点。

- 函数的应用：SUM 函数、ROUND 函数、IF 函数、ABS 函数、RANK 函数和 OR 函数

最终效果展示

现 金 流 量 表

2017年12月

单位名称：　　　　　　　　　　　　　　　　　　　　　　　　　　　　　　　金额单位：人民币元

项目名称	上年数	本年数	项目名称	上年数	本年数
一、经营活动产生的现金流量			补充资料：	9,246,215.15	
销售商品，提供劳务收到的现金	9,070,303.47	14,553,518.78	1、将净利润调节为经营活动现金流量：		
收到的税费返还			净利润(C)	644,091.98	571,239.55
收到的其他与经营活动有关的现金	175,911.68	199,439.97	加：计提的资产减值准备		
现金流入小计	9,246,215.15	14,752,958.75	固定资产折旧	683,164.93	636,065.11
购买商品，接受劳务支付的现金	7,384,548.64	12,790,451.78	无形资产摊销		
支付给职工以及为职工支付的现金	551,065.76	1,050,841.17	长期待摊费用摊销		
支付的各项税费	333,123.88	672,355.62	待摊费用减少(减:增加)		
支付的其他与经营活动有关的现金			预提费用增加(减:减少)	774,924.02	306,632.02
现金流出小计	8,268,738.28	14,513,648.57	处理固定资产无形资产其他资产的损失(减:收益)		
经营活动产生的现金流量净额(A)	977,476.87	239,310.18	固定资产报废损失		
二、投资活动产生的现金流量			财务费用	70,374.74	91,377.77
收回投资所收到的现金			投资损失(减:收益)		
取得投资收益所收到的现金			递延税款贷项(减:借项)		
处置固定资产无形资产其他资产收到的现金净额			存货的减少(减:增加)	-4,885,690.63	-1,235,677.82
收到的其他与投资活动有关的现金			经营性应收项目的减少(减:增加)		362,891.48
现金流入小计	0.00	0.00	经营性应付项目的增加(减:减少)	3,690,611.83	-493,217.93
购买固定资产无形资产其他资产支付的现金	387,000.00	162,947.18	其他		
投资所支付的现金					
支付的其他与投资活动有关的现金					
现金流出小计	387,000.00	162,947.18	经营活动产生的现金流量净额(D)	977,476.87	239,310.18
投资活动产生的现金流量净额	-387,000.00	-162,947.18			
三、筹资活动产生的现金流量			2、不涉及现金收支的投资及筹资活动		
吸收投资收到的现金			债务转为资本		
借款所收到的现金			一年内到期的可转换公司债券		
收到的其他与筹资活动有关的现金			融资租入固定资产		
现金流入小计	0.00	0.00	3、现金及现金等价物净增加情况		
偿还债务所支付的现金			现金的期末余额(E)	609,429.69	265,135.94
分配股利润或偿付利息支付的现金			减:现金的期初余额(F)	18,952.82	188,772.94
支付的其他与筹资活动有关的现金			加:现金等价物的期末余额		
现金流出小计	0.00	0.00	减:现金等价物的期初余额		
筹资活动产生的现金流量净额	0.00	0.00			
四、汇率变动对现金的影响					
五、现金及现金等价物增加净额(B)	590,476.87	76,363.00	现金及现金等价物净增加额(G)	590,476.87	76,363.00

现金流量表

对 比 现 金 流 量 表

2017年12月

单位名称： 金额单位：人民币元

项目名称	上年数	本年数	增加(减少)		金额排序	比率排序	结果
			金额	百分比			
一、经营活动产生的现金流量							
销售商品、提供劳务收到的现金	9,070,303.47	14,553,518.78	5,483,215.31	60.5%	1	4	关注
收到的税费返还	0.00	0.00	0.00	0.0%			
收到的其他与经营活动有关的现金	175,911.68	199,439.97	23,528.29	13.4%	6	6	
现金流入小计	9,246,215.15	14,752,958.75	5,506,743.60	59.6%			
购买商品、接受劳务支付的现金	7,384,548.64	12,790,451.78	5,405,903.14	73.2%	2	3	关注
支付给职工以及为职工支付的现金	551,065.76	1,050,841.17	499,775.41	90.7%	3	2	关注
支付的各项税费	333,123.88	672,355.62	339,231.74	101.8%	4	1	关注
支付的其他与经营活动有关的现金	0.00	0.00	0.00	0.0%			
现金流出小计	8,268,738.28	14,513,648.57	6,244,910.29	75.5%			
经营活动产生的现金流量净额(A)	977,476.87	239,310.18	-738,166.69	-75.5%			
二、投资活动产生的现金流量							
收回投资所收到的现金	0.00	0.00	0.00	0.0%			
取得投资收益所收到的现金	0.00	0.00	0.00	0.0%			
处置固定资产无形资产其他资产收到的现金净额	0.00	0.00	0.00	0.0%			
收到的其他与投资活动有关的现金	0.00	0.00	0.00	0.0%			
现金流入小计	0.00	0.00	0.00	0.0%			
购建固定资产无形资产其他资产支付的现金	387,000.00	162,947.18	-224,052.82	-57.9%	5	5	
投资所支付的现金	0.00	0.00	0.00	0.0%			
支付的其他与投资活动有关的现金	0.00	0.00	0.00	0.0%			
现金流出小计	387,000.00	162,947.18	-224,052.82	-57.9%			
投资活动产生的现金流量净额	-387,000.00	-162,947.18	224,052.82	-57.9%			
三、筹资活动产生的现金流量							
吸收投资收到的现金	0.00	0.00	0.00	0.0%			
借款所收到的现金	0.00	0.00	0.00	0.0%			
收到的其他与筹资活动有关的现金	0.00	0.00	0.00	0.0%			
现金流入小计	0.00	0.00	0.00	0.0%			
偿还债务所支付的现金	0.00	0.00	0.00	0.0%			
分配股利利润或偿付利息支付的现金	0.00	0.00	0.00	0.0%			
支付的其他与筹资活动有关的现金	0.00	0.00	0.00	0.0%			
现金流出小计	0.00	0.00	0.00	0.0%			
筹资活动产生的现金流量净额	0.00	0.00	0.00	0.0%			
四、汇率变动对现金的影响							
五、现金及现金等价物增加净额(B)	590,476.87	76,363.00	-514,113.87	-87.1%			

对比现金流量表

现 金 流 量 表 参 数 对 比

2017年12月

单位名称： 金额单位：人民币元

项目名称	上年数	本年数	上年结构	本年结构	比例增减	增减排序	结果
一、经营活动产生的现金流量							
销售商品、提供劳务收到的现金	9,070,303.47	14,553,518.78	98.1%	98.6%	0.6%	2	关注
收到的税费返还	0.00	0.00	0.0%	0.0%	0.0%		
收到的其他与经营活动有关的现金	175,911.68	199,439.97	1.9%	1.4%	-0.6%	1	关注
经营活动现金流入小计	9,246,215.15	14,752,958.75	100.0%	100.0%	0.0%		
二、投资活动产生的现金流量							
收回投资所收到的现金	0.00	0.00	0.0%	0.0%	0.0%		
取得投资收益所收到的现金	0.00	0.00	0.0%	0.0%	0.0%		
处置固定资产无形资产其他资产收到的现金净额	0.00	0.00	0.0%	0.0%	0.0%		
收到的其他与投资活动有关的现金	0.00	0.00	0.0%	0.0%	0.0%		
投资活动现金流入小计	0.00	0.00	0.0%	0.0%	0.0%		
三、筹资活动产生的现金流量							
吸收投资收到的现金	0.00	0.00	0.0%	0.0%	0.0%		
借款所收到的现金	0.00	0.00	0.0%	0.0%	0.0%		
收到的其他与筹资活动有关的现金	0.00	0.00	0.0%	0.0%	0.0%		
筹资活动现金流入小计	0.00	0.00	0.0%	0.0%	0.0%		
现金流入总计	9,246,215.15	14,752,958.75	100.0%	100.0%	0.0%		
一、经营活动产生的现金流量							
购买商品、接受劳务支付的现金	7,384,548.64	12,790,451.78	85.3%	87.1%	1.8%	2	关注
支付给职工以及为职工支付的现金	551,065.76	1,050,841.17	6.4%	7.2%	0.8%	3	
支付的各项税费	333,123.88	672,355.62	3.8%	4.6%	0.7%	4	
支付的其他与经营活动有关的现金	0.00	0.00	0.0%	0.0%	0.0%		
经营活动现金流出小计	8,268,738.28	14,513,648.57	95.5%	98.9%	3.4%		
二、投资活动产生的现金流量							
购建固定资产无形资产其他资产支付的现金	387,000.00	162,947.18	4.5%	1.1%	-3.4%	1	关注
投资所支付的现金	0.00	0.00	0.0%	0.0%	0.0%		
支付的其他与投资活动有关的现金	0.00	0.00	0.0%	0.0%	0.0%		
投资活动现金流出小计	387,000.00	162,947.18	4.5%	1.1%	-3.4%		
三、筹资活动产生的现金流量							
偿还债务所支付的现金	0.00	0.00	0.0%	0.0%	0.0%		
分配股利利润或偿付利息支付的现金	0.00	0.00	0.0%	0.0%	0.0%		
支付的其他与筹资活动有关的现金	0.00	0.00	0.0%	0.0%	0.0%		
筹资活动现金流出小计	0.00	0.00	0.0%	0.0%	0.0%		
现金流出总计	8,655,738.28	14,676,595.75	100.0%	100.0%	0.0%		
四、汇率变动对现金的影响							
五、现金及现金等价物增加净额	590,476.87	76,363.00					

现金流量表参数对比

示例文件

\示例文件\第 12 章\现金流量表分析.xlsx

12.1 创建现金流量表

在对本年和上年的现金流量项目进行对比分析之前，先要制作两个年度的现金流量表。

Step 1 打开工作簿

打开工作簿"现金流量表分析"。

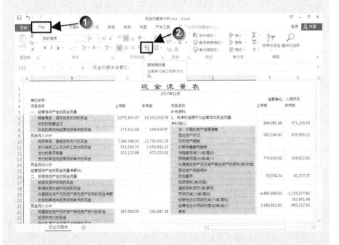

Step 2 设置项目标题的缩进形式

① 选中 B6:B8 单元格区域，按住 <Ctrl> 键，同时选中 B10:B13、B17:B20、B22:B24、B28:B30、B32:B34、E8:E22、E28:E30 和 E33:E36 单元格区域。

② 在"开始"选项卡的"对齐方式"命令组中，单击两次"增加缩进量"按钮。

Step 3 美化工作表

① 选中 B4:G4 单元格区域,设置加粗、居中、字体颜色和填充颜色。

② 调整行高。

Step 4 设置合计项单元格格式

① 选中 B9:D9 单元格区域,按住<Ctrl>键,同时选中 B14:D15、B21:D21、B25:D26、B31:D31、B35:D36、B38:D38、E25:G25 和 E38:G38 单元格区域,设置"填充颜色"。

② 选中 B9 单元格,按住<Ctrl>键,同时选中 B14:B15、B25:B26、B31、B35:B36 单元格区域和 B21、E25、E38 单元格区域,设置"居中"。

Step 5 计算经营活动现金流入小计

① 选中 C9 单元格,输入以下公式,按<Enter>键确认。

=SUM(C6:C8)

② 选中 C9 单元格,拖曳右下角的填充柄至 D9 单元格。

Step 6 计算经营活动现金流出小计

① 选中 C14 单元格,输入以下公式,按<Enter>键确认。

=SUM(C10:C13)

② 选中 C14 单元格,拖曳右下角的填充柄至 D14 单元格。

Step 7 计算经营活动现金流量净额

① 选中 C15 单元格,输入以下公式,按<Enter>键确认。

=ROUND(C9-C14,2)

② 选中 C15 单元格,拖曳右下角的填充柄至 D15 单元格。

Step 8　计算投资活动现金流入小计

① 选中 C21 单元格，输入以下公式，按 <Enter>键确认。

=SUM(C17:C20)

② 选中 C21 单元格，拖曳右下角的填充柄 至 D21 单元格。

Step 9　计算投资活动现金流出小计

① 选中 C25 元格，输入以下公式，按 <Enter>键确认。

=SUM(C22:C24)

② 选中 C25 单元格，拖曳右下角的填充柄 至 D25 单元格。

Step 10　计算投资活动现金流量净额

① 选中 C26 单元格，输入以下公式，按 <Enter>键确认。

=C21-C25

② 选中 C26 单元格，拖曳右下角的填充柄 至 D26 单元格。

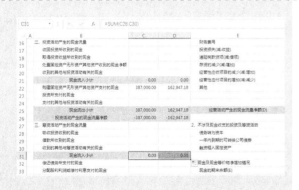

Step 11　计算筹资活动现金流入小计

① 选中 C31 单元格，输入以下公式，按 <Enter>键确认。

=SUM(C28:C30)

② 选中 C31 单元格，拖曳右下角的填充柄 至 D31 单元格。

Step 12　计算筹资活动现金流出小计

① 选中 C35 单元格，输入以下公式，按 <Enter>键确认。

=SUM(C32:C34)

② 选中 C35 单元格，拖曳右下角的填充柄 至 D35 单元格。

Step 13 计算筹资活动现金流量净额

① 选中 C36 单元格，输入以下公式，按<Enter>键确认。

`=C31-C35`

② 选中 C36 单元格，拖曳右下角的填充柄至 D36 单元格。

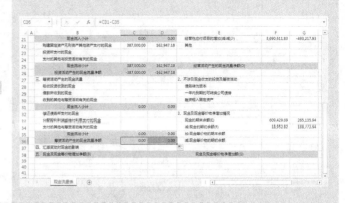

Step 14 计算现金及现金等价物增加净额

① 选中 C38 单元格，输入以下公式，按<Enter>键确认。

`=ROUND(C15+C26+C36+C37,2)`

② 选中 C38 单元格，拖曳右下角的填充柄至 D38 单元格。

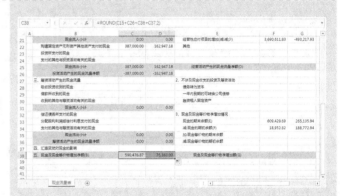

Step 15 计算补充资料中经营活动产生的现金流量净额

① 选中 F25 单元格，输入以下公式，按<Enter>键确认。

`=ROUND(SUM(F7:F22),2)`

② 选中 F25 单元格，拖曳右下角的填充柄至 G25 单元格。

Step 16 计算补充资料中现金及现金等价物增加净额

① 选中 F38 单元格，输入以下公式，按<Enter>键确认。

`=ROUND(F33-F34+F35-F36,2)`

② 选中 F38 单元格，拖曳右下角的填充柄至 G38 单元格。

Step 17 美化工作表

① 选中 B4:G38 单元格区域，设置边框。

② 取消网格线显示。

Step 18 设置 C15 单元格的条件格式

① 选中 C15 单元格，在"开始"选项卡的"样式"命令组中，单击"条件格式"→"新建规则"命令。

② 打开"新建格式规则"对话框后，在"选择规则类型"列表框中选择"只为包含以下内容的单元格设置格式"选项，在"编辑规则说明"区域中，第 1 个选项保持不变；单击第 2 个选项右侧的下箭头按钮，在弹出的列表中选择"不等于"；在第 3 个选项文本框中输入"=$F$25"。

③ 单击"格式"按钮，弹出"设置单元格格式"对话框，单击"填充"选项卡，在"背景色"颜色中选择"红色"。单击"确定"按钮。

④ 返回"新建格式规则"对话框，再次单击"确定"按钮完成设置。

Step 19 设置 D15 单元格的条件格式

① 选中 D15 单元格，在"开始"选项卡的"样式"命令组中，单击"条件格式"→"新建规则"命令。

② 打开"新建格式规则"对话框后，在"选择规则类型"列表框中选择"只为包含以下内容的单元格设置格式"选项，在"编辑规则说明"区域中，第 1 个选项保持不变；单击第 2 个选项右侧的下箭头按钮，在弹出的列表中选择"不等于"；在第 3 个选项文本框中输入"=$G$25"。

③ 单击"格式"按钮，弹出"设置单元格格式"对话框，切换到"填充"选项卡，在"背景色"颜色中选择"蓝色"。单击"确定"按钮。

④ 返回"新建格式规则"对话框，再次单击"确定"按钮完成设置。

本例中 C15 单元格和 F25 单元格的数值相等，D15 单元格和 G25 单元格的数值也相等，这两个单元格都没有显示条件格式。

Step 20 设置 C38 单元格的条件格式

① 选中 C38 单元格，在"开始"选项卡的"样式"命令组中，单击"条件格式"→"新建规则"命令。

② 打开"新建格式规则"对话框后，在"选择规则类型"列表框中选择"只为包含以下内容的单元格设置格式"选项，在"编辑规则说明"区域中，第 1 个选项保持不变；单击第 2 个选项右侧的下箭头按钮，在弹出的列表中选择"不等于"；在第 3 个选项文本框中输入"=$F$38"。

③ 单击"格式"按钮，设置"填充"的"背景色"为"蓝色"。单击"确定"按钮。

④ 返回"新建格式规则"对话框，再次单击"确定"按钮完成设置。

Step 21 设置 D38 单元格的条件格式

① 选中 D38 单元格，打开"新建格式规则"对话框后，在"选择规则类型"列表框中选择"只为包含以下内容的单元格设置格式"选项，在"编辑规则说明"区域中，第 1 个选项保持不变；单击第 2 个选项右侧的下箭头按钮，在弹出的列表中选择"不等于"；在第 3 个选项文本框中输入"=$G$38"。

② 单击"格式"按钮，设置"填充"的"背景色"为"蓝色"。单击"确定"按钮。

③ 返回"新建格式规则"对话框，单击"确定"按钮完成设置。

本例中 C38 单元格和 F38 单元格的数值相等，D38 单元格和 G38 单元格的数值也相等，这两个单元格都没有显示条件格式。

12.2 对比分析现金流量项目的绝对变化和变化幅度

创建好现金流量表以后，接下来可以对比分析本年和上年现金流量项目的绝对变化以及变化幅度。

12.2.1 设置现金流量对比分析表的标题和单元格格式

Step

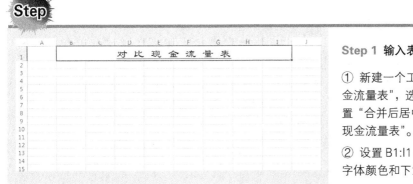

Step 1 输入表格标题

① 新建一个工作表，重命名为"对比现金流量表"，选中 B1:I1 单元格区域，设置"合并后居中"，输入表格标题"对比现金流量表"。

② 设置 B1:I1 单元格区域的字体、字号、字体颜色和下划线。

Step 2 输入制表日期及单位

① 选中 B2:I2 单元格区域，设置"合并后居中"，输入"2017-12-31"，设置日期格式为"长日期"。

② 选中 B2:I39 单元格区域，设置字体为"微软雅黑"，字号为"9"。

③ 在 B3 单元格中输入"单位名称"。选中 G3:I3 单元格区域，设置"合并后居中"，输入"金额单位：人民币元"。

Step 3 输入表格各字段标题

① 在 B4:I5 单元格区域中输入表格各字段标题。

② 合并部分单元格，设置居中。

Step 4 复制项目名称

① 切换到"现金流量表"工作表，选中 B5:B38 单元格区域，按<Ctrl+C>组合键复制，再切换到"对比现金流量表"，选中 B6 单元格，按<Ctrl+V>组合键粘贴。

② 调整 A:B 列的列宽。

Step 5 设置单元格格式

① 选中 C6:E39 单元格区域，设置单元格格式为"数值"，小数位数为"2"，勾选"使用千位分隔符"复选框。

② 选中 F6:F39 单元格区域，设置单元格格式为"百分比"，小数位数为"1"。

③ 选中 G6:H39 单元格区域，设置单元格格式为"数值"，小数位数为"0"。

Step 6　美化工作表

① 选中 B4:I5 单元格区域,设置填充颜色和字体颜色,设置加粗。

② 选中 B10:I10 单元格区域,按住 <Ctrl>键,同时选中 B15:I16、B22:I22、B26:I27、B32:I32、B36:I37 和 B39:I39 单元格区域,设置填充颜色。

③ 选中 B4:I39 单元格区域,调整行高为"16.5",绘制边框。

④ 取消网格线显示。

12.2.2　计算现金流量类项目的绝对变化和变化幅度

Step 1　导入经营活动现金流入数据

① 选中 C7 单元格,输入以下公式,按<Enter>键确认。

=现金流量表!C6

② 选中 C7 单元格,拖曳右下角的填充柄至 D7 单元格,再双击 D7 单元格右下角的填充柄,在 C7:D39 单元格区域中快速复制填充公式,并设置"不带格式填充"。

③ 调整 D 列的列宽。

Step 2　计算现金流量类项目绝对数变化

① 选中 E7 单元格,输入以下公式,按<Enter>键确认。

=D7-C7

② 选中 E7 单元格,双击右下角的填充柄,在 E7:E39 单元格区域中快速复制填充公式,并设置"不带格式填充"。

Step 3 计算现金流量类项目变化幅度

① 选中 F7 单元格，输入以下公式，按
<Enter>键确认。

`=IF(C7=0,0,E7/C7)`

② 选中 F7 单元格，双击右下角的填充
柄，在 F7:F39 单元格区域中快速复制
填充公式，并设置"不带格式填充"。

12.2.3 设置辅助区

Step 1 设置辅助区表格标题及表格各字段标题

① 选中 J3:K3 单元格区域，设置"合
并后居中"，输入"辅助区"。

② 选中 J4:J5 单元格区域，设置"合并
后居中"，输入"金额"。

③ 选中 K4:K5 单元格区域，设置"合
并后居中"，输入"百分比"。

④ 选中 J3:K39 单元格区域，设置字体
为"微软雅黑"，设置字号为"9"。

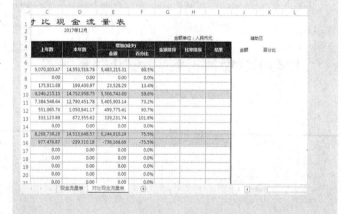

Step 2 设置单元格格式

① 选中 J6:J27 单元格区域，设置单元
格格式为"数值"，小数位数为"2"，
勾选"使用千位分隔符"复选框。

② 选中 K6:K27 单元格区域，设置单元
格格式为"百分比"，小数位数为"1"。

③ 选中 J4:K39 单元格区域，绘制边框。

Step 3 计算经营活动现金流入绝对数变化的绝对值

① 选中 J7 单元格，输入以下公式，按 <Enter> 键确认。

=ABS(E7)

② 选中 J7 单元格，拖曳右下角的填充柄至 K7 单元格，并设置"不带格式填充"。

③ 选中 J7:K7 单元格区域，拖曳右下角的填充柄至 K9 单元格。

Step 4 计算经营活动现金流出绝对数变化的绝对值

① 选中 J10 单元格，输入以下公式，按 <Enter> 键确认。

=ABS(E11)

② 选中 J10 单元格，拖曳右下角的填充柄至 K10 单元格，并设置"不带格式填充"。

③ 选中 J10:K10 单元格区域，拖曳右下角的填充柄至 K13 单元格。

Step 5 计算投资活动现金流入绝对数变化的绝对值

① 选中 J14 单元格，输入以下公式，按 <Enter> 键确认。

=ABS(E18)

② 选中 J14 单元格，拖曳右下角的填充柄至 K14 单元格，并设置"不带格式填充"。

③ 选中 J14:K14 单元格区域，拖曳右下角的填充柄至 K17 单元格。

Step 6 计算投资活动现金流出变化的绝对值

① 选中 J18 单元格，输入以下公式，按 <Enter> 键确认。

=ABS(E23)

② 选中 J18 单元格，拖曳右下角的填充柄至 K18 单元格，并设置"不带格式填充"。

③ 选中 J18:K18 单元格区域，拖曳右下角的填充柄至 K20 单元格。

Step 7 计算筹资活动现金流入变化的绝对值

① 选中 J21 单元格，输入以下公式，按 <Enter>键确认。

`=ABS(E29)`

② 选中 J21 单元格，拖曳右下角的填充柄至 K21 单元格，并设置"不带格式填充"。

③ 选中 J21:K21 单元格区域，拖曳右下角的填充柄至 K23 单元格。

Step 8 计算筹资活动现金流出变化绝对值

① 选中 J24 单元格，输入以下公式，按 <Enter>键确认。

`=ABS(E33)`

② 选中 J24 单元格，拖曳右下角的填充柄至 K24 单元格，并设置"不带格式填充"。

③ 选中 J24:K26 单元格区域，拖曳右下角的填充柄至 K26 单元格。

Step 9 计算汇率变化对现金影响变化

① 选中 J27 单元格，输入以下公式，按 <Enter>键确认。

`=ABS(E38)`

② 选中 J27 单元格，拖曳右下角的填充柄至 K27 单元格，并设置"不带格式填充"。

12.2.4 对现金流量类项目的金额和百分比排序

Step 1 对现金流量项目绝对变化进行排序

① 选中 G7 单元格，输入以下公式，按 <Enter>键确认。

`=IF(E7=0,"",RANK(ABS(E7),$J$7:$J$27))`

② 选中 G7 单元格，双击右下角的填充柄，在 G7:G39 单元格区域中快速复制填充公式，并设置"不带格式填充"。

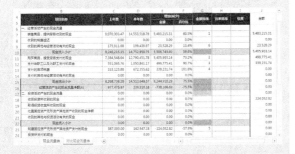

③ 选中 G10 单元格，按住<Ctrl>键，同时选中 G15:G17、G26:G28、G36:G37 单元格区域和 G22、G32、G39 单元格，按<Delete>键删除其中的值。

Step 2 对现金流量类项目变化幅度进行排序

① 选中 H7 单元格，输入以下公式，按<Enter>键确认。

`=IF(F7=0,"",RANK(ABS(F7),$K$7:$K$27))`

② 选中 H7 单元格，双击右下角的填充柄，在H7:H39 单元格区域中快速复制填充公式，并设置"不带格式填充"。

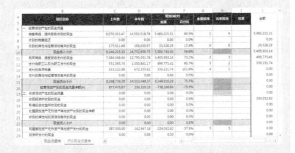

③ 选中 H10 单元格，按住<Ctrl>键，同时选中 H15:H17、H26:H28、H36:H37 单元格区域和 H22、H32、H39 单元格，按<Delete>键删除其中的值。

对资产类项目绝对变化排序后的结果如图所示。

Step 3 显示现金流量类项目关注结果

① 选中 I7 单元格，输入以下公式，按<Enter>键确认。

`=IF(OR(G7<=2,H7<=2),"关注","")`

② 选中 I7 单元格，双击右下角的填充柄，在I7:I39 单元格区域中快速复制填充公式，并设置"不带格式填充"。

③ 选中 I10 单元格，按住<Ctrl>键，同时选中 I15:I17、I26:I28、I36:I37 单元格区域和 I22、I32、I39 单元格，按<Delete>键删除其中的值。

此时 I7、I11、I12 和 I13 单元格中显示"关注"。

Step 4 设置条件格式

选中 I7:I38 单元格区域，参阅 10.2.4 小节 Step 4 的操作，设置 I7:I39 单元格区域中的条件格式，或是直接设置字体颜色。

此时 I7、I11、I12 和 I13 单元格中显示红色"关注"。

Step 5 美化工作表

① 选中 J3:K39 单元格区域，设置字体颜色为"白色,背景 1,深色 35%"。

② 选中 G4:H5 单元格区域，设置"自动换行"。

③ 调整 G:I 列的列宽，设置 G:I 列居中。

12.3 对比分析现金流量类项目相对变化和相对变化幅度

接下来从相对变化的角度对比分析本年和上年现金流量类项目的变化以及变化幅度。

12.3.1 设置损益类项目参数对比表的标题和单元格格式

Step 1 输入表格标题

① 插入一个新的工作表，重命名为"现金流量表参数对比"，选中 B1:I1 单元格区域，设置"合并后居中"，输入表格标题"现金流量表参数对比"。

② 设置 B1:I1 单元格区域的字体、字号、字体颜色和下划线。

Step 2 输入制表日期及单位

① 选中 B2:I2 单元格区域，设置"合并后居中"，输入"2017-12-31"，设置日期格式为"长日期"。

② 选中 B2:I41 单元格区域，设置字体为"微软雅黑"，字号为"9"。

③ 在 B3 单元格中输入"单位名称"。选中 G3:I3 单元格区域,设置"合并后居中",输入"金额单位:人民币元"。

Step 3 输入表格各字段标题

① 在 B4:I4 单元格区域中输入表格各字段标题。

② 合并部分单元格。

Step 4 输入项目名称

① 选中 B6:B41 单元格区域,输入项目名称。

② 调整 A:B 列的列宽。

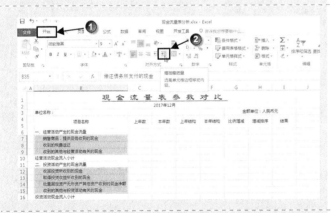

Step 5 设置项目标题的缩进形式

选中 B7:B9 单元格区域,按住<Ctrl>键,同时选中 B12:B15、B18:B20、B24:B27、B30:B32 和 B35:B37 单元格区域,在"开始"选项卡的"对齐方式"命令组中单击两次"增加缩进量"按钮。

Step 6 设置单元格格式

① 选中 C6:D41 单元格区域,设置单元格格式为"数值",小数位数为"2",勾选"使用千位分隔符"复选框。

② 选中 E6:G41 单元格区域,设置单元格格式为"百分比",小数位数为"1"。

③ 选中 H6:H41 单元格区域,设置单元格格式为"数值",小数位数为"0"。

Step 7 美化工作表

① 选中 B4:I5 单元格区域，设置填充颜色和字体颜色，设置加粗。

② 选中 B10 单元格，按住<Ctrl>键，同时选中 B16、B28、B33 单元格和 B21:B22、B38:B39 单元格区域，设置"居中"。

12.3.2　计算现金流量项目的相对变化和变化幅度

Step 1 导入经营活动现金流入数据

① 选中 C7 单元格，输入以下公式，按<Enter>键确认。

=现金流量表!C6

② 选中 C7 单元格，拖曳右下角的填充柄向右至 D7 单元格，再向下至 D10 单元格。

③ 调整 D 列的列宽。

Step 2 导入投资活动现金流入数据

① 选中 C12 单元格，输入以下公式，按<Enter>键确认。

=现金流量表!C17

② 选中 C12 单元格，拖曳右下角的填充柄向右至 D12 单元格，再向下至 D16 单元格。

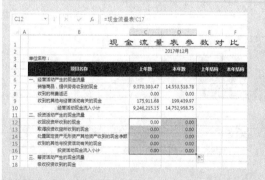

Step 3 导入筹资活动现金流入数据

① 选中 C18 单元格，输入以下公式，按<Enter>键确认。

=现金流量表!C28

② 选中 C18 单元格，拖曳右下角的填充柄向右至 D18 单元格，再向下至 D21 单元格。

Step 4 计算现金流入合计

① 选中 C22 单元格，输入以下公式，按 <Enter>键确认。

=C10+C16+C21

② 选中 C22 单元格，拖曳右下角的填充柄至 D22 单元格。

Step 5 导入经营活动现金流出数据

① 选中 C24 单元格，输入以下公式，按 <Enter>键确认。

=现金流量表!C10

② 选中 C24 单元格，拖曳右下角的填充柄向右至 D24 单元格，再向下至 D28 单元格。

Step 6 导入投资活动现金流出数据

① 选中 C30 单元格，输入以下公式，按 <Enter>键确认。

=现金流量表!C22

② 选中 C30 单元格，拖曳右下角的填充柄向右至 D30 单元格，再向下至 D33 单元格。

Step 7 导入筹资活动现金流出数据

① 选中 C35 单元格，输入以下公式，按 <Enter>键确认。

=现金流量表!C32

② 选中 C35 单元格，拖曳右下角的填充柄至 D35 单元格。选中 C35:D35 单元格区域，拖曳右下角的填充柄至 D38 单元格。

Step 8 计算现金流出合计

① 选中 C39 单元格，输入以下公式，按 <Enter>键确认。

=C28+C33+C38

② 选中 C39 单元格，拖曳右下角的填充柄至 D39 单元格。

Step 9 导入汇率变动和活动现金等价物项目数据

① 选中 C40 单元格，输入以下公式，按 <Enter>键确认。

=现金流量表!C37

② 选中 C40 单元格，拖曳右下角的填充柄至 D40 单元格。选中 C40:D40 单元格区域，拖曳右下角的填充柄至 D41 单元格。

Step 10 计算上年项目结构

① 选中 E7 单元格，输入以下公式，按 <Enter>键确认。

=IF($C$22=0,0,C7/$C$22)

② 选中 E7 单元格，拖曳右下角的填充柄至 E22 单元格。

③ 选中 E24 单元格，输入以下公式，按 <Enter>键确认。

=IF($C$39=0,0,C24/$C$39)

④ 选中 E24 单元格，拖曳右下角的填充柄至 E39 单元格。

⑤ 选中 E11 单元格，按住<Ctrl>键，同时选中 E17、E29 和 E34 单元格，按<Delete>键删除单元格中的值。

Step 11 计算本年项目结构

① 选中 F7 单元格，输入以下公式，按 <Enter>键确认。

=IF($D$22=0,0,D7/$D$22)

② 选中 F7 单元格，拖曳右下角的填充柄至 F22 单元格。

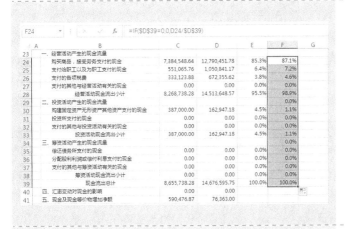

③ 选中 F24 单元格，输入以下公式，按<Enter>键确认。

=IF($D$39=0,0,D24/$D$39)

④ 选中 F24 单元格，拖曳右下角的填充柄至 F39 单元格。

⑤ 选中 F11 单元格，按住<Ctrl>键，同时选中 F17、F29 和 F34 单元格，按<Delete>键删除单元格中的值。

Step 12 计算资产类项目结构变化

① 选中 G7 单元格，输入以下公式，按<Enter>键确认。

=F7-E7

② 选中 G7 单元格，拖曳右下角的填充柄至 G39 元格。

③ 选中 G11 单元格，按住<Ctrl>键，同时选中 G17、G23、G29 和 G34 单元格，按<Delete>键删除单元格中的值。

12.3.3 设置辅助区

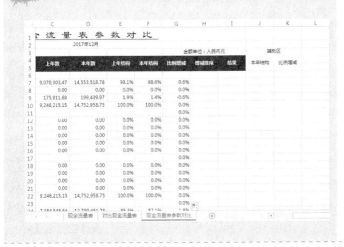

Step 1 设置辅助区表格标题及表格各字段标题

① 选中 J3:K3 单元格区域，设置"合并后居中"，输入"辅助区"。

② 选中 J4:J5 单元格区域，设置"合并后居中"，输入"本年结构"。

③ 选中 K4:K5 单元格区域，设置"合并后居中"，输入"比例增减"。

④ 选中 J3:K41 单元格区域，设置字体为"微软雅黑"，设置字号为"9"。

Step 2 设置辅助区单元格格式

选中 J7:K16 单元格区域，按住<Ctrl>键，同时选中 J24:K33 单元格区域，设置单元格格式为"百分比"，小数位数为"1"。

Step 3 计算经营活动现金流入结构的绝对值

① 选中 J7 单元格，输入以下公式，按<Enter>键确认。

`=ABS(F7)`

② 选中 J7 单元格，拖曳右下角的填充柄至 K7 单元格。

③ 选中 J7:K7 单元格区域，拖曳右下角的填充柄至 K9 单元格。

Step 4 计算投资活动现金流入结构的绝对值

① 选中 J10 单元格，输入以下公式，按<Enter>键确认。

`=ABS(F12)`

② 选中 J10 单元格，拖曳右下角的填充柄至 K10 单元格。

③ 选中 J10:K10 单元格区域，拖曳右下角的填充柄至 K13 单元格。

Step 5 计算筹资活动现金流入结构的绝对值

① 选中 J14 单元格，输入以下公式，按<Enter>键确认。

`=ABS(F18)`

② 选中 J14 单元格，拖曳右下角的填充柄至 K14 单元格。

③ 选中 J14:K14 单元格区域，拖曳右下角的填充柄至 K16 单元格。

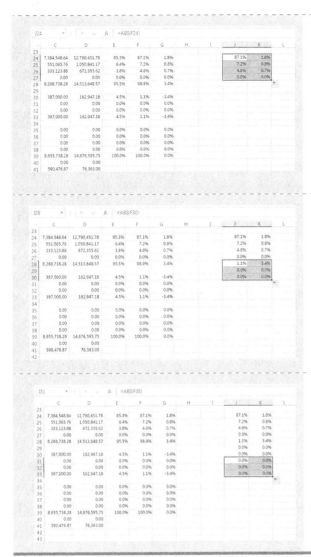

Step 6 计算经营活动现金流出结构的绝对值

① 选中 J24 单元格，输入以下公式，按
<Enter>键确认。

`=ABS(F24)`

② 选中 J24 单元格，拖曳右下角的填充柄至
K24 单元格。

③ 选中 J24:K24 单元格区域，拖曳右下角的
填充柄至 K27 单元格。

Step 7 计算投资活动现金流出结构的绝对值

① 选中 J28 单元格，输入以下公式，按
<Enter>键确认。

`=ABS(F30)`

② 选中 J28 单元格，拖曳右下角的填充柄至
K28 单元格。

③ 选中 J28:K28 单元格区域，拖曳右下角的
填充柄至 K30 单元格。

Step 8 计算筹资活动现金流出结构的绝对值

① 选中 J31 单元格，输入以下公式，按
<Enter>键确认。

`=ABS(F35)`

② 选中 J31 单元格，拖曳右下角的填充柄至
K31 单元格。

③ 选中 J31:K31 单元格区域，拖曳右下角的
填充柄至 K33 单元格。

12.3.4 对现金流量类项目的结构增减排序

Step

Step 1 对现金流入结构增减进行排序

① 选中 H7 单元格，输入以下公式，按<Enter>
键确认。

`=IF(G7=0,"",RANK(ABS(G7),$K$7:$K$16))`

② 选中 H7 单元格，拖曳右下角的填充柄至
H20 单元格。

③ 选中 H10:H11 单元格区域，按住<Ctrl>键，
同时选中 H16:H17 单元格区域，按<Delete>
键删除单元格的值。

Step 2 对现金流出结构增减进行排序

① 选中 H24 单元格，输入以下公式，按<Enter>键确认。

`=IF(G24=0,"",RANK(ABS(G24),$K$24:$K$33))`

② 选中 H24 单元格，拖曳右下角的填充柄至 H32 单元格。

③ 选中 H28:H29 单元格区域，按<Delete>键删除单元格的值。

Step 3 显示现金流量结构变化排序结果

① 选中 I7 单元格，输入以下公式，按<Enter>键确认。

`=IF(H7<=2,"关注","")`

② 选中 I7 单元格，拖曳右下角的填充柄至 I20 单元格。

③ 选中 I24 单元格，输入以下公式，按<Enter>键确认。

`=IF(H24<=2,"关注","")`

④ 选中 I24 单元格，拖曳右下角的填充柄至 I32 单元格。

⑤ 选中 I10:I11 单元格区域，按住<Ctrl>键，同时选中 I16:I17 和 I28:I29 单元格区域，按<Delete>键删除其中的值。此时 I7、I9、I24 和 I30 单元格中显示"关注"。

Step 4 设置条件格式

选中 I7:I32 单元格区域,参阅 10.2.4 小节 Step 4 的操作,设置 I7:I32 单元格区域中的条件格式。

由于公式结果仅有"关注"和""(空值)两种,因此也可以直接设置单元格字体颜色。

此时 I7、I9、I24 和 I30 单元格中显示红色"关注"。

Step 5 美化工作表

① 选中 H5 单元格,设置"自动换行"。调整 H:I 列的列宽,设置 H:I 列居中。

② 选中 B10:I10 单元格区域,按住<Ctrl>键,同时选中 B16:I16、B21:I22、B28:I28、B33:I33、B38:I39 和 B41:I41 单元格区域,设置填充颜色。

③ 选中 J3:K41 单元格区域,设置字体颜色为"白色,背景 1,深色 35%",绘制边框。

④ 调整行高,绘制边框,取消网格线显示。

第 **13** 章　杜邦分析法

Excel 2016 高效办公

　　杜邦分析法是财务工作中能够较为全面地分析财务情况的一种方法，以资产负债和损益表为基础数据，分析出企业的各项指标，其中包括销售净利率、资产周转率、总资产利润率以及权益报酬率等指标。本表的过渡数据有 28 个之多，几乎涵盖了财务分析所需要的所有内容。

案例背景

杜邦分析法是利用几种主要的财务比率之间的关系，来综合分析企业的财务状况的一种方法，是用来评价公司盈利能力和股东权益回报水平，从财务角度评价企业绩效的经典方法。其基本思想是将企业净资产收益率逐级分解为多项财务比率乘积，这样有助于深入分析比较企业的经营业绩。杜邦模型最显著的特点是将若干个用以评价企业经营效率和财务状况的比率按其内在联系有机地结合起来，形成一个完整的指标体系，并最终通过权益收益率来综合反映。

采用这一方法，可以使财务比率分析的层次更清晰、条理更突出，为报表分析者全面仔细地了解企业的经营和盈利状况提供方便。杜邦分析法有助于企业管理层更加清晰地看到权益资本收益率的决定因素，以及销售净利润率与总资产周转率、债务比率之间的相互关联关系，给管理层提供了一张明晰的考察公司资产管理效率和是否最大化股东投资回报的路线图。

关键技术点

要实现本例中的功能，读者应当掌握以下的 Excel 技术点。

● 函数的应用：SUM 函数、ROUND 函数、IF 函数、OR 函数、ABS 函数和 AND 函数

最终效果展示

杜邦分析表

示例文件

\示例文件\第 13 章\杜邦分析表.xlsx

13.1 创建资产负债表

在进行财务比率分析之前，首先要制作资产负债表。

Step 1 美化工作表

① 打开工作簿"杜邦分析表"。选中 B2:G2 单元格区域，设置加粗，居中，字体颜色和填充颜色。

② 选中 B2:G35 单元格区域，调整行高，设置边框。

③ 取消网格线显示。

Step 2 设置合计项目单元格格式

① 同时选中 B21:D21、B29:D29、B33:D33、B35:D35、E15:G15、E20:G20、E22:G22、E28:G28 和 E35:G35 单元格区域，设置填充颜色。

② 同时选中 B21、B29、B33、B35、E15、E20、E22、E28 和 E35 单元格，设置居中。

Step 3 计算应收账款净额

① 选中 C8 单元格，输入以下公式，按 <Enter> 键确认。

`=C6-C7`

② 选中 C8 单元格，拖曳右下角的填充柄至 D8 单元格。

Step 4 计算流动资产合计

① 选中 C21 单元格，输入以下公式，按<Enter>键确认。

`=SUM(C3:C5)+SUM(C8:C11)+SUM(C19:C20)`

② 选中 C21 单元格，拖曳右下角的填充柄至 D21 单元格。

Step 5 计算固定资产合计

① 选中 C29 单元格，输入以下公式，按<Enter>键确认。

`=SUM(C25:C28)`

② 选中 C29 单元格。拖曳右下角的填充柄至 D29 单元格。

Step 6 计算固定及无形资产合计

① 选中 C33 单元格，输入以下公式，按<Enter>键确认。

`=SUM(C29:C32)`

② 选中 C33 单元格，拖曳右下角的填充柄至 D33 单元格。

Step 7 计算资产总计

① 选中 C35 单元格，输入以下公式，按<Enter>键确认。

`=SUM(C21,C22,C33,C34)`

② 选中 C35 单元格，拖曳右下角的填充柄至 D35 单元格。

Step 8 计算流动负债合计

① 选中 F15 单元格，输入以下公式，按<Enter>键确认。

`=SUM(F3:F14)`

② 选中 F15 单元格，拖曳右下角的填充柄至 G15 单元格。

Step 9 计算长期负债合计

① 选中 F20 单元格，输入以下公式，按<Enter>键确认。

`=SUM(F16:F19)`

② 选中 F20 单元格，拖曳右下角的填充柄至 G20 单元格。

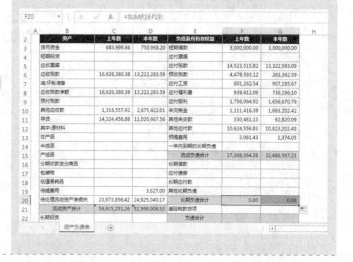

Step 10 计算负债合计

① 选中 F22 单元格，输入以下公式，按<Enter>键确认。

=SUM(F15,F20:F21)

② 选中 F22 单元格，拖曳右下角的填充柄至 G22 单元格。

Step 11 计算所有者权益合计

① 选中 F28 单元格，输入以下公式，按<Enter>键确认。

=SUM(F23:F25,F27)

② 选中 F28 单元格，拖曳右下角的填充柄至 G28 单元格。

Step 12 计算负债及所有者权益合计

① 选中 F35 单元格，输入以下公式，按<Enter>键确认。

=SUM(F22,F28)

② 选中 F35 单元格，拖曳右下角的填充柄至 G35 单元格。

13.2 创建利润和利润分配表

在对本年和上年的利润及利润分配表进行对比分析之前，首先要制作两个年度的利润及利润分配表。

Step

Step 1 输入表格标题和各字段标题

① 插入一个新的工作表,重命名为"利润及利润分配表",选中 B1:D1 单元格区域,设置"合并后居中",输入表格标题"利润及利润分配表",并设置字体、字号、字体颜色和下划线。

② 在 B2:D2 和 B3:B33 单元格区域中输入表格各字段标题和项目名称。选中 B2:D33 单元格区域,设置字体和字号。

③ 调整 A:B 列的列宽。

Step 2 输入表格中数据

① 选中 C3:D33 单元格区域,设置单元格格式为"数值",小数位数为"2",勾选"使用千位分隔符"复选框。

② 在 C7 单元格和 C3:D5、C9:D10、C15:D15、C19:D19 单元格区域中输入上年和本年损益类项目数据。

Step 3 设置具体项目和项目标题的缩进形式

① 同时选中 B4、B12、B15、B17、B19、B22、B29 单元格和 B7:B8 单元格区域,设置单元格文本水平对齐的缩进为"2"。

② 同时选中 B5、B20 单元格和 B9:B10、B13:B14、B23:B27、B30:B32 单元格区域,设置单元格文本水平对齐的缩进为"4"。

Step 4 美化工作表

① 选中 B2:D2 单元格区域,设置加粗、居中、字体颜色和填充颜色。

② 选中 B2:D33 单元格区域,调整行高,绘制边框。

③ 取消网格线显示。

④ 同时选中 B6:D6、B11:D11、B16:D16、B18:D18、B21:D21、B28:D28 和 B33:D33 单元格区域,设置填充颜色。

Step 5 计算主营业务利润

① 选中 C6 单元格,输入以下公式,按<Enter>键确认。

`=C3-C4-C5`

② 选中 C6 单元格,拖曳右下角的填充柄至 D6 单元格。

Step 6 计算营业利润

① 选中 C11 单元格,输入以下公式,按<Enter>键确认。

`=SUM(C6:C7)-SUM(C8:C10)`

② 选中 C11 单元格,拖曳右下角的填充柄至 D11 单元格。

Step 7 计算利润总额和所得税

① 选中 C16 单元格，输入以下公式，按<Enter>键确认。

`=SUM(C11:C14)-C15`

② 选中 C16 单元格，拖曳右下角的填充柄至 D16 单元格。

③ 选中 C17 单元格，输入以下公式，按<Enter>键确认。

`=C16*0.25`

④ 选中 C17 单元格，拖曳右下角的填充柄至 D17 单元格。

Step 8 计算净利润

① 选中 C18 单元格，输入以下公式，按<Enter>键确认。

`=C16-C17`

② 选中 C18 单元格，拖曳右下角的填充柄至 D18 单元格。

Step 9 计算可供分配利润

① 选中 C21 单元格，输入以下公式，按<Enter>键确认。

`=SUM(C18:C20)`

② 选中 C21 单元格，拖曳右下角的填充柄至 D21 单元格。

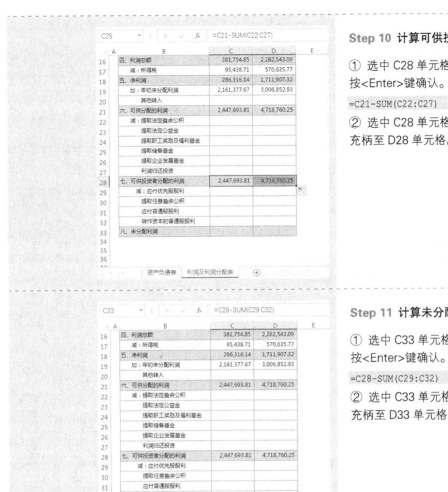

Step 10 计算可供投资者分配的利润

① 选中 C28 单元格，输入以下公式，按<Enter>键确认。

`=C21-SUM(C22:C27)`

② 选中 C28 单元格，拖曳右下角的填充柄至 D28 单元格。

Step 11 计算未分配利润

① 选中 C33 单元格，输入以下公式，按<Enter>键确认。

`=C28-SUM(C29:C32)`

② 选中 C33 单元格，拖曳右下角的填充柄至 D33 单元格。

13.3 创建现金流量表

在对本年和上年的现金流量项目进行对比分析之前，首先要制作两个年度的现金流量表。

Step 1 输入表格标题和各字段标题

① 插入一个新的工作表，重命名为"现金流量表"，选中 B1:G1 单元格区域，设置"合并后居中"，输入表格标题"现金流量表"，设置字体、字号、字体颜色和下划线。

② 在 B2:G2、B3:B36 以及 E3:E36 单元格区域中输入表格各字段标题和项目名称。选中 B2:D36 单元格区域，设置字体和字号。

③ 调整列宽。

Step 2 输入表格中数据

① 同时选中 C3:D36 和 F3:G36 单元格区域，设置单元格格式为"数值"，小数位数为"2"，勾选"使用千位分隔符"复选框。

② 在 C4:D4、C8:D10、C20:D20、C30:D30、F5:G19、F31:G32 和 C26 单元格中输入上年和本年现金流量类项目数据。

Step 3 设置项目标题的缩进形式

同时选中 B4:B6、B8:B11、B15:B18、B20:B22、B26:B28、B30:B32、E6:E20、E26:E28 和 E31:E34 单元格区域，在"开始"选项卡的"对齐方式"命令组中单击两次"增加缩进量"按钮。

Step 4 美化工作表

① 选中 B2:G2 单元格区域，设置加粗、居中、字体颜色和填充颜色。

② 选中 B2:G36 单元格区域，调整行高，添加边框线。

Step 5 设置合计项单元格格式

① 同时选中 B7:D7、B12:D13、B19:D19、B23:D24、B29:D29、B33:D34、B36:D36、E23:G23 和 E36:G36 单元格区域，设置填充颜色。

② 同时选中 B7、B19、B29、E23、E36 单元格和 B12:B13、B23:B24、B33:B34 单元格区域，设置"居中"。

Step 6 计算经营活动现金流入小计

① 选中 C7 单元格，输入以下公式，按<Enter>键确认。

=SUM(C4:C6)

② 选中 C7 单元格，拖曳右下角的填充柄至 D7 单元格。

Step 7 计算经营活动现金流出小计

① 选中 C12 单元格，输入以下公式，按<Enter>键确认。

=SUM(C8:C11)

② 选中 C12 单元格，拖曳右下角的填充柄至 D12 单元格。

Step 8 计算经营活动现金流量净额

① 选中 C13 单元格，输入以下公式，按<Enter>键确认。

=ROUND(C7-C12,2)

② 选中 C13 单元格，拖曳右下角的填充柄至 D13 单元格。

Step 9 计算投资活动现金流入小计

① 选中 C19 单元格，输入以下公式，按<Enter>键确认。

`=SUM(C15:C18)`

② 选中 C19 单元格，拖曳右下角的填充柄至 D19 单元格。

Step 10 计算投资活动现金流出小计

① 选中 C23 元格，输入以下公式，按<Enter>键确认。

`=SUM(C20:C22)`

② 选中 C23 单元格，拖曳右下角的填充柄至 D23 单元格。

Step 11 计算投资活动现金流量净额

① 选中 C24 单元格，输入以下公式，按<Enter>键确认。

`=C19-C23`

② 选中 C24 单元格，拖曳右下角的填充柄至 D24 单元格。

Step 12 计算筹资活动现金流入小计

① 选中 C29 单元格，输入以下公式，按<Enter>键确认。

`=SUM(C26:C28)`

② 选中 C29 单元格，拖曳右下角的填充柄至 D29 单元格。

Step 13 计算筹资活动现金流出小计

① 选中 C33 单元格，输入以下公式，按<Enter>键确认。

`=SUM(C30:C32)`

② 选中 C33 单元格，拖曳右下角的填充柄至 D33 单元格。

Step 14 计算筹资活动现金流量净额

① 选中 C34 单元格，输入以下公式，按<Enter>键确认。

`=C29-C33`

② 选中 C34 单元格，拖曳右下角的填充柄至 D34 单元格。

Step 15 计算现金及现金等价物增加净额

① 选中 C36 单元格，输入以下公式，按<Enter>键确认。

`=ROUND(C13+C24+C34+C35,2)`

② 选中 C36 单元格，拖曳右下角的填充柄至 D36 单元格。

Step 16 计算补充资料中经营活动产生的现金流量净额

① 选中 F23 单元格，输入以下公式，按<Enter>键确认。

`=ROUND(SUM(F5:F20),2)`

② 选中 F23 单元格，拖曳右下角的填充柄至 G23 单元格。

Step 17 计算补充资料中现金及现金等价物增加净额

① 选中 F36 单元格，输入以下公式，按<Enter>键确认。

`=ROUND(F31-F32+F33-F34,2)`

② 选中 F36 单元格，拖曳右下角的填充柄至 G36 单元格。

Step 18 设置 C13 单元格的条件格式

① 选中 C13 单元格，在"开始"选项卡的"样式"命令组中，单击"条件格式"→"新建规则"命令。

② 打开"新建格式规则"对话框后，在"选择规则类型"列表框中选择"只为包含以下内容的单元格设置格式"选项，在"编辑规则说明"区域中，第 1 个选项保持不变；第 2 个选项选择"不等于"；在第 3 个选项的文本框中输入"=$F$23"。

③ 单击"格式"按钮，弹出"设置单元格格式"对话框，切换到"填充"选项卡，在"背景色"颜色面板中选择"红色"。单击"确定"按钮。

④ 返回"新建格式规则"对话框，再次单击"确定"按钮完成设置。

Step 19 设置 D13 单元格的条件格式

① 选中 D13 单元格，在"开始"选项卡的"样式"命令组中，单击"条件格式"→"新建规则"命令。

② 打开"新建格式规则"对话框后，在"选择规则类型"列表框中选择"只为包含以下内容的单元格设置格式"选项，在"编辑规则说明"区域中，第 1 个选项保持不变；第 2 个选项选择"不等于"；在第 3 个选项文本框中输入"=$G$23"。

③ 请参阅 13.3 节 Step 18 的③~④设置单元格的条件格式。

Step 20 设置 C36 单元格的条件格式

① 选中 C36 单元格，在"开始"选项卡的"样式"命令组中，单击"条件格式"→"新建规则"命令。

② 打开"新建格式规则"对话框后，在"选择规则类型"列表框中选择"只为包含以下内容的单元格设置格式"选项，在"编辑规则说明"区域中，第 1 个选项保持不变；第 2 个选项选择"不等于"；第 3 个选项文本框中输入"=$F$36"。

③ 请参阅 13.3 节 Step 18 的③~④设置单元格的条件格式。

Step 21 设置 D36 单元格的条件格式

① 选中 D36 单元格，在"开始"选项卡的"样式"命令组中，单击"条件格式"→"新建规则"命令。

② 打开"新建格式规则"对话框后，在"选择规则类型"列表框中选择"只为包含以下内容的单元格设置格式"选项，在"编辑规则说明"区域中，第 1 个选项保持不变；第 2 个选项选择"不等于"；在第 3 个选项文本框中输入"=$G$36"。

③ 请参阅 13.3 节 Step 18 的③~④设置单元格的条件格式。

在"开始"选项卡的"样式"命令组中单击"条件格式"→"管理规则"命令，弹出"条件格式规则管理器"，单击"显示其格式规则"右侧的下箭头按钮，在弹出的列表中选择"当前工作表"，可以编辑和查看当前工作表中所有的规则。单击"关闭"按钮。

本例中 C13 单元格和 F22 单元格的数值相等，D13 单元格和 G22 单元格的数值相等，C36 单元格和 F36 单元格的数值相等，D36 单元格和 G36 单元格的数值也相等，这四个单元格都没有显示条件格式。

13.4 创建财务比率表

制作好资产负债表、利润和利润分配表以后，就可以建立财务比率表了。

Step 1 输入表格标题和各字段标题

① 插入一个新的工作表，重命名为"财务比率表"，选中 B1:K1 单元格区域，设置"合并后居中"，输入表格标题"财务比率表"，设置字体、字号、字体颜色和下划线。

② 在 B2:K2 和 B3:C35 单元格区域中输入表格各字段标题和指标说明。选中 B2:K35 单元格区域，设置字体和字号。

③ 调整列宽。

Step 2 输入表格中数据

① 同时选中 D4:E35 和 G4:H35 单元格区域，设置单元格格式为"数值"，小数位数为"2"，勾选"使用千位分隔符"复选框。

② 同时选中 F4:F35 和 I4:J35 单元格区域，设置单元格格式为"百分比"，小数位数为"1"。

③ 在 D4:E35 和 G4:H35 单元格区域中输入上年和本年财务比率分析指标数据。

Step 3 设置指标标题的缩进形式

同时选中 B4:B11、B13:B15、B17:B23、B25:B30 和 B32:B35 单元格区域，在"开始"选项卡的"对齐方式"命令组中单击两次"增加缩进量"按钮。调整列宽。

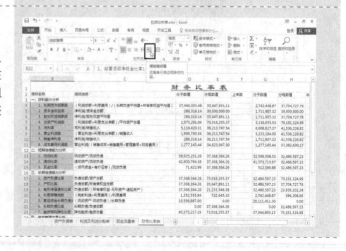

Step 4　美化工作表

① 选中 B2:K2 单元格区域，设置加粗、居中、字体颜色和填充颜色。

② 选中 B2:K35 单元格区域，调整行高，绘制边框。

③ 取消网格线显示。

Step 5　计算上年财务比率分析

① 选中 F4 单元格，输入以下公式，按 <Enter> 键确认。

`=IF(E4=0,0,D4/E4)`

② 选中 F4 单元格，双击右下角的填充柄，快速复制填充公式至 F35 单元格。

③ 选中 F12 单元格，按住 <Ctrl> 键，同时选中 F16、F24、F30 和 F31 单元格，按 <Delete> 键删除单元格中的值。

④ 选中 F30 单元格，设置单元格格式为"数值"，小数位数为"0"。

⑤ 选中 F30 单元格，输入以下公式，按 <Enter> 键确认。

`=IF(OR(F28=0,F29=0),0,360/F28+360/F29)`

Step 6　计算本年财务比率分析

① 选中 I4 单元格，输入以下公式，按 <Enter> 键确认。

`=IF(H4=0,0,G4/H4)`

② 选中 I4 单元格，双击右下角的填充柄，快速复制填充公式至 I35 单元格。

③ 选中 I12 单元格，按住<Ctrl>键，同时选中 I16、I24、I30 和 I31 单元格，按<Delete>键删除单元格中的值。

④ 选中 I30 单元格，设置单元格格式为"数值"，小数位数为"0"。

⑤ 选中 I30 单元格，输入以下公式，按<Enter>键确认。

`=IF(OR(I28=0,I29=0),0,360/I28+360/I29)`

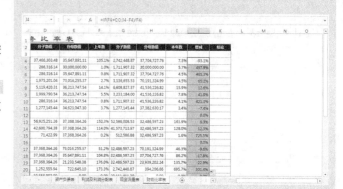

Step 7 计算财务比率变化

① 选中 J4 单元格，输入以下公式，按<Enter>键确认。

`=IF(F4=0,0,(I4-F4)/F4)`

② 选中 J4 单元格，双击右下角的填充柄，快速复制填充公式至 J35 单元格。

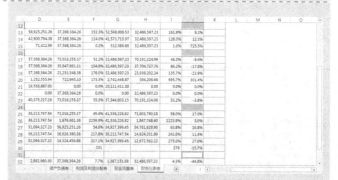

③ 选中 J12 单元格，按住<Ctrl>键，同时选中 J16、J24 和 J31 单元格，按<Delete>键删除单元格中的值。

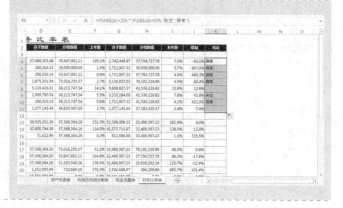

Step 8 显示财务比率分析结果

① 选中 K4 单元格，输入以下公式，按<Enter>键确认。

`=IF(ABS(J4)<20%,"",IF(ABS(J4)<50%," 关注","异常"))`

② 选中 K4 单元格，拖曳右下角的填充柄至 K11 单元格。

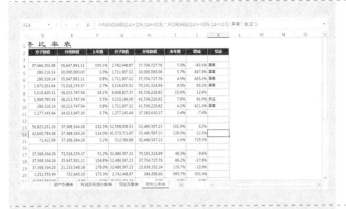

③ 选中 K13 单元格，输入以下公式，按<Enter>键确认。

`=IF(AND(ABS(J13)<20%,I13>=1.6),"",IF(OR(ABS(J13)>=50%,I13<=1),"异常","关注"))`

④ 选中 K14 单元格，输入以下公式，按<Enter>键确认。

`=IF(AND(ABS(J14)<20%,I14>=0.8),"",IF(OR(ABS(J14)>=50%,I14<=0.5),"异常","关注"))`

⑤ 选中 K15 单元格，输入以下公式，按<Enter>键确认。

`=IF(AND(ABS(J15)<20%,I15>=0.24),"",IF(OR(ABS(J15)>=50%,I15<=0.15),"异常","关注"))`

⑥ 选中 K17 单元格，输入以下公式，按<Enter>键确认。

`=IF(AND(ABS(J17)<20%,I17<=60%),"",IF(OR(ABS(J17)>=50%,I17>=90%),"异常","关注"))`

⑦ 选中 K18 单元格，输入以下公式，按<Enter>键确认。

`=IF(AND(ABS(J18)<20%,I18<=100%),"",IF(OR(ABS(J18)>=50%,I18>=150%),"异常","关注"))`

⑧ 选中 K19 单元格，输入以下公式，按<Enter>键确认。

`=IF(AND(ABS(J19)<20%,I19<=150%),"",IF(OR(ABS(J19)>=50%,I19>=200%),"异常","关注"))`

⑨ 选中 K20 单元格，输入以下公式，按<Enter>键确认。

`=IF(AND(ABS(J20)<20%,I20>=100%),"",IF(OR(ABS(J20)>=50%,I20<=50%),"异常","关注"))`

⑩ 选中 K20 单元格，拖曳右下角的填充柄至 K21 单元格。

⑪ 选中 K22 单元格,输入以下公式,按<Enter>键确认。

`=IF(ABS(J22)<20%,"",IF(ABS(J22)<50%,"关注","异常"))`

⑫ 选中 K23 单元格,输入以下公式,按<Enter>键确认。

`=IF(AND(ABS(J23)<20%,I23>=50%),"",IF(OR(ABS(J23)>=50%,I23<=30%),"异常","关注"))`

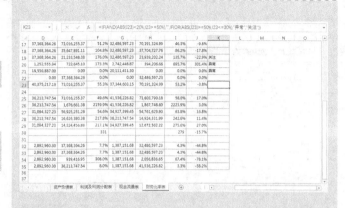

⑬ 选中 K25 单元格,输入以下公式,按<Enter>键确认。

`=IF(ABS(J25)<20%,"",IF(ABS(J25)<50%,"关注","异常"))`

⑭ 选中 K25 单元格,拖曳右下角的填充柄至 K35 单元格。选中 K31 单元格,按<Delete>键删除单元格中的值。

⑮ 选中 K 列,设置居中。

Step 9 设置"结论"单元格条件格式

① 选中 K4:K35 单元格区域,在"开始"选项卡的"样式"命令组中,单击"条件格式"→"突出显示单元格规则"→"等于"命令。

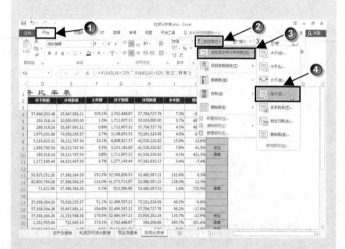

② 弹出"等于"对话框,在"为等于以下值的单元格设置格式"下方的文本框中输入"关注",单击"设置为"右侧的下箭头按钮,在弹出的列表中选择"红色文本",单击"确定"按钮。

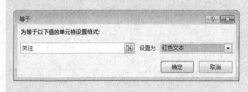

③ 再次单击"条件格式"→"突出显示单元格规则"→"等于"命令。

④ 弹出"等于"对话框，在"为等于以下值的单元格设置格式"下方的文本框中输入"异常"，在"设置为"文本框中保留默认的"浅红填充色深红色文本"。单击"确定"按钮。

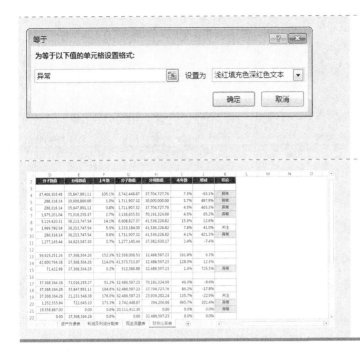

此时 K9、K19、K29 单元格和 K32:K33 单元格区域显示第 1 种条件格式，K10、K15 单元格和 K4:K7、K20:K21、K34:K35 单元格区域显示第 2 种条件格式。

□ 本例公式说明

F4 单元格计算上年财务比率的公式：

`=IF(E4=0,0,D4/E4)`

公式中使用了嵌套函数，E4 单元格中的数值是 IF 函数的条件判断依据。如果 E4 单元格数值为 0，则返回空值；否则用 D4 单元格数值除以 E4 单元格数值，公式返回这个比率值，即财务比率。

I4 单元格的公式也按照同样原理分析。

F30 单元格计算上年营业周期的公式为：

`=IF(OR(F28=0,F29=0),0,360/F28+360/F29)`

公式中使用 OR 函数返回的值作为 IF 函数的条件判断依据。如果 F28 单元格或者 F29 单元格中的数值只要有一个等于 0，OR 函数返回 TRUE，此时公式返回 0；否则公式返回 360/F28+360/F29 的结果。

I30 单元格的公式按照同样的原理。

K4 单元格显示财务比率分析结果的公式为：

`=IF(ABS(J4)<20%,"",IF(ABS(J4)<50%,"关注","异常"))`

公式中使用了嵌套函数，J4 单元格中数值的绝对值是 IF 函数的条件判断依据。如果 J4 单元格中数值的绝对值小于 20%，公式返回空值；如果 J4 单元格中数值的绝对值小于 50%，公式返回"关注"，否则公式返回"异常"。

13.5　创建杜邦分析表

利用制作好的资产负债表、利润和利润分配表、现金流量表和财务比率表，最后制作杜邦分析表。

13.5.1 设置杜邦分析表框图

Step 1 输入表格标题

插入一个新的工作表，重命名为"杜邦分析表"，选中 A1:O1 单元格区域，设置"合并后居中"，输入表格标题"杜邦分析表"，设置字体、字号、字体颜色和下划线。

Step 2 设置单元格格式

① 分别选中 F3:I3、D6:E6、G6:H6、L6:M6、B9:C9、D9:E9、F9:G9、L9:M9、B13:C13、F13:G13、H13:I13、J13:K13、L13:M13、A17:B17、H21:I21、L21:M21 和 A24:G24 单元格区域，设置"合并后居中"。

② 选中 A3:O28 单元格区域，设置字体、字号和居中。

Step 3 输入表格各字段标题

① 在 F3、D6、L6、B9、F9、L9、A13、D13、E13、H13、J13、N13、A17、D17、F17、H17、H21、K21、L21、O21 和 A24 单元格中输入各字段标题。

② 在 G4、G5 单元格中分别输入"上年"和"本年"。

③ 选中 G4:G5 单元格区域，按<Ctrl+C>组合键，复制单元格区域中的文字。

④ 在 D7、L7、B10、F10、L10、A14、D14、H14、J14、M14、A18、C18、E18、G18、H22、J22、L22 和 N22 单元格中分别按 <Ctrl+V> 组合键粘贴 G4:G5 单元格中的文字。

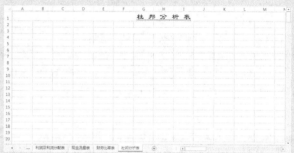

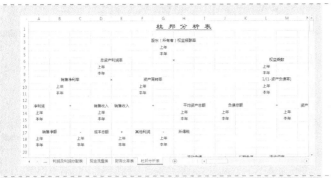

Step 4 输入杜邦分析表中的符号

① 在 G6、D9 单元格中输入 "×"。

② 在 B13、F13 和 L13 单元格中输入 "÷"。

③ 在 C17 和 G17 单元格中输入 "−"。

④ 在 E17、J21 和 N21 单元格中输入 "+"。

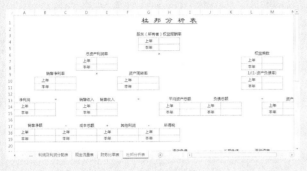

Step 5 设置单元格边框

① 选中 G4:H5 单元格区域,设置边框,设置居中。

② 选中 G4:H5 单元格区域,在 "开始" 选项卡的 "剪贴板" 命令组中双击 "格式刷" 按钮,当光标变为 ✥️₠ 形状时,拖动鼠标依次选中 D7、L7、B10、F10、L10、D14、M14 单元格和 A14:B15、H14:K15、A18:H19、H22:023、A25:G28 单元格区域。

③ 取消 "格式刷" 状态,取消网格线显示。

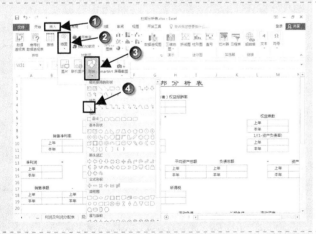

Step 6 添加连接线

① 切换到 "插入" 选项卡,在 "插图" 命令组中单击 "形状" 按钮,在弹出的下拉菜单选择 "线条" 下的 "直线"。

② 在 E5:F5 单元格区域中绘制直线。

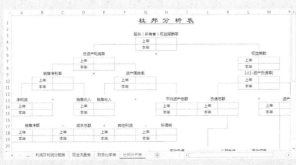

③ 绘制直线后,功能区中将自动显示 "绘图工具—格式" 选项卡。在 "绘图工具—格式" 选项卡中,单击 "插入形状" 命令组中的 "直线",在 I5:L5、D5、C8:C9、F8:F9、A11:A12、D11:D12、E11:E12、H11:H12、K11:K12、N11:N12、J18:J19、K16:K17 和 M16:M21 单元格区域中绘制直线。

Step 7 设置单元格格式

① 选中 H4:H5 单元格区域，按住
<Ctrl>键，同时选中 E7:E8、M7:M8、
C10:C11 、 G10:G11 、 M10:M11 和
E26:F28 单元格区域，设置单元格格式
为"百分比"，小数位数为"1"。

② 选中 B14:B15 单元格区域，按住
<Ctrl>键，同时选中 E14:E15、I14:I15、
K14:K15 、 N14:N15 、 B18:B19 、
D18:D19、F18:F19、H18:H19、I22:I23、
K22:K23、M22:M23 和 O22:O23 单元
格区域，设置单元格格式为"数值"，
小数位数为"2"，勾选"使用千位分隔
符"复选框。

13.5.2 计算杜邦分析表各项指标

Step 1 计算股东权益报酬率

① 选中 H4 单元格，输入以下公式，按
<Enter>键确认。

`=财务比率表!F6`

② 选中 H5 单元格，输入以下公式，按
<Enter>键确认。

`=财务比率表!I6`

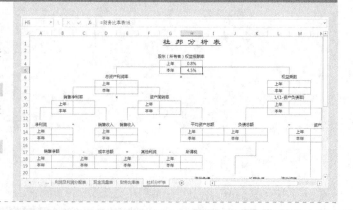

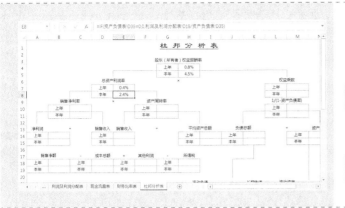

Step 2 计算总资产利润率

① 选中 E7 单元格，输入以下公式，按<Enter>键确认。

=IF(资产负债表!C35=0,0,利润及利润分配表!C18/资产负债表!C35)

② 选中 E8 单元格，输入以下公式，按<Enter>键确认。

=IF(资产负债表!D35=0,0,利润及利润分配表!D18/资产负债表!D35)

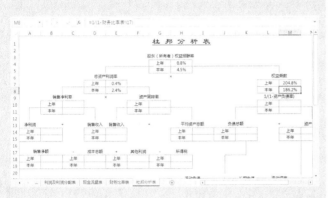

Step 3 计算权益乘数

① 选中 M7 单元格，输入以下公式，按<Enter>键确认。

=1/(1-财务比率表!F17)

② 选中 M8 单元格，输入以下公式，按<Enter>键确认。

=1/(1-财务比率表!I17)

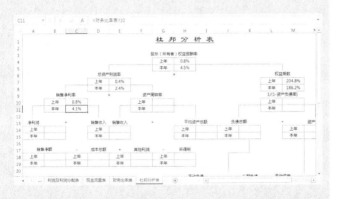

Step 4 计算销售净利率

① 选中 C10 单元格，输入以下公式，按<Enter>键确认。

=财务比率表!F10

② 选中 C11 单元格，输入以下公式，按<Enter>键确认。

=财务比率表!I10

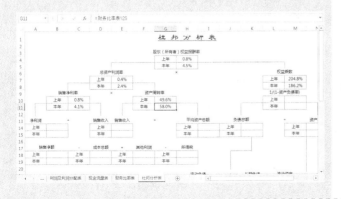

Step 5 计算资产周转率

① 选中 G10 单元格，输入以下公式，按<Enter>键确认。

=财务比率表!F25

② 选中 G11 单元格，输入以下公式，按<Enter>键确认。

=财务比率表!I25

Step 6 计算资产负债比率

① 选中 M10 单元格，输入以下公式，按<Enter>键确认。

=财务比率表!F17

② 选中 M11 单元格，输入以下公式，按<Enter>键确认。

=财务比率表!I17

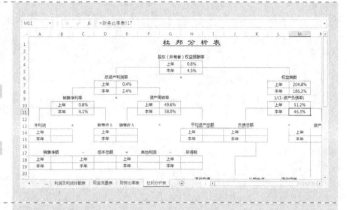

Step 7 计算净利润

① 选中 B14 单元格，输入以下公式，按<Enter>键确认。

=利润及利润分配表!C18

② 选中 B15 单元格，输入以下公式，按<Enter>键确认。

=利润及利润分配表!D18

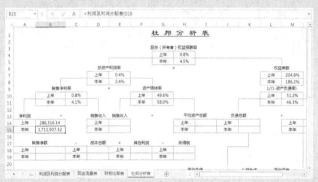

Step 8 计算净利润

① 选中 E14 单元格，输入以下公式，按<Enter>键确认。

=利润及利润分配表!C3

② 选中 E15 单元格，输入以下公式，按<Enter>键确认。

=利润及利润分配表!D3

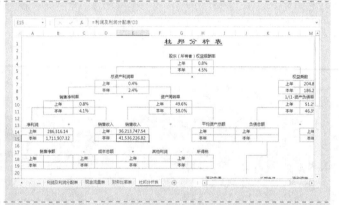

Step 9 计算平均资产总额

① 选中 I14 单元格，输入以下公式，按<Enter>键确认。

=资产负债表!C35

② 选中 I15 单元格，输入以下公式，按<Enter>键确认。

=(资产负债表!C35+资产负债表!D35)/2

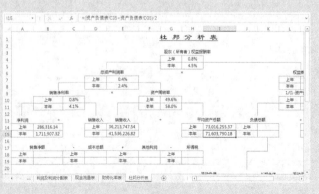

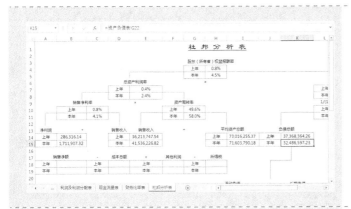

Step 10 计算负债总额

① 选中 K14 单元格，输入以下公式，按<Enter>键确认。

=资产负债表!F22

② 选中 K15 单元格，输入以下公式，按<Enter>键确认。

=资产负债表!G22

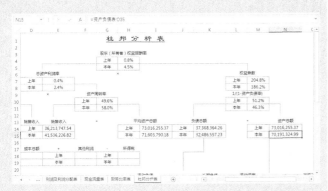

Step 11 计算资产总额

① 选中 N14 单元格，输入以下公式，按<Enter>键确认。

=资产负债表!C35

② 选中 N15 单元格，输入以下公式，按<Enter>键确认。

=资产负债表!D35

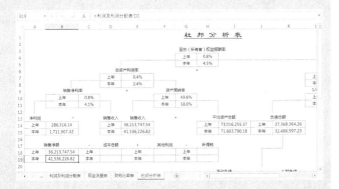

Step 12 计算销售净额

① 选中 B18 单元格，输入以下公式，按<Enter>键确认。

=利润及利润分配表!C3

② 选中 B19 单元格，输入以下公式，按<Enter>键确认。

=利润及利润分配表!D3

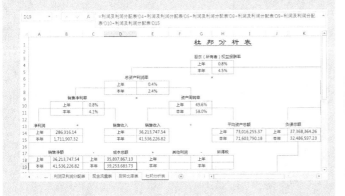

Step 13 计算成本总额

① 选中 D18 单元格，输入以下公式，按<Enter>键确认。

=利润及利润分配表!C4+利润及利润分配表!C5+利润及利润分配表!C8+利润及利润分配表!C9+利润及利润分配表!C10+利润及利润分配表!C15

② 选中 D19 单元格，输入以下公式，按<Enter>键确认。

=利润及利润分配表!D4+利润及利润分配表!D5+利润及利润分配表!D8+利润及利润分配表!D9+利润及利润分配表!D10+利润及利润分配表!D15

Step 14 计算其他利润

① 选中 F18 单元格，输入以下公式，按<Enter>键确认。

=利润及利润分配表!C7+利润及利润分配表!C12+利润及利润分配表!C13+利润及利润分配表!C14

② 选中 F19 单元格，输入以下公式，按<Enter>键确认。

=利润及利润分配表!D7+利润及利润分配表!D12+利润及利润分配表!D13+利润及利润分配表!D14

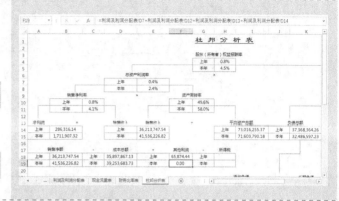

Step 15 计算所得税

① 选中 H18 单元格，输入以下公式，按<Enter>键确认。

=利润及利润分配表!C17

② 选中 H19 单元格，输入以下公式，按<Enter>键确认。

=利润及利润分配表!D17

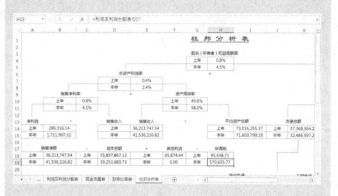

Step 16 计算流动负债

① 选中 I22 单元格，输入以下公式，按<Enter>键确认。

=资产负债表!F15

② 选中 I23 单元格，输入以下公式，按<Enter>键确认。

=资产负债表!G15

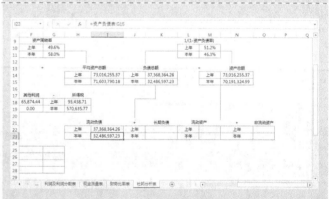

Step 17 计算长期负债

① 选中 K22 单元格，输入以下公式，按<Enter>键确认。

=资产负债表!F20

② 选中 K23 单元格，输入以下公式，按<Enter>键确认。

=资产负债表!G20

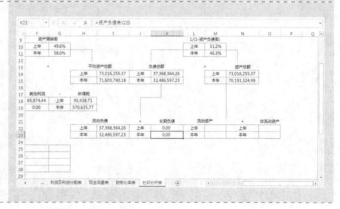

Step 18 计算流动资产

① 选中 M22 单元格，输入以下公式，按<Enter>键确认。

=资产负债表!C21

② 选中 M23 单元格，输入以下公式，按<Enter>键确认。

=资产负债表!D21

Step 19 计算非流动资产

① 选中 O22 单元格，输入以下公式，按<Enter>键确认。

=资产负债表!C35-资产负债表!C21

② 选中 O23 单元格，输入以下公式，按<Enter>键确认。

=资产负债表!D35-资产负债表!D21

Step 20 设置 H5 单元格的第一个条件格式

① 选中 H5 单元格，在"开始"选项卡的"样式"命令组中，单击"条件格式"→"新建规则"命令。

② 打开"新建格式规则"对话框后，在"选择规则类型"列表框中选择"使用公式确定要设置格式的单元格"选项,在"编辑规则说明"下方的文本框中输入"=H5>=H4"。单击"格式"按钮。

③ 弹出"设置单元格格式"对话框，单击"字体"选项卡，单击"颜色"右侧的下箭头按钮，在弹出的颜色面板中选择"其他颜色"。

④ 弹出"颜色"对话框，单击"标准"选项卡，选中合适的颜色，单击"确定"按钮。

⑤ 返回"设置单元格格式"对话框，单击"确定"按钮。

⑥ 返回"新建格式规则"对话框，再次单击"确定"按钮完成设置。

Step 21 设置 H5 单元格的第二个条件格式

① 选中 H5 单元格，再次单击"条件格式"→"新建规则"命令。

② 打开"新建格式规则"对话框后，在"选择规则类型"列表框中选择"使用公式确定要设置格式的单元格"选项，在"编辑规则说明"下方的文本框中输入"=H5<H4"。单击"格式"按钮。

③ 弹出"设置单元格格式"对话框，单击"字体"选项卡，设置"颜色"为"红色"。单击"确定"按钮。

④ 返回"新建格式规则"对话框，单击"确定"按钮完成设置。

Step 22 复制 H5 单元格的条件格式

① 选中 H5 单元格，在"开始"选项卡的"剪贴板"命令组中双击"格式刷"按钮，当光标变为形状时，依次选中 E8、M8、C11、G11 和 M11 单元格，复制条件格式。

② 按<Ctrl+S>组合键保存工作簿，同时取消"格式刷"状态。

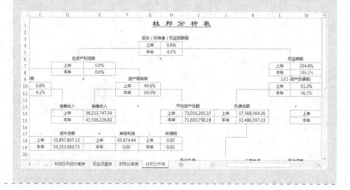

Step 23 设置 B15 单元格的条件格式

① 选中 B15 单元格。

② 参阅上文 Step 20，在"编辑规则说明"下方的文本框中输入"=B15>=B14"，设置 B15 单元格的第 1 个条件格式。

③ 参阅上文 Step 21，在"编辑规则说明"下方的文本框中输入"=B15<B14"，设置 B15 单元格的第 2 个条件格式。

Step 24 复制 B15 单元格的条件格式

① 选中 B15 单元格，在"开始"选项卡的"剪贴板"命令组中双击"格式刷"按钮，然后依次选中 E15、K15、B19、F19、I23、K23 单元格。

② 再次单击"格式刷"按钮，取消格式的复制。

Step 25 设置 I15 单元格的条件格式

① 选中 I15 单元格。

② 参阅上文 Step 20，在"编辑规则说明"下方的文本框中输入"=I15>=I14"，设置 I15 单元格的第 1 个条件格式。

③ 参阅上文 Step 21，在"编辑规则说明"下方的文本框中输入"=I15<I14"，设置 I15 单元格的第 2 个条件格式。

Step 26 复制 I15 单元格的条件格式

① 选中 I15 单元格，在"开始"选项卡的"剪贴板"命令组中双击"格式刷"按钮，依次单击 N15、D19、H19、M23 和 O23 等单元格，复制条件格式。

② 再次单击"格式刷"按钮，完成格式的复制。

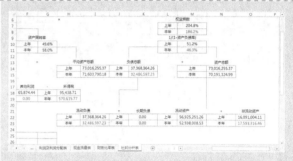

拖动右下角的"缩放级别"的"缩小"滑块，将显示比例调整至"70%"，观察条件格式。此时 H5、E8、C11、G11、B15、E15、I15、N15、B19、K23 和 M23 单元格显示第一种条件格式；M8、M11、K15、D19、F19、H19、I23 和 O23 单元格显示第二种条件格式。

13.5.3 计算财务预警分析指标

Step 1 输入财务预警分析指标各字段标题

① 选中 C25:D25 单元格区域，在"开始"选项卡的"对齐方式"命令组中单击"合并后居中"按钮右侧的下箭头按钮，在弹出的下拉菜单中选择"跨越合并"。

② 在 A25:G25 和 A26:C28 单元格区域中输入财务预警指标的名称以及指标的说明。

Step 2 计算债务保障率

① 选中 E26 单元格，输入以下公式，按<Enter>键确认。

=财务比率表!F33

② 选中 F26 单元格，输入以下公式，按<Enter>键确认。

=财务比率表!I33

Step 3 计算资产收益率

① 选中 E27 单元格，输入以下公式，按<Enter>键确认。

=E7

② 选中 F27 单元格，输入以下公式，按<Enter>键确认。

=E8

Step 4 计算资产负债率

① 选中 E28 单元格，输入以下公式，按<Enter>键确认。

=M10

② 选中 F28 单元格，输入以下公式，按<Enter>键确认。

=M11

Step 5 显示预警分析结果

① 选中 G26 单元格，输入以下公式，按<Enter>键确认。

=IF(F26<E26,"恶化","提高")

② 选中 G26 单元格，拖曳右下角的填充柄至 G28 单元格。

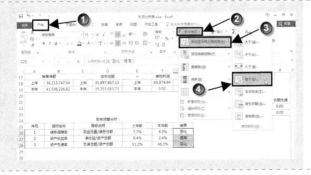

Step 6 设置预警分析结果的第一个条件格式

① 选中 G26:G28 单元格区域，在"开始"选项卡的"样式"命令组中，单击"条件格式"→"突出显示单元格规则"→"等于"命令。

② 弹出"等于"对话框，在"为等于以下值的单元格设置格式"下方的文本框中输入"恶化"，在"设置为"文本框中保留默认的"浅红填充色深红色文本"。单击"确定"按钮。

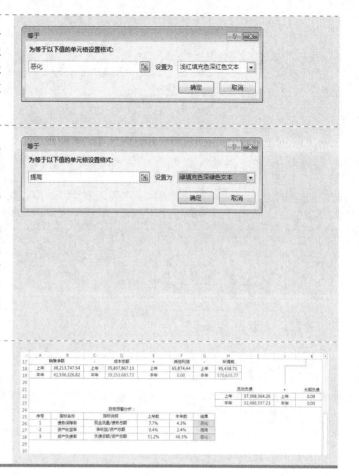

Step 7 设置预警分析结果的第二个条件格式

① 再次单击"条件格式"→"突出显示单元格规则"→"等于"命令。

② 弹出"等于"对话框，在"为等于以下值的单元格设置格式"下方的文本框中输入"提高"，单击"设置为"右侧的下箭头按钮，在弹出的下拉列表中选择"绿填充色深绿色文本"。单击"确定"按钮。

如图所示，G26 和 G28 单元格显示第 1 种条件格式，G27 单元格显示第 2 种条件格式。

扩展知识点讲解

运算符代替逻辑函数

IF 函数的第一个参数中，可以使用算术运算符"*"和"+"来替换 AND 函数和 OR 函数。

比如要判断 A1 单元格中的数值是否大于等于 60 并小于等于 100，并返回"合格"和"不合格"，通常使用的 IF 函数为：

```
=IF(AND(A1>=60,A1<=100),"合格","不合格")
```

利用逻辑值和数值转换的规则，使用乘号"*"代替 AND 函数，可以将上面的公式改写为：

```
=IF((A1>=60)*(A1<=100),"及格","不及格")
```

要判断 A1 单元格中的数值是否大于 60，或者 B1 单元格中的数值是否大于 80，并返回"合格"和"不合格"，通常使用的 IF 函数为：

```
=IF(OR(A1>60,B1>80),"合格","不合格")
```

使用加号"+"代替 OR 函数，上面的公式可以改写为：

```
=IF((A1>60)+(B1>80),"合格","不合格")
```

第 **14** 章 VBA 应用

Excel 2016 高效办公

　　本章以商品入库登记表为例，重点介绍 VBA 的使用方法，
通过编写的 VBA 程序实现入库记录的自动存储功能。

案例背景

企业在创建商品入库登记表时，利用 Visual Basic 编辑器编制一段 VBA 程序，可以实现将商品入库资料输入区的记录自动地保存到库存明细表中。

关键技术点

要实现本例中的功能，读者应当掌握以下的 Excel 技术点。

- 函数的应用：TRIM 函数、VAL 函数和 MsgBox 函数
- 函数的应用：COUNTA 函数
- VBA 程序结构的 Sub 过程
- Cells 属性的应用
- Dim 语句、If…Then 语句、For…Next 语句的应用

最终效果展示

示例文件

\示例文件\第 14 章\商品入库登记表.xlsm

14.1 创建库存明细表

Step 1 创建工作簿

新建一个工作簿，保存并命名为"商品入库登记表.xlsm"，即 Excel 启用宏的工作簿，将"Sheet1"工作表重命名为"商品入库以及查询"。

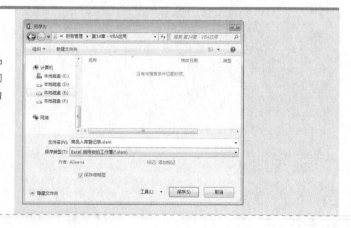

Step 2 输入库存明细表标题及各字段标题

① 选中 A9:I9 单元格区域，设置"合并后居中"，输入"库存明细表"。

② 在 A10:I10 单元格区域中输入库存明细表的各字段标题。

Step 3 设置日期格式

按住<Ctrl>键，同时选中 A11:A23 和 H11:H23 单元格区域，设置单元格格式为"自定义"，"类型"为"m 月 d 日"。

Step 4 设置货币格式

选中 F11:G23 单元格区域，设置"会计专用"格式。

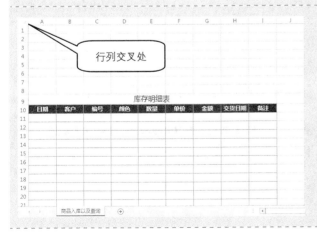

Step 5 美化工作表

① 在第 1 行和第 1 列的行列交叉处单击以选中整个工作表，设置字体为"微软雅黑"，设置居中。

② 选中 A9 单元格，设置字号。选中 A10:I10 单元格区域，设置字体颜色和填充颜色，设置加粗。

③ 选中 A10:I23 单元格区域，设置边框。

Step 6 输入库存记录

在 A11:H12 单元格区域中输入两条库存记录。

14.2 创建库存记录录入区

Step 1 输入库存记录录入区标题及各字段标题

① 选中 A5:H5 单元格区域，设置"合并后居中"，输入"商品入库资料输入区"。

② 在 A6:H6 单元格区域中输入商品入库资料各字段标题，并美化工作表。

Step 2 设置单元格格式

① 选中 F7:G7 单元格区域，设置"会计专用"格式。

② 按住<Ctrl>键，同时选中 A7 和 H7 单元格，设置单元格格式为"自定义"，"类型"为"m 月 d 日"。

Step 3 输入库存记录

在 A7:H7 单元格区域中输入一条库存记录。

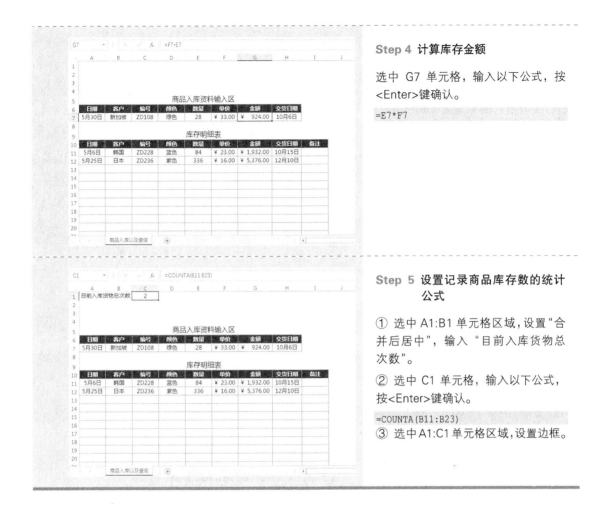

Step 4 计算库存金额

选中 G7 单元格，输入以下公式，按
<Enter>键确认。

=E7*F7

**Step 5 设置记录商品库存数的统计
公式**

① 选中 A1:B1 单元格区域，设置"合
并后居中"，输入"目前入库货物总
次数"。

② 选中 C1 单元格，输入以下公式，
按<Enter>键确认。

=COUNTA(B11:B23)

③ 选中 A1:C1 单元格区域，设置边框。

14.3 通过添加窗体执行 VBA 程序

Step

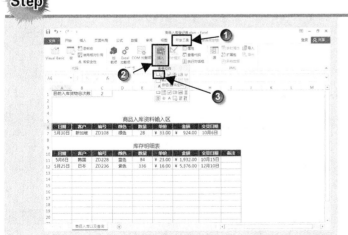

Step 1 插入按钮

参阅 2.1.4 小节 Step 2 显示"开发工
具"选项卡，单击"开发工具"选项
卡，在"控件"命令组中单击"插入"
按钮，在打开的下拉菜单中选择"表
单控件"→"按钮（窗体控件）"命令，
此时鼠标指针变成＋形状。

在 I7:J7 单元格区域中拖动鼠标，绘制合适大小的按钮，此时弹出"指定宏"的对话框，在"宏名"下方的文本框中输入"产品入库"，单击"确定"按钮。

Step 2 编辑文字

① 选中"按钮 1"，输入文字"产品入库"。

② 选中该按钮，切换到"开始"选项卡，设置字体为"微软雅黑"，字号为"12"，设置"加粗"。

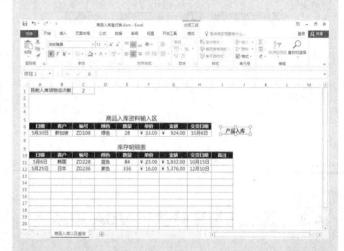

Step 3 设置控件格式

选中控件按钮，在"绘图工具—格式"选项卡的"大小"命令组中，单击"形状高度"的调节旋钮，使得文本框中显示"0.8 厘米"；单击"形状宽度"的调节旋钮，使得文本框中显示"3 厘米"。

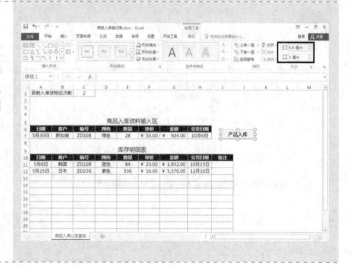

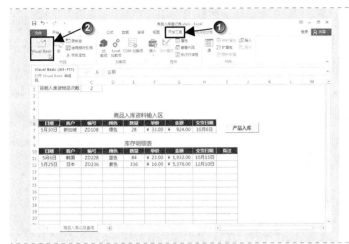

Step 4 打开 Visual Basic 窗口

选中任意单元格，切换到"开发工具"选项卡，在"代码"命令组中单击"Visual Basic"按钮，弹出 VBE 窗口。

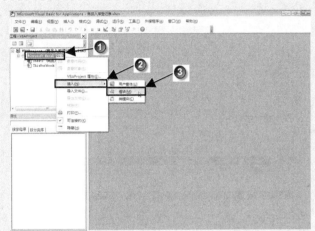

Step 5 插入模块

在"工程—VBAProject"窗口中，右键单击"Microsoft Excel 对象"→"Sheet1（商品入库以及查询）"，在弹出的快捷菜单中选择"插入"→"模块"命令。

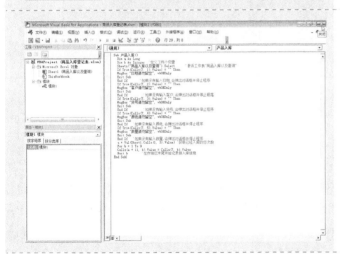

Step 6 录入模块宏代码

在 VBE 窗口的代码窗口中输入模块宏代码。

单击 VBE 编辑器标题栏上的"关闭"按钮关闭 Visual Basic 编辑，返回到 Excel 工作表中。

宏代码如下：

```
Sub 产品入库()
 Dim a As Long
 Dim b As Integer   '定义了两个变量
 Sheets("商品入库以及查询").Select      '激活工作表"商品入库以及查询"
 If Trim(Cells(7, 1).Value) = "" Then
```

```
MsgBox "日期请勿留空", vbOKOnly
Exit Sub
End If        '如果没有输入日期,会弹出对话框并停止程序
If Trim(Cells(7, 2).Value) = "" Then
MsgBox "客户请勿留空", vbOKOnly
Exit Sub
End If          '如果没有输入客户,会弹出对话框并停止程序
If Trim(Cells(7, 3).Value) = "" Then
MsgBox "货号请勿留空", vbOKOnly
Exit Sub
End If            '如果没有输入货号,会弹出对话框并停止程序
If Trim(Cells(7, 4).Value) = "" Then
MsgBox "颜色请勿留空", vbOKOnly
Exit Sub
End If    '如果没有输入颜色,会弹出对话框并停止程序
If Trim(Cells(7, 5).Value) = "" Then
MsgBox "数量请勿留空", vbOKOnly
Exit Sub
End If    '如果没有输入数量,会弹出对话框并停止程序
a = Val(Sheet1.Cells(1, 3).Value) '获取已经入库的总次数
For b = 1 To 9
Cells(a + 11, b).Value = Cells(7, b).Value
Next b         '在存储区末尾开始记录新入库信息
End Sub
```

Step 7 增加新的库存记录

单击工作表中的"产品入库"按钮，A13:H13 单元格区域将添加一条新的库存记录，C3 单元格中的"目前入库货物总次数"也将递增。

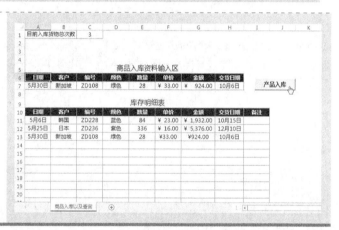

关键知识点讲解

VBA 程序结构的 Sub 过程

Sub 过程即子程序过程，当几个不同的事件过程要执行同一语句段时，就可以将该语句单独放入一个通用过程中，以供其他事件调用。这样做不仅可以减少不必要的重复编码，而且便于用户进行程序维护。

Sub 过程的语法结构如下。

```
[Private | Public | Friend] [Static] Sub <过程名> (形式参数)
        <语句块>
End Sub
```

关键字 Public 和 Private 用于定义该过程是"共有的"还是"私有的"。其中 Public 属性的过程可以在整个程序范围内被调用，而 Private 属性的过程只能被本窗体或者本工作表的过程调用。

关键字 Static 用于定义该过程的局部变量为静态变量。

在调用 Sub 过程中，形式参数用于定义传递给该过程的参数类型和个数，如果有多个参数，各个参数之间则需要用逗号隔开。以下为形式参数的语法。

```
[ByVal] <变量名> [As <数据类型>]
```

其中变量名必须是一个合法的简单变量名或者数组名，如果是数组名，则要在数组名后面加上括号。变量名前面的"ByVal"表示该参数为"传值"参数，省略时表示该参数为"引用"参数。

End Sub 表示 Sub 过程结果，Sub 与 End Sub 之间的语句称为过程体。当过程执行到 End Sub 语句时，系统将自动退出该过程返回到调用过程语句的下一个语句。

2. 函数应用：Dim 语句

☐ 函数用途
声明变量并分配存储空间。

☐ 函数语法

```
Dim <变量名称> [As <数据类型> [,<变量名称> As <数据类型>]]
```

其中，"变量名称"可以是一个或者多个变量名，其间用","隔开。"数据类型"可以是任意一个基本类型，或者用户自定义的数据类型。

当省略"As<数据类型>"时，VBA 会自动将其默认为 Variant 数据类型。当一个变量数据类型是 Variant 时，它就可以存放任何数据类型的数据，并且该变量的实际数据类型将随着赋值给它的数据的数据类型而发生相应的变化。

☐ 函数简单示例

Dim X As String	声明一个字符类型变量 X
Dim i, j As Integer	在一行声明 i、j 为整型变量

☐ 本例公式说明
以下为本例 VBA 代码中的两个 DIM 语句。

```
Dim a As Long
Dim b As Integer
```

定义变量 a 为长整型数据，定义变量 b 为整型数据。

3. Cells 属性

☐ 属性作用
在 VBA 中引用单元格区域。

☐ 属性语法
Cells 属性有 3 种语法：

● object.Cells(rowIndex,columnIndex)

rowIndex 是行索引值，columnIndex 为列索引值。

● object.Cells(rowIndex)

● 单独使用 rowIndex 参数时，表示目标区域内（默认为整张工作表）第 N 个单元格，排列方法为先行后列。假如单元格从 A1 开始编号，从左到右编完一行后转到下一行，第 16384 个单元格是 XFD1，第 16385 个单元格是 A2，依此类推。

● object.Cells

第三种语法没有参数，返回参考工作簿中的所有单元格。

■ 属性简单示例

在工作表 Sheet1 中的 H3 单元格输入数值 9	
Sub x() Dim x As Integer x = Worksheets("Sheet1").Cells(3, 8).Value MsgBox x End Sub	通过对话框返回第 3 行，第 8 列单元格即 H3 单元格中的数值
Sub x() Dim x As Integer x = Worksheets("Sheet1").Cells(32776).Value MsgBox x End Sub	通过对话框返回工作表中第 32776 个单元格即 H3 单元格中的数值

■ 属性说明

在 VBA 中，用点号将对象和属性结合在一起加以访问。

例如，可以这样访问 Sheet1 中单元格 A1 的值：

```
Worksheets("Sheet1").Cells(1, 1).Value
```

4. 函数应用：TRIM 函数的应用

■ 函数用途

除了单词之间的单个空格外，清除文本中所有的空格。在从其他应用程序中获取带有不规则空格的文本时，可以使用 TRIM 函数。

■ 函数语法

TRIM(text)

■ 参数说明

text 为需要清除其中空格的文本。

■ 函数简单示例

=TRIM("我学习使用 excel ")返回 我学习使用 excel	删除公式中文本后面的空格
=TRIM(" 我学习使用 excel")返回 我学习使用 excel	删除公式中文本前面的空格

■ 本例公式说明

以下为本例 VBA 代码中第一个 Trim 函数。

```
Trim(Cells(7, 1).Value)
```

函数清除第 7 行，第 1 列，即 A7 单元格中的空格，返回不包含空格的文本。

VBA 代码中的其他 4 个 Trim 函数也按照同样的原理分析。

5. 函数应用：MsgBox 函数的应用

■ 函数用途

在对话框中显示消息，等待用户单击按钮，并返回一个值指示用户单击的按钮。

■ 函数语法

MsgBox(prompt[, buttons][, title][, helpfile, context])

📖 参数说明

prompt 作为消息显示在对话框中的字符串表达式。prompt 的最大长度大约是 1024 个字符，这取决于所使用的字符的宽度。如果 prompt 中包含多个行，则可在各行之间用回车符（Chr(13)）、换行符（Chr(10)）或回车换行符的组合（Chr(13)&Chr(10)）分隔各行。

buttons 是数值表达式，表示指定显示按钮的数目和类型、使用的图标样式，默认按钮的标识以及消息框样式的数值的总和。如果省略，则 buttons 的默认值为 0。

title 显示在对话框标题栏中的字符串表达式。如果省略 title，则将应用程序的名称显示在标题栏中。

helpfile 是字符串表达式，用于标识为对话框提供上下文相关帮助的帮助文件。如果已提供 helpfile，则必须提供 context。

context 是数值表达式，用于标识由帮助文件的作者指定给某个帮助主题的上下文编号。如果已提供 context，则必须提供 helpfile。

📖 函数说明

● buttons 参数可以有以下值。

常数	值	描述
vbOKOnly	0	只显示确定按钮
vbOKCancel	1	显示确定和取消按钮
vbAbortRetryIgnore	2	显示放弃、重试和忽略按钮
vbYesNoCancel	3	显示是、否和取消按钮
vbYesNo	4	显示是和否按钮
vbRetryCancel	5	显示重试和取消按钮
vbCritical	16	显示临界信息图标
vbQuestion	32	显示警告查询图标
vbExclamation	48	显示警告消息图标
vbInformation	64	显示信息消息图标
vbDefaultButton1	0	第一个按钮为默认按钮
vbDefaultButton2	256	第二个按钮为默认按钮
vbDefaultButton3	512	第三个按钮为默认按钮
vbDefaultButton4	768	第四个按钮为默认按钮
vbApplicationModal	0	应用程序模式：用户必须响应消息框才能继续在当前应用程序中工作
vbsystemModal	4096	系统模式：在用户响应消息框前，所有应用程序都被挂起

第一组值（0~5）用于描述对话框中显示的按钮类型与数目；第二组值（16，32，48，64）用于描述图标的样式；第三组值（0，256，512）用于确定默认按钮；而第四组值（0，4096）则决定消息框的样式。在将这些数字相加以生成 buttons 参数值时，只能从每组值中取用一个数字。

● MsgBox 函数有以下返回值。

常数	值	描述
vbOK	1	确定
vbCancel	2	取消
vbAbort	3	放弃

常数	值	描述
VbRetry	4	重试
vbIgnore	5	忽略
vbYes	6	是
vbNo	7	否

● 如果同时提供了 helpfile 和 context，则用户可以按 F1 键以查看与上下文相对应的帮助主题。

● 如果对话框显示取消按钮，则按 Esc 键与单击取消的效果相同。如果对话框包含帮助按钮，则有为对话框提供的上下文相关帮助。但是在单击其他按钮之前，不会返回任何值。

6. VBA 控制语句中的选择语句：If…Then 语句

□ 语句作用

根据给定的逻辑表达式的值，有条件地执行某些语句组合。

□ 语句格式

（1）单行结构的 If…Then 语句

该语句有两种格式。

格式 1：

```
If <逻辑表达式> Then <语句>
```

其功能是当逻辑表达式的值为 TRUE 时，执行 Then 后面的语句，否则不执行 If 语句。

格式 2：

```
If <逻辑表达式> Then <语句 1> Else <语句 2>
```

其功能是当逻辑表达式的值为 TRUE 时，执行 Then 后面的语句 1，否则执行 Else 后面的语句 2。

（2）块结构的 If…Then 语句

该语句有 3 种格式。

格式 1：

```
If <逻辑表达式> Then
    <语句块>
End If
```

其功能是当逻辑表达式的值为 True 时，执行 Then 下面的语句块，否则不执行 If 语句。

格式 2：

```
If <逻辑表达式> Then
    <语句块 1>
Else
    <语句块 2>
End If
```

其功能是当逻辑表达式的值为 True 时，执行语句块 1，否则执行语句块 2。

格式 3：

```
If <逻辑表达式 1> Then
    <语句块 1>
Else If<逻辑表达式 2> Then
      <语句块 2>
   Else
      ……
```

```
        <语句块 n>
      End If
End If
```

其功能是当逻辑表达式 1 的值为 True 时，执行语句块 1；当逻辑表达式 2 的值为 True 时，执行语句块 2……依此类推；否则执行语句块 *n*。

□ **本例公式说明**

以下为本例 VBA 代码的第一个 If···Then 语句。

```
If Trim(Cells(7, 1).Value) = "" Then
  MsgBox "日期请勿留空", vbokonly
  Exit Sub
  End If
```

如果 TRIM 函数返回值为空，那么弹出信息对话框，显示"日期请勿留空"，信息对话框中仅显示"确定"按钮。否则不弹出对话框。

代码中其他 4 个 If···Then 语句按照同样的原理分析。

7. 函数应用：Val 函数的应用

□ **函数用途**

返回包含于字符串内的数字，字符串中是一个适当类型的数值。

□ **函数语法**

Val(string)

□ **参数说明**

string 参数可以是任何有效的字符串表达式。

□ **函数说明**

在 Val 函数不能识别为数字的第一个字符上，停止读入字符串。那些被认为是数值的一部分的符号和字符，例如美元号与逗号，都不能被识别。但是函数可以识别进位制符号&O（八进制）和&H（十六进制）。空白、制表符和换行符都从参数中被去掉。

□ **本例公式说明**

以下为本例 VBA 代码中的 Val 函数。

```
a = Val(Sheet1.Cells(1, 3).Value)
```

Val 函数返回当前工作表 Sheet1 的第 1 行、第 3 列，即"商品入库登记表"工作表 C3 单元格中的数值。再利用赋值语句，让 *a* 等于 Val 函数的返回值，从而获取已入库商品的总次数。

8. VBA 控制语句中的循环语句：For···Next 语句

□ **语句作用**

在指定循环次数的情况下进行重复性的操作。

□ **语句格式**

```
For <循环变量>=<初值> To <终值> [Step]
<循环体>
Next <循环变量>
```

For 循环语句中必须有一个用于计数的变量,并且每次执行循环操作时其值都会自动增加或者减少。

以下是执行循环语句的具体步骤。

① 把初值赋给循环变量。

② 比较循环变量和终值的大小，如果循环变量的值超过终值，则跳出循环体而执行 Next 后

面的语句，否则继续执行循环体。

③ 执行 Next 语句，自动将循环变量的值加上步长值，然后再赋值给循环变量以继续执行步骤 2。

④ 执行 Next 后面的语句。

📖 **本例公式说明**

以下为本例 VBA 代码中的 For…Next 语句。

```
For b = 1 To 9
Cells(a + 11, b).Value = Cells(7, b).Value
Next b
```

循环语句中，循环变量 b 的初值为 1，终值为 9。

以下为循环体：

```
Cells(a + 11, b).Value = Cells(7, b).Value
```

就是将第 7 行第 b 列单元格中的数值赋值给第 a+11 行、第 b 列单元格。通过这个循环语句，可以把 A7:H7 单元格区域中的商品入库资料导入到库存明细表中。

本例 VBA 代码分析

以下为本例 VBA 代码。

```
Sub 产品入库()
 Dim a As Long
 Dim b As Integer    '定义了两个变量
 Sheets("商品入库以及查询").Select      '激活工作表"商品入库以及查询"
 If Trim(Cells(7, 1).Value) = "" Then
 MsgBox "日期请勿留空", vbokonly
 Exit Sub
 End If        '如果没有输入日期,会弹出对话框并停止程序
 If Trim(Cells(7, 2).Value) = "" Then
 MsgBox "客户请勿留空", vbokonly
 Exit Sub
 End If          '如果没有输入客户,会弹出对话框并停止程序
 If Trim(Cells(7, 3).Value) = "" Then
 MsgBox "货号请勿留空", vbokonly
 Exit Sub
 End If          '如果没有输入货号,会弹出对话框并停止程序
 If Trim(Cells(7, 4).Value) = "" Then
 MsgBox "颜色请勿留空", vbokonly
 Exit Sub
 End If    '如果没有输入颜色,会弹出对话框并停止程序
 If Trim(Cells(7, 5).Value) = "" Then
 MsgBox "数量请勿留空", vbokonly
 Exit Sub
 End If    '如果没有输入数量,会弹出对话框并停止程序
 a = Val(Sheet1.Cells(1, 3).Value) '获取已经入库的总次数
 For b = 1 To 9
 Cells(a + 11, b).Value = Cells(7, b).Value
 Next b          '在存储区末尾开始记录新入库信息
End Sub
```

代码首先定义两个变量 a 和 b，然后使用 5 个 If…Then 语句，提醒用户输入入库商品的日期、客户、货号、颜色和数量，最后使用循环语句 For…Next 在库存明细表区域中记录新输入的商品库存资料。

第 **15** 章 预算管理

Excel 2016 高效办公

预算管理可以优化企业的资源配置，本章将制作条形图以清晰地观察全年预算执行进度和各部门本月预算执行进度。

案例背景

预算包括营业预算、资本预算、财务预算、筹资预算，各项预算的有机组合构成企业总预算，也就是通常所说的全面预算。预算管理可以优化企业的资源配置，全方位地调动企业各个层面员工的积极性，是会计将企业内部的管理灵活运用于预算管理的全过程，也是促使企业效益最大化的基础。预算是行为计划的量化，这种量化有助于管理者协调、贯彻计划，是一种重要的管理工具。利用条形图可以清晰地观察预算执行进度。

关键技术点

要实现本例中的功能，读者应当掌握以下的 Excel 技术点。

- 绘制条形图
- 函数的应用：SUM 函数、SUMPRODUCT 函数、SUMIF 函数、IF 函数和 VLOOKUP 函数

最终效果展示

全年预算额	9,650,000.00
截至本月执行额	5,496,214.83
执行比例	56.96%

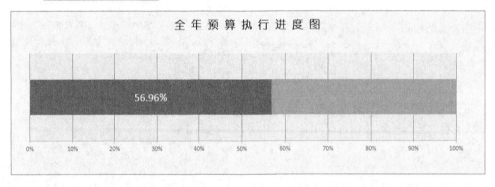

部门	预算额	执行额	执行比例
办公室	61,000.00	60,340.70	98.92%
财务部	178,000.00	171,170.19	96.16%
生产部	149,000.00	140,619.14	94.38%
物资部	560,800.00	486,800.00	86.80%
营销部	61,000.00	53,659.22	87.97%
合计	1,009,800.00	912,589.25	90.37%

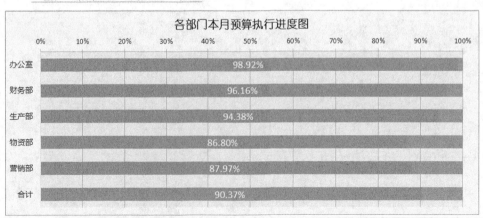

示例文件

\示例文件\第 15 章\费用预算管理表.xlsx

15.1 创建预算表

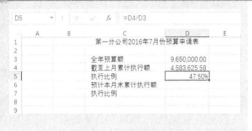

Step 1 用公式计算执行比例

① 打开工作簿"费用预算管理表",按住<Ctrl>键,同时选中 D5 和 D7 单元格,设置单元格格式为"百分比",小数位数为"2"。

② 选中 D5 单元格,输入以下公式,按<Enter>键确认。

=D4/D3

Step 2 输入部门、预算开支项目

① 在 D8:E8 单元格区域中输入编制日期。在 B9:E9 单元格区域中输入各字段标题。选中 C10 单元格,输入"总计"。在 B11:C42 单元格区域中输入相关数据。

② 选中 C9:D42 单元格区域,在"开始"选项卡的"对齐方式"命令组中,单击"合并后居中"按钮右侧的下箭头按钮,在弹出的下拉菜单中选择"跨越合并"命令。

③ 按住<Ctrl>键,同时选中 C9:C11 单元格区域和 C19、C24、C31、C39 单元格,设置"居中"。

④ 选中 B43 单元格,输入"预算员:",选中 E43 单元格,输入"审批:"。

Step 3 计算预算支出

① 选中 E10:E42 单元格区域,设置单元格格式为"货币",小数位数为"2","货币符号"为"无"。

② 分别在 E12:E18、E20:E23、E25:E30、E32:E38 和 E40:E42 单元格区域中输入预算支出。

③ 选中 E11 单元格，输入以下公式，按<Enter>键确认。

`=SUM(E12:E18)`

④ 选中 E19 单元格，输入以下公式，按<Enter>键确认。

`=SUM(E20:E23)`

⑤ 选中 E24 单元格，输入以下公式，按<Enter>键确认。

`=SUM(E25:E30)`

⑥ 选中 E31 单元格，输入以下公式，按<Enter>键确认。

`=SUM(E32:E38)`

⑦ 选中 E39 单元格，输入以下公式，按<Enter>键确认。

`=SUM(E40:E42)`

	A	B	C	D	E	F
			E39		=SUM(E40:E42)	
19		财务部	合计		178,000.00	
20			针式打印机		3,000.00	
21			电费		20,000.00	
22			各种税费		55,000.00	
23			还借款		100,000.00	
24		生产部	合计		149,000.00	
25			新增配电箱及电源线等		30,000.00	
26			购置叉车一部		70,000.00	
27			电动葫芦		7,000.00	
28			外协剪板费		15,000.00	
29			暈停费		15,000.00	
30			车间改造彩钢板		12,000.00	
31		物资部	合计		560,800.00	
32			塑料制品有限公司		30,800.00	
33			金属制品有限公司		210,000.00	
34			机械机工厂		120,000.00	
35			顺发润滑油有限公司		18,000.00	
36			益发五金门市部		24,000.00	
37			信合玻璃制品公司		8,000.00	
38			广发钢材公司		150,000.00	
39		营销部	合计		61,000.00	
40			差旅费		26,000.00	
41			招待费		12,000.00	
42			宣传册印刷费		23,000.00	

预算表

⑧ 选中 E10 单元格，输入以下公式，按<Enter>键确认。

`=SUMPRODUCT(($C$11:$C$42="合计")*E11:E42)`

也可使用以下公式：

`=SUMIF(C11:C42,"合计",E11:E42)`

	A	B	C	D	E	F
			E10		=SUMPRODUCT(($C$11:$C$42="合计")*E11:E42)	
1			第一分公司2016年7月份预算申请表			
2						
3			全年预算额	9,650,000.00		
4			截至上月累计执行额	4,583,625.58		
5			执行比例	47.50%		
6			预计本月末累计执行额			
7			执行比例			
8				编制日期	2017/6/30	
9		部门	预算开支项目		预算支出	
10			总计		1,009,800.00	
11		办公室	合计		61,000.00	
12			员工保险费用		19,000.00	
13			汽车费用		15,000.00	
14			食堂费用		12,000.00	
15			固话及管理人员通讯费		5,000.00	
16			职工劳保费用		4,000.00	
17			办公用品		1,000.00	
18			质技部及生产部空调各1台		5,000.00	
19		财务部	合计		178,000.00	
20			针式打印机		3,000.00	
21			电费		20,000.00	
22			各种税费		55,000.00	
23			还借款		100,000.00	
24		生产部	合计		149,000.00	

预算表

Step 4 计算预计本月末累计执行额和执行比例

① 选中 D6 单元格，输入以下公式，按<Enter>键确认。

`=D4+E10`

② 选中 D7 单元格，输入以下公式，按<Enter>键确认。

`=D6/D3`

	A	B	C	D	E	F
			D7		=D6/D3	
1			第一分公司2016年7月份预算申请表			
2						
3			全年预算额	9,650,000.00		
4			截至上月累计执行额	4,583,625.58		
5			执行比例	47.50%		
6			预计本月末累计执行额	5,593,425.58		
7			执行比例	57.96%		
8				编制日期	2017/6/30	
9		部门	预算开支项目		预算支出	
10			总计		1,009,800.00	
11		办公室	合计		61,000.00	
12			员工保险费用		19,000.00	
13			汽车费用		15,000.00	
14			食堂费用		12,000.00	
15			固话及管理人员通讯费		5,000.00	
16			职工劳保费用		4,000.00	
17			办公用品		1,000.00	
18			质技部及生产部空调各1台		5,000.00	
19		财务部	合计		178,000.00	
20			针式打印机		3,000.00	
21			电费		20,000.00	
22			各种税费		55,000.00	
23			还借款		100,000.00	
24		生产部	合计		149,000.00	

预算表

Step 5 美化工作表

美化工作表，效果如图所示。

15.2 创建预算执行表

因为"预算执行表"的格式和内容与上一节制作的"预算表"很类似，所以本节将先复制"预算表"，然后在"预算表"的基础上进行相应的修改，以快捷地得到预算执行表。

Step 1 复制工作表

① 右键单击"预算表"工作表标签，在弹出的快捷菜单中选择"移动或复制"命令，弹出"移动或复制工作表"对话框。

② 在"下列选定工作表之前"列表框中单击"（移至最后）"，勾选"建立副本"复选框。单击"确定"按钮。

③ 将"预算表(2)"工作表重命名为"预算执行表"。

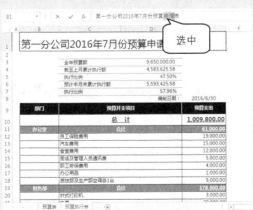

Step 2 修改工作表标题

① 在"预算执行表"中，选中 B1:E1 单元格区域，在编辑栏中选中"申请"二字，输入"执行"，修改工作表标题。

② 选中 B1:F1 单元格区域，两次单击"合并后居中"按钮。

Step 3 取消单元格合并

选中 C9:D42 单元格区域，在"开始"选项卡的"对齐方式"命令组中单击"合并后居中"按钮，取消单元格合并。

Step 4 删除单元格

选中 D9:D42 单元格区域，在"开始"选项卡的"单元格"命令组中单击"删除"按钮。

Step 5 插入单元格

① 选中 E9:E42 单元格区域，右键单击，在弹出的快捷菜单中选中"插入"，在弹出的"插入"对话框中单击"活动单元格右移"单选钮，单击"确定"按钮。

② 此时，E9:E42 单元格区域插入了新的活动单元格，并且与其右边的单元格区域格式相同。

③ 按<F4>快捷键，重复插入单元格的操作。

Step 6 修改工作表内容

① 选中第 7 行，右键单击，在弹出的快捷菜单中选择"删除"命令。选中 D3:D6 单元格区域，按<Delete>键删除其中的内容。

② 修改 C4 单元格内容为"截至本月执行额"。修改 C6 单元格内容为"截至本月预算进度结余"。

③ 调整列宽，绘制边框。

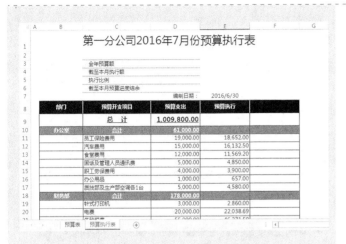

Step 7 计算预算执行

① 选中 E8 单元格，输入"预算执行"。

② 分别在 E11:E17、E19:E22、E24:E29、E31:E37 和 E39:E41 单元格区域中输入预算执行。

③ 选中 E10 单元格，输入以下公式，按<Enter>键确认。

`=SUM(E11:E17)`

④ 选中 E18 单元格，输入以下公式，按<Enter>键确认。

`=SUM(E19:E22)`

⑤ 选中 E23 单元格，输入以下公式，按<Enter>键确认。

`=SUM(E24:E29)`

⑥ 选中 E30 单元格，输入以下公式，按<Enter>键确认。

`=SUM(E31:E37)`

⑦ 选中 E38 单元格，输入以下公式，按<Enter>键确认。

`=SUM(E39:E41)`

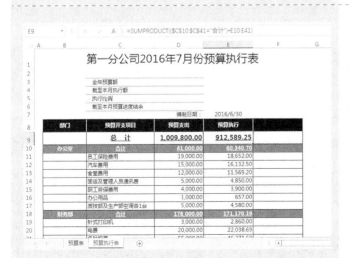

⑧ 选中 E9 单元格，输入以下公式，按<Enter>键确认。

`=SUMPRODUCT((\$C\$10:\$C\$41="合计")*E10:E41)`

也可使用以下公式：

`=SUMIF(C10:C41,"合计",E10:E41)`

Step 8 计算执行比例

① 选中 F8 单元格，输入"执行比例"。

② 选中 F9:F41 单元格区域，设置单元格格式为"百分比样式"，小数位数为"2"。

③ 选中 F9 单元格，输入以下公式，按 <Enter> 键确认。

`=IF(E9=0,0,E9/D9)`

④ 选中 F9 单元格，拖曳右下角的填充柄至 F41 单元格，并设置"不带格式填充"。

Step 9 计算全年预算额等

① 选中 D3 单元格，输入以下公式，按 <Enter> 键确认。

`=预算表!D3`

② 选中 D4 单元格，输入以下公式，按 <Enter> 键确认。

`=预算表!D4+E9`

③ 选中 D5 单元格，输入以下公式，按 <Enter> 键确认。

`=D4/D3`

④ 选中 D6 单元格，输入以下公式，按 <Enter> 键确认。

`=D3/12*7-D4`

15.3 绘制全年执行图表

Step 1 计算全年预算额、截至本月执行额、全年预算额

① 插入一个新的工作表，重命名为"全年执行图表"，选中 B2、B3 和 B4 单元格，分别输入"全年预算额""截至本月执行额"和"执行比例"。调整 B 列的列宽。

② 选中 C2 单元格，输入以下公式，按 <Enter> 键确认。

`=预算执行表!D3`

③ 选中 C2 单元格，拖曳右下角的填充柄至 C4 单元格。

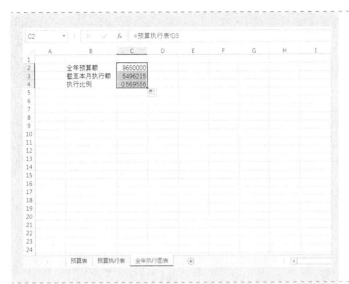

④ 选中 C2:C3 单元格区域，设置单元格格式为"数值"，小数位数为"2"，勾选"使用千位分隔符"复选框。

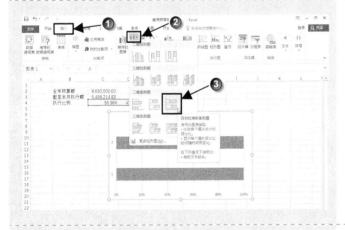

⑤ 选中 D4 单元格，输入以下公式，按<Enter>键确认。

`=1-C4`

⑥ 选中 C4:D4 单元格区域，设置单元格格式为"百分比"，小数位数为"2"。

⑦ 美化工作表。

Step 2 插入条形图

选中 C4:D4 单元格区域，单击"插入"选项卡，在"图表"命令组中单击"插入柱形图或条形图"按钮，在打开的下拉菜单中选择"二维条形图"下的"百分比堆积条形图"命令。

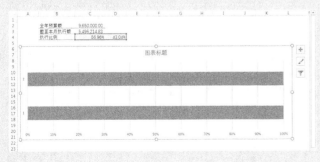

Step 3 调整图表位置和大小

① 在图表空白位置按住鼠标左键，将其拖曳至工作表合适位置。

② 将鼠标指针移至图表的右下角，待鼠标指针变成↖形状时，向外拖曳鼠标，当图表调整至合适大小时，释放鼠标。

Step 4 修改图表标题

① 修改图表标题为"全年预算执行进度图"。

② 选中图表标题，单击"开始"选项卡，设置字体为"幼圆"，字号为"16"，设置加粗，设置字体颜色为"自动"。

Step 5 切换行/列

在"图表工具—设计"选项卡的"数据"命令组中单击"切换行/列"按钮。Excel图表工具命令"切换行/列"是将图表中原本按行作为纵坐标值的源数据切换为按列作为纵坐标值。

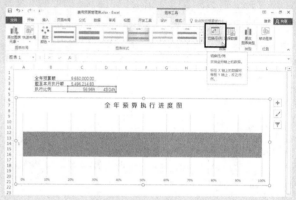

Step 6 删除垂直轴

选中"垂直(类别)轴"，按<Delete>键删除。

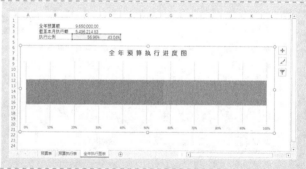

Step 7 设置水平轴的坐标轴格式

① 双击"水平轴"，弹出"设置坐标轴格式"窗格，依次单击"坐标轴选项"选项→"填充与线条"按钮→"线条"选项卡。单击"颜色"右侧的下箭头按钮，在弹出的颜色面板中选择"白色,背景 1,深色 35%"。

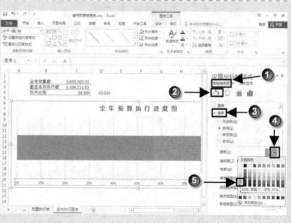

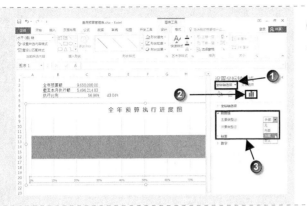

② 依次单击"坐标轴选项"按钮→"刻度线"选项卡，单击"主要类型"右侧的下箭头按钮，在弹出的列表中选择"外部"。关闭"设置坐标轴格式"窗格。

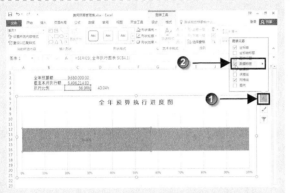

Step 8 添加数据标签

① 选中"系列 1"，单击图表边框右侧的"图表元素"按钮，在打开的"图表元素"列表中勾选"数据标签"复选框，则图表中的"系列 1"将添加数据标签。

② 选中"系列 1 数据标签"，切换到"开始"选项卡，设置字号为"16"，字体颜色为"白色"。

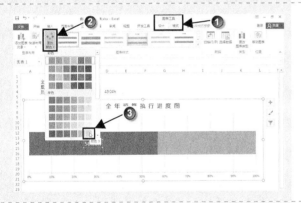

Step 9 更改颜色

单击"图表工具—设计"选项卡，在"图表样式"命令组中单击"更改颜色"按钮，在弹出的样式列表中选择"单色"下方的"颜色 9"。

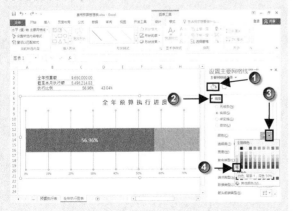

Step 10 设置主要网格线格式

双击"网格线"，弹出"设置主要网格线格式"窗格。依次单击"填充与线条"按钮→"线条"选项卡。单击"颜色"右侧的下箭头按钮，在弹出的列表中选择"白色，背景 1，深色 50%"。关闭"设置主要网格线格式"窗格。

Step 11 设置绘图区格式

① 选中"绘图区",单击"图表工具—格式"选项卡,在"形状样式"命令组中单击"形状填充",在弹出的颜色面板中选择"蓝色,个性1,淡色80%"。

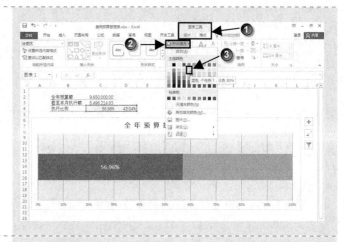

② 选中绘图区,在绘图区的边缘将出现8个圆形的控制点。选中上方中间的控制点,鼠标指针变成 形状,拖动鼠标,调整绘图区垂直方向的大小;选中右侧中间的控制点,鼠标指针变成 形状,拖动鼠标,调整绘图区水平方向的大小。

③ 选中绘图区,待鼠标指针变成 形状时,移动绘图区至合适的位置。

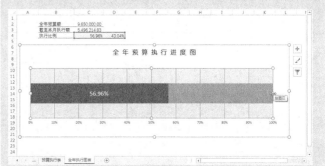

Step 12 设置图表区格式

① 选中"图表区",单击"图表工具—格式"选项卡,在"形状样式"命令组中依次单击"形状填充"→"纹理",在弹出的纹理列表中选择第4行第3列的"羊皮纸"命令。

② 再依次单击"形状轮廓"→"蓝色,个性色5"。

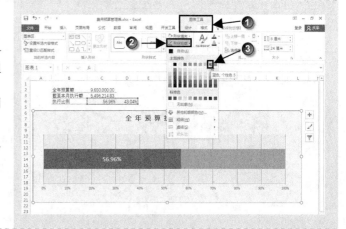

Step 13 美化工作表

选中D4单元格,设置字体颜色为"白色"。

经过以上的操作,完成图表的绘制和基本设置,效果如图所示。

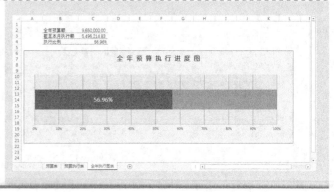

15.4 创建本月执行图表

15.4.1 制作表格基本数据

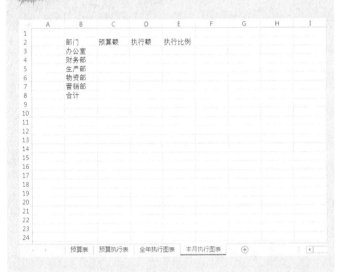

Step 1 输入字段名称和部门名称

① 插入一个新的工作表，重命名为"本月执行图表"。选中 B2:E2 单元格区域，输入字段标题。

② 在 B3:B7 单元格区域中输入部门名称。选中 B8 单元格，输入"合计"。

Step 2 计算预算额

① 选中 C3 单元格，输入以下公式，按 <Enter> 键确认。

`=VLOOKUP(B3,预算执行表!$B$10:$E$41,3,0)`

② 选中 C3 单元格，拖曳右下角的填充柄至 C7 单元格。

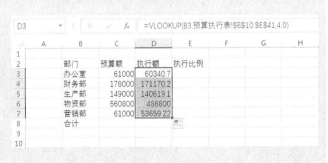

Step 3 计算执行额

① 选中 D3 单元格，输入以下公式，按 <Enter> 键确认。

`=VLOOKUP(B3,预算执行表!$B$10:$E$41,4,0)`

② 选中 D3 单元格，拖曳右下角的填充柄至 D7 单元格。

Step 4 计算合计

① 选中 C8:D8 单元格区域，单击"开始"选项卡的"编辑"命令组中的"求和"按钮。

此时，在 C8 和 D8 单元格中分别对 C3:C7 和 D3:D7 单元格区域中的数值求和。

② 选中 C3:D8 单元格区域，设置单元格格式为"数值"，小数位数为"2"，勾选"使用千位分隔符"复选框。

Step 5 计算执行比率

① 选中 E3 单元格，设置单元格格式为"百分比"，小数位数为"2"，输入以下公式，按<Enter>键确认。

`=D3/C3`

② 选中 E3 单元格，拖曳右下角的填充柄至 E8 单元格。

	A	B	C	D	E	F
1						
2		部门	预算额	执行额	执行比例	
3		办公室	61,000.00	60,340.70	98.92%	
4		财务部	178,000.00	171,170.19	96.16%	
5		生产部	149,000.00	140,619.14	94.38%	
6		物资部	560,800.00	486,800.00	86.80%	
7		营销部	61,000.00	53,659.22	87.97%	
8		合计	1,009,800.00	912,589.25	90.37%	
9						
10						

E3 公式栏：`=D3/C3`

Step 6 设置辅助区

① 选中 F2 单元格，输入"辅助区"。
② 选中 F3 单元格，输入以下公式，按<Enter>键确认。

`=1-E3`

③ 选中 F3 单元格，拖曳右下角的填充柄至 F8 单元格。

	A	B	C	D	E	F	G
1							
2		部门	预算额	执行额	执行比例	辅助区	
3		办公室	61,000.00	60,340.70	98.92%	1.08%	
4		财务部	178,000.00	171,170.19	96.16%	3.84%	
5		生产部	149,000.00	140,619.14	94.38%	5.62%	
6		物资部	560,800.00	486,800.00	86.80%	13.20%	
7		营销部	61,000.00	53,659.22	87.97%	12.03%	
8		合计	1,009,800.00	912,589.25	90.37%	9.63%	
9							
10							

F3 公式栏：`=1-E3`

Step 7 美化工作表

① 选中 B2:E8 单元格区域，绘制边框。

② 选中 B2:F2 单元格区域，设置加粗和居中。选中 B3:B8 单元格区域，设置居中。

③ 选中 F3:F8 单元格区域，设置字体颜色为"白色"。

④ 取消网格线显示。

	A	B	C	D	E	F
1						
2		部门	预算额	执行额	执行比例	
3		办公室	61,000.00	60,340.70	98.92%	
4		财务部	178,000.00	171,170.19	96.16%	
5		生产部	149,000.00	140,619.14	94.38%	
6		物资部	560,800.00	486,800.00	86.80%	
7		营销部	61,000.00	53,659.22	87.97%	
8		合计	1,009,800.00	912,589.25	90.37%	
9						
10						

15.4.2　绘制本月执行图表

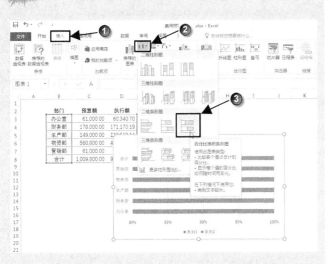

Step 1　插入条形图

选中 B3:B8 单元格区域，按住<Ctrl>键，同时选中 E3:F8 单元格区域，单击"插入"选项卡，在"图表"命令组中单击"插入柱形图或条形图"按钮，在打开的下拉菜单中选择"二维条形图"下的"百分比堆积条形图"命令。

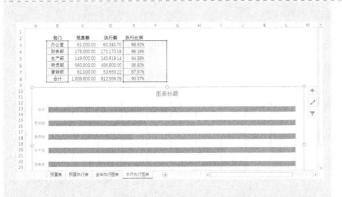

Step 2　调整图表位置和大小

① 在图表空白位置按住鼠标左键，将其拖曳至工作表合适位置。

② 将鼠标指针移至图表的右下角，待鼠标指针变成形状时，向外拖曳鼠标，当图表调整至合适大小时，释放鼠标。

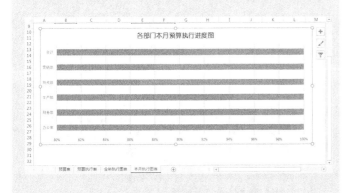

Step 3　编辑图表标题

① 修改图表标题为"各部门本月预算执行进度图"。

② 选中图表标题，单击"开始"选项卡，修改字体为"幼圆"，字号为"16"，设置加粗，设置字体颜色为"自动"。

Step 4　删除图例

选中图例，按<Delete>键删除。

Step 5 设置垂直轴的坐标轴格式

① 双击"垂直(类别)轴",打开"设置坐标轴格式"窗格,依次单击"坐标轴选项"选项→"坐标轴选项"按钮→"坐标轴选项"选项卡,勾选"逆序类别"复选框,单击"确定"按钮。

此时垂直轴的数据排列次序与数据源的顺序相同,效果如图所示。

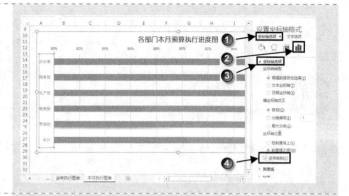

② 单击"开始"选项卡,设置垂直轴的字体为"微软雅黑",字号为"11",字体颜色为"自动"。

Step 6 设置水平轴的坐标轴格式

① 选择"水平(值)轴",在"设置坐标轴格式"窗格中,依次单击"坐标轴选项"选项→"填充与线条"按钮→"线条"选项卡。单击"颜色"右侧的下箭头按钮,在弹出的颜色面板中选择"白色,背景1,深色35%"。

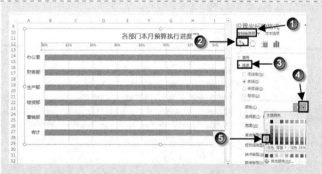

② 依次单击"坐标轴选项"按钮→"坐标轴选项"选项卡,在"边界"下方"最小值"右侧的文本框中输入"0"。再单击"刻度线"选项卡,设置"主要类型"为"外部"。

③ 单击"开始"选项卡,设置水平轴的字号为"11",字体颜色为"自动"。

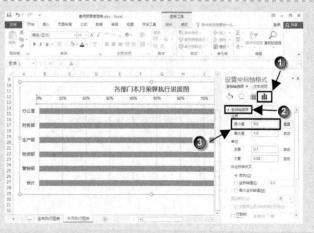

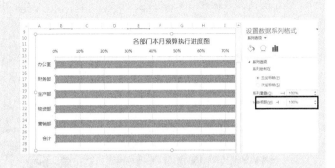

Step 7　设置数据系统格式

选中"系列 1"，在"设置数据系列格式"窗格中，单击"系列选项"按钮，在"分类间距"右侧的文本框中输入"100%"。关闭"设置数据系列格式"窗格。

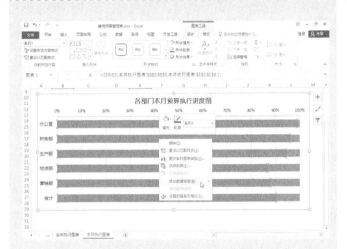

Step 8　添加数据标签

① 右键单击"系列 1"，在弹出的快捷菜单中选择"添加数据标签"。

② 选中"系列 1 数据标签"，单击"开始"选项卡，设置字号和字体颜色。

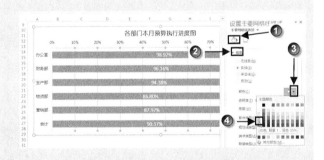

Step 9　设置主要网格线格式

双击"网格线"，弹出"设置主要网格线格式"窗格。依次单击"填充与线条"按钮→"线条"选项卡，单击"颜色"右侧的下箭头按钮，在弹出的列表中选择"白色,背景 1,深色 35%"。

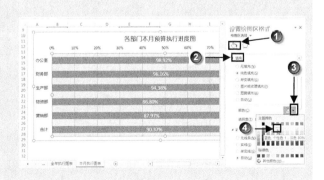

Step 10　设置绘图区格式

选中"绘图区"，在"设置绘图区格式"窗格中，依次单击"填充与线条"按钮→"填充"选项卡，单击"颜色"右侧的下箭头按钮，在弹出的颜色面板中选择"蓝色,个性 1,淡色 80%"。

Step 11 设置图表区格式

① 选中"图表区",在"设置图表区格式"窗格中,依次单击"图表选项"选项→"填充与线条"按钮→"填充"选项卡→"图片或纹理填充"单选钮,单击"纹理"右侧的下箭头按钮,在弹出的样式列表中选择"羊皮纸"。

② 再单击"边框"选项卡,单击"颜色"右侧的下箭头按钮,在弹出的颜色面板中选择"蓝色,个性色5"。关闭"设置图表区格式"窗格。

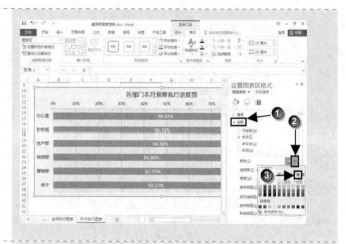

经过以上的操作,完成图表的绘制和基本设置,效果如图所示。

延伸阅读 ······ **Excel 2013 应用大全**

本书全面系统地介绍了 Excel 2013 的技术特点和应用方法，深入揭示了其更深层次的原理概念，并配合有大量典型实用的应用案例，帮助读者全面掌握 Excel 应用技术。全书分为 7 篇 50 章，主要内容包括 Excel 基本功能、公式与函数、图表与图形、Excel 表格分析与数据透视表、Excel 高级功能、使用 Excel 进行协同、宏与 VBA 等。附录中还提供了 Excel 的规范与限制、Excel 的快捷键以及 Excel 术语简繁英对照表等内容，方便读者随时查阅。

简要目录

第三篇 图表和图形

第四篇 使用 Excel 进行数据分析

第五篇 使用Excel的高级功能

第六篇 使用Excel进行协同

第七篇 Excel自动化